DER
GESICHTSAUSDRUCK UND SEINE BAHNEN

BEIM GESUNDEN UND KRANKEN
BESONDERS BEIM GEISTESKRANKEN

VON

PROF. DR. THEODOR KIRCHHOFF
IN SCHLESWIG

MIT 68 TEXTABBILDUNGEN

Springer-Verlag Berlin Heidelberg GmbH
1922

© SPRINGER-VERLAG BERLIN HEIDELBERG 1922
URSPRÜNGLICH ERSCHIENEN BEI JULIUS SPRINGER, BERLIN 1922
SOFTCOVER REPRINT OF THE HARDCOVER 1ST EDITION 1922

ISBN 978-3-662-40752-3   ISBN 978-3-662-41236-7 (eBook)
DOI 10.1007/978-3-662-41236-7

Herrn Geheimen Medizinalrat

PROFESSOR DR. HEINRICH QUINCKE

in Frankfurt a. M.

meinem Lehrer und Führer während der Assistenten-
zeit an der medizinischen Klinik in Kiel (1878—1880)

in dankbarer Verehrung gewidmet

mit dem Wunsche, daß aus dem starken Stamme
der inneren Medizin Säfte und Kräfte immer weiter
strömen in alle seine jüngeren Zweige.

Vorwort.

Außer dem besonderen Inhalte dieses Buches, das ein bestimmtes engeres Gebiet der Psychiatrie zu umfassen sucht, ist sein geschichtlicher Rahmen wesentlich.

Die Entwicklungsgeschichte unserer Wissenschaft beschäftigt uns Psychiater wieder mehr, seitdem Kraepelin im Anschluß an seine Schrift „Hundert Jahre Psychiatrie" 1918, sowie im Geleitwort zu dem 1921 erschienenen Bd. I des Sammelwerkes „Deutsche Irren-ärzte" (dessen Bd. II mit Griesinger beginnend unter der Presse ist), eine neue Anregung dazu gab, sich mit der Geschichte der führenden Männer in der Psychiatrie zu beschäftigen. Über die deutsche Irren-pflege und das Anstaltswesen waren wir durch mancherlei Forschungen schon länger unterrichtet. Mit diesen Gebieten müssen wir nun auch die Geschichte der psychiatrischen Wissenschaft im einzelnen in noch immer engere Verbindung zu bringen streben, um dadurch die Grund-lagen zu einer alles umfassenden Geschichte der deutschen Psychiatrie festzulegen. Für diesen Bau hofft das vorliegende Buch, namentlich durch die Hervorhebung der Theorie der Nervenkreise, einen kleinen Grundstein oder Pfeiler zu liefern, der sich bei der Aufrichtung des Ganzen einmal einfügen läßt.

Die Kostspieligkeit der heutigen Herstellung eines Buches zwang mich leider gerade die geschichtliche Entwicklung meiner Arbeit sehr zu kürzen, um den Hauptzweck, die Schilderung des Gesichtsausdrucks, nicht leiden zu lassen.

Zur Erleichterung der Übersichtlichkeit in den ersten Abschnitten, für das Nachschlagen von Quellen usw., sind kurze orientierende Literatur-verzeichnisse vor die einzelnen Abschnitte gestellt; später findet man die Literaturangaben meistens unterm Text der einzelnen Seiten. Die dadurch gestörte Einheitlichkeit mochte ich dem praktischen Zwecke der bequemen Orientierung nicht weichen lassen.

Die Zahl und Auswahl der Abbildungen mußte ich wegen der Schwie-rigkeit der Beschaffung etwas einschränken; es ist aber den Bemühungen des Verlegers gelungen, das einzelne Material gut und klar wiederzugeben.

Schleswig, im März 1922.

Th. Kirchhoff.

Inhaltsverzeichnis.

Einleitung.

Vor vielen Jahren fing ich als junger Irrenarzt an, den Gesichtsausdruck Geisteskranker zu studieren; bald glaubte ich einen Weg gefunden zu haben zu einer sicheren Beurteilung und Einteilung geistiger Störungen. In jugendlichem Eifer habe ich noch lange dies Ziel zu erreichen erwartet; jetzt weiß ich, es ist mir wohl nur zum Teil gelungen. Aber auf dem Wege dahin habe ich so viel gesehen und gelernt, daß ich ihn anderen zeigen möchte, die vielleicht ein ähnliches Ziel erstreben; denn für erreichbar halte ich es auch jetzt noch.

Die größte Schwierigkeit, an der meine Untersuchungen oft scheiterten, war die Auflösung des flüchtigen Gesichtsausdruckes in seine Bestandteile; so gut und richtig der rasche Blick den Gesichtsausdruck aufzufassen pflegt, so konnten doch selbst die verfeinerten Hilfsmittel der modernen Technik bisher dieser raschen Diagnose noch nicht folgen. Ich halte es für den springenden Punkt der mir gesetzten Aufgabe, eine solche Zerlegung des Gesichtsausdrucks für den langsamer prüfenden Verstand zu erreichen, um die Fehler der laienhaften Beurteilung mit Sicherheit beseitigen zu können. Der Laie urteilt „mit einem Blick“, oft richtig und treffend, kann aber sein Urteil nicht begründen; dies will die Wissenschaft; ob sie es immer kann, bleibt fraglich, aber einen andern Weg als den der Analyse gibt es hierfür nicht.

Wenn ich mir anfänglich nur vornahm den Ausdruck des Geisteskranken zu studieren, so mußte der Gesichtsausdruck beim Gesunden in der Untersuchung allmählich eine immer größere Rolle spielen; doch macht gerade dieser Abschnitt am wenigsten den Anspruch ein erschöpfender zu sein, weil dem Arzt diejenigen Gesichtspunkte interessanter sind, die ein Licht auf den kranken Gesichtsausdruck werfen.

Ferner drängte sich bald die Frage auf, ob man vererbte oder erworbene Erscheinungen vor sich habe, ob es sich um seit Beginn des Lebens bestehende Abweichungen oder um spätere Veränderungen handle. Sehr bald erwies sich dabei auch die möglichst scharfe Trennung feststehender Gesichtszüge, physiognomischer Merkmale, von dem beweglichen Mienenspiel, den mimischen Ausdrucksformen als notwendig. Die Vielseitigkeit der sich hierbei ergebenden Fragen mag hier schon beispielsweise berührt werden im Gebiet der Ähnlichkeit. Diese beruht bei Verwandten vielleicht zum größten Teil auf der vererbten Gesichtsbildung der festen Grundlagen, aber sicher auch auf

der vererbten Funktion der beweglichen Gesichtsteile; dabei ist auch
an die Vererbung derjenigen im Laufe des Lebens sich ändernden Formen
und Funktionen zu denken, die als in der Keimanlage mitgegebene
Wachstumsvorgänge anzusehen sind. In ihnen ist auch der Rassentypus
enthalten. Andererseits kann die Ähnlichkeit durch im Leben hinzu-
tretende gleiche Einflüsse, sogar bei ganz verschieden geformten Ge-
sichtern, verwandte Ausdruckserscheinungen zeigen und eine über-
raschend große werden; diese Erscheinung wird zuweilen bei Eheleuten
beobachtet, häufiger bei Menschen, die in ihrem Beruf gleiche Lebens-
bedingungen haben. Es handelt sich dabei um Nachahmung, nicht beabsichtigte, sondern unwillkürliche suggerierte; wie Anton wiederholt
ausführte, die unmittelbaren Ausdrucksbewegungen sind auch Eindrucks-
bewegungen für die anderen Menschen. Das Typische beschränkt sich
dabei natürlich auf die beweglichen Teile des Gesichts. Hierher gehört
auch der stereotype konventionelle Ausdruck, den manche Menschen
sich für die Zeit ihres gesellschaftlichen Verkehrs angewöhnen.

Wieviel angeboren, wieviel erworben ist, läßt sich im einzelnen Fall
sehr schwer feststellen; die Vererbung der festen Formen sowohl wie der
beweglichen Teile des Gesichts beginnt aber so früh, daß spätere Einflüsse, die ja wesentlich nur die beweglichen Teile treffen, einen weit
geringeren Spielraum behalten. Nach Retzius sind solche individuelle,
von den Eltern vererbte Eigentümlichkeiten, schon vom vierten embryonalen Monat an im Gesicht festzustellen.

Außer den späteren äußeren Einflüssen sind diejenigen Einflüsse
des Körper- und Seelenlebens von größter Bedeutung, die von innen
heraus den Ausdruck bedingen. Besonderes Interesse hat von jeher der
Einfluß des Seelenlebens auf den Gesichtsausdruck erregt; in fast
allen älteren Systemen der Physiognomik wird er weitläufig behandelt.
Seit Stahls Lehre, daß die Seele den Körper bildet, kehrt dies
Thema auch im vorigen Jahrhundert in vielen Untersuchungen wieder.
Sehr fesselnd sind die unseres Schiller, der schon während seines ärztlichen Studiums in seiner Abhandlung „Über den Zusammenhang der
thierischen Natur des Menschen mit seiner geistigen" im § 22 eine Physiognomik der Empfindungen entwickelte, wobei er in seiner schwung-
vollen poetischen Sprache auch dieselbe Frage berührt. In seiner großen
Abhandlung „Über Anmuth und Würde" erweitert er seine Untersuchung,
die einen so großen Teil der auch unser Thema berührenden Fragen in
sich begreift, daß man sie gern immer wieder liest; denn der wissenschaftliche klare Inhalt wird durch die klassisch schöne Form zu einer reifen
Frucht in goldener Schale.

Ein weiteres Gebiet von großer Vielseitigkeit, mit dem sich unsere
Untersuchung an vielen Punkten berührt, ist die Kunst. Das Studium
des Künstlers sucht zunächst das Typische festzuhalten und wiederzugeben. Darüber hinaus kann erst der große echte Künstler — vielleicht
oft ohne klare Erkenntnis des Vorgangs — in genialer Auffassung indi-

viduelle Züge hinzufügen. Damit macht er stillschweigend eine Voraussetzung, die nicht bei jedem Menschen zutrifft; er muß annehmen, daß das Instrument, auf dem die Seele spielt, das menschliche Angesicht, in allen den Teilen auf das feinste ausgebildet ist, die einen Ausdruck zeigen können. Von dem umgekehrten Zusammenhang, daß beim Fehlen oder bei Mängeln geistiger Vorgänge das vollendetste Angesicht ausdruckslos oder falsch wiederklingt, ist hier noch nicht die Rede. Aber es drängt sich die Frage auf, ob nicht bei vielen Menschen, vielleicht den meisten, die mimischen Ausdrucksmittel des Gesichts so unvollkommen ausgebildet sind, daß sie wenig mehr als typische Züge zu bieten vermögen; ob das Individuelle mehr aus den Bestandteilen der einzelnen Physiognomie, also den feststehenden Gesichtszügen zu erklären ist, während der verfeinerte Gesichtsausdruck erst beim höher organisierten Menschen aus dem Mienenspiel hervortritt? Das höhere geistige Leben bildet sich dann nicht eigentlich das Angesicht selbst, sondern es bildet nur die Funktion desselben aus. Das normale Gesicht des Kulturmenschen hat wohl immer annähernd gleiche Bestandteile für das Mienenspiel, aber erst Übung und Erziehung verfeinern ihre Funktion.

Eine Beschränkung der Verwertung des Gesichtsausdrucks im Leben und in der Kunst entsteht aus der Neigung des Menschen, seine Eindrücke aus früheren Erfahrungen zu ergänzen, so daß wir oft etwas in die Dinge hineinsehen, was ihnen fehlt oder nur angedeutet ist. Es ist auf Bilder hingewiesen, die einen Vorgang von allgemeiner Bedeutung darstellen, die wir sofort als typisch erkennen; sobald wir dann aber erfahren, daß ein bestimmter Vorgang aus der Geschichte dem Bilde zugrunde liegt, so erwachsen unserem Verständnis so viele individuelle Zusätze, daß das Bild ein ganz anderes, ausdrucksvolleres zu sein scheint. Dieser Zuwachs des Inhalts tritt am deutlichsten in Porträts bestimmter historischer Personen hervor, in deren Gesicht wir dann eine ganze Reihe von Charakterzügen zu erkennen glauben. Und doch hat sich das Bild nicht verändert, nur unsere Anschauung ist eine andere geworden. Heißt das nicht, daß die Ausdrucksmittel seelischen Lebens für sehr verschiedenartige Zwecke genügen und genügen müssen? Das Fehlende legen wir dann oft erst hinein. Ähnlich ergeht es uns beim lebenden Künstler, dem Schauspieler; nicht immer vermag er dem typischen Ausdruck seiner Rolle zweifellos individuelle Züge hinzuzufügen, weil er ihre seelischen Gründe entweder selbst nicht empfindet oder sie nicht wiederzugeben vermag; und doch glauben wir sie zu sehen. Darum liegt auch die Schlußfolgerung nahe, daß wir oft in den Ausdruck einer bestimmten, von natürlichen Affekten beherrschten Person etwas hineinlegen, was diese gar nicht auszudrücken gelernt hat oder was sie vielleicht, in seltenen Fällen, wegen mangelhafter oder fehlender anatomischer Grundlagen überhaupt nicht ausdrücken kann. Die Ausdrucksmittel des Gesichts sind für zahlreiche Fälle also zu allgemein, so daß das Besondere dann erst hineingesehen wird.

Die schon besprochene vorwiegende Wichtigkeit des Mienenspiels
für den Gesichtsausdruck hat sich im Laufe der Zeit auch in meinen
Untersuchungen über den Gesichtsausdruck bei Geisteskranken gezeigt, der ja das eigentliche Ziel meiner Arbeit ist. Um das krankhaft
veränderte Mienenspiel diagnostisch zu verwerten, muß man erst die
normalen Gesichtszüge und ihr Mienenspiel abziehen, sowie den negativen
Wert krankhafter Veränderungen und Abweichungen der Physiognomie
berücksichtigen, so daß scheinbar nicht so viel übrig bleibt, wie man für
eine gesicherte Diagnose wünscht. Aber in gewissem Sinne erleichtert
diese Beschränkung auf das übersichtliche Gebiet des Mienenspiels zunächst die Untersuchung; hoffentlich und wahrscheinlich werden nach
sorgfältigerem Ausbau dieses engeren Gebietes auch die weiteren mehr
herangezogen.

Auch die wissenschaftliche Forschung im großen zeigt uns oft solche
Beschränkungen, überhaupt Schwankungen in ihren Zielen und Wegen,
und doch schreitet sie stetig vorwärts. Zur Zeit fließt unsere psychia-
trische Forschung in einem breiten anatomischen Strombett sicher
dahin, Nebenflüsse aus zahlreichen Hilfsgebieten füllen es; die Zeichen
mehren sich, daß der Abfluß sich aufstaut; doch es scheint ein schmäleres,
aber tieferes und zusammenfassenderes Bett sich wieder zu öffnen,
in dem wir sicher und weiter zum Ziele geführt werden: die physiologische Grundlage, auf der alles körperliche und geistige Geschehen ruht.

Einen kleinen Beitrag dazu, daß wir diesen Weg jetzt ins Auge fassen
können, hofft diese Arbeit zu geben; sie versucht es auch gleichzeitig, dem
psychologischen Geschehen dieselbe Grundlage zu sichern. Die in den
letzten Abschnitten entwickelte Theorie der Nervenkreise ist nicht
neu, aber ihre Hervorhebung kann vielleicht gerade jetzt die weitere
Entwicklung unserer psychiatrischen Forschungen unterstützen.

Der Strom der Wissenschaft erfährt nicht nur große Schwankungen;
auch leichtere Schwingungen seiner Wellen unterbrechen bei neuen Vor-
sprüngen des Ufers seinen ruhigen Lauf.

A. Gesichtsausdruck des Gesunden.

(Kurzer Überblick mit Literaturhinweisen.)

Der Gesichtsausdruck ist entweder ein feststehender unbewegter oder ein wechselnder bewegter; der feststehende zeigt uns die Gesichtszüge, die Physiognomie des Gesichts, während der bewegte zu dem wechselnden Mienenspiel, der Mimik des Gesichts, seinen eigentlichen Ausdrucksbewegungen führt.

Eine scharfe Trennung in Gesichtszüge und Mienenspiel ist nur theoretisch durchführbar; tatsächlich ist sie auch in den frühesten Zeiten bei den über unser Thema angestellten Untersuchungen noch nicht gemacht, sie hat sich aber immer mehr als nötig und vorteilhaft für das Verständnis der damit zusammenhängenden Probleme erwiesen. Die Literatur über letztere ist gewaltig groß, schon oft ist es versucht, sie zusammenzustellen. Für meine Zwecke werde ich nur die Werke anführen, die ich sorgfältiger benutzte; nur die mir besonders wichtigen sind eingehender besprochen und dabei etwas genauere Ausführungen gemacht. Auch bei solcher Zusammenstellung der Literatur ist die Trennung zwischen Physiognomie und Mimik nicht streng durchführbar; es empfiehlt sich daher, die Literatur der Gesichtszüge und des Mienenspiels an den verschiedenen Stellen zu vergleichen.

I. Gesichtszüge (Physiognomie).

Literatur über Physiognomik und Phrenologie.

Peter Frank hat schon 1794 über „Physiognomie des Angesichts" und „eine medizinische Physiognomik" Lesenswertes geschrieben (vgl. Rohlfs „Die medizinischen Klassiker Deutschlande". Bd. 2. S. 168ff).

Johann Jakob Engel, Ideen zu einer Mimik. 2. Aufl. Berlin 1804. S. 7.

Combe-Fossati, Manuel de Phrénologie. Paris 1836. S. 1.

von Wittich, Physiognomik und Phrenologie. Samml. gemeinverst. wissensch. Vortr. Virchow u. Holtzendorff. Berlin 1870. 5. Serie. H. 98.

Henle, Über Physiognomik. Braunschweig 1880. H. 2. S. 114 der „Anthropologischen Vorträge".

Piderit, Mimik und Physiognomik. 2. Aufl. 1886. S. 152 über Lavater.

Schaafhausen, „Die Physiognomik". Arch. f. Anthropolog. Bd. 17. 1888. S. 309ff.

Kollmann, Plastische Anatomie. 2. Aufl. 1901. S. 291.

Wundt, Grundzüge der physiologischen Psychologie. 5. Aufl. 1902. S. 301.
(Gegen Gall.)
Möbius, Ausgewählte Werke. Bd. 7. 1905. Franz Joseph Gall.
Froriep, Die Lagebeziehungen zwischen Großhirn und Schädeldach. 1897.
Schwalbe, 1. Über alte und neue Phrenologie. Korrespbl. f. Anthropol. usw.
1906. 37, Nr. 9—11. S. 91. — 2. Über die Beziehungen zwischen Innenform
und Außenform des Schädels. Dtsch. Arch. f. klin Med. Bd. 73. S. 359. 1902. —
3. Über das Gehirnrelief des Schädels bei Säugetieren. Zeitschr. f. Morphol.
u. Anthropol. Bd. 7. S. 203. 1904.

Grenzen des Gesichts.

Langer, Anatomie der äußeren Formen des menschlichen Körpers. Wien 1844.
S. 109 u. 134.
Merkel, Handb. der topographischen Anatomie. Bd. 2. S. 154. (1885—1890.)
Pansch (Stieda), Grundriß der Anatomie des Menschen. 3. Aufl. 1891. S. 3 u. 57.
Fritsch - Harleß, Die Gestalt des Menschen. Stuttgart 1899. S. 36 u. 73.
Kollmann, Plastische Anatomie des menschlichen Körpers. 2. Aufl. Leipzig
1901. S. 74.

Bei Abwägung der Gründe, ob die Stirn zum Gesicht zu rechnen sei,
entscheidet die mimische Bedeutung des ganzen Gesichts, obwohl die
Stirnknochen sich mit dem Hirnschädel, nicht mit dem Gesichtsschädel
entwickelt haben. Auch bei anthropologischen Untersuchungen finden
wir die Stirn vielfach mit dem Gesicht verbunden; Haut und Muskeln
sind funktionell so vereinigt, daß die Abtrennung der Stirn eben nicht
möglich ist. Das Gesicht ist für das Rassenbild wichtiger als der Schädel,
weil die Weichteile das äußere Bild durch Dicke und Form so verändern,
daß die Schädelumrisse ihm oft nicht mehr entsprechen. Die Ansicht
ist freilich oft bekämpft, soweit es sich um die Schönheit des Gesichts
handelt; der ältere Lucae hatte die Weichteile für die eigentlichen
Herolde des Geistes erklärt, Rudolf Virchow betonte, daß die wahre
Schönheit ebenso sehr in den Knochen ruhe. Obwohl die Rassenunter-
scheidungen sich am Lebenden auch mehr auf die Weichteile stützen,
so werden sie doch meistens am Skelett festgestellt. Über dies so
wichtige Verhältnis handeln eingehender besonders folgende Schriftsteller:

Schädel und Gesicht.

Rudolph Virchow, 1. Untersuchungen über die Entwicklung des Schädel-
grundes im gesunden und krankhaften Zustande und über den Einfluß derselben
auf Schädelform, Gesichtsbildung und Gehirnbau. Berlin. 1857. — 2. Ge-
sammelte Abhandlungen. Frankfurt a. M. 1856. Zur Pathologie des Schädels
und Gehirns. S. 899 ff.
Joseph Engel, Das Knochengerüst des menschlichen Antlitzes. Ein physiogn.
Beitr. Wien 1850. S. 86.
Ecker, Über die verschiedene Krümmung des Schädelrohrs beim Neger und
Europäer. Braunschweig 1871.
Ranke, 1. Der Mensch. 2. Aufl. 1894. Bd. 2. S. 203. — 2. Über Hirnmessung und
Hirnhorizontale. Korrespbl. f. Anthropol. Dezember 1903. S. 161.

Hoernes, Natur und- Urgeschichte des Menschen. 1909. Bd. 1. S. 230 u. 240.
Klaatsch u. Hauser, Prähist. Zeitschr. Bd. 1. 1910. S. 314.
von Eggeling, Physiognomie und Schädel. Jena 1911. S. 27 u. 31 ff. (Gibt viel
  Literatur.)
Hans Virchow, Gesichtsschädel und Gesichtsmaske. Korrespbl. f. Anthropol. ff.
  1912. Nr. 7—12. — S. 107 ff. in der Diskussion des Vortr. sprachen Baelz
  und Luschan.
Weygandt, Weitere Beiträge zur Lehre vom Kretinismus. Würzburg 1904. S. 54.
Kollmann, a. a. O. S. 68, 77 u. 534 u. Korrespbl. 1883. Nr. 11 (Gesetz der Korre-
  lation der Teile.)

Sowohl an Leichen wie durch Röntgenbeleuchtung Lebender konnte
festgestellt werden, daß man weder bei europäischen noch mongolischen
Rassen aus dem Schädel einen Schluß auf die Dicke und Form der Weichteile (z. B. Nase, Lippen, Kinn) ziehen könne. Die Verfeinerung der
Typen geht einher mit Zurücktreten der Knochenumrisse und Ausfüllung
der Vertiefungen durch dickere Weichteile und namentlich Fett. Sehr
schwankend ist die Dicke und Differenzierbarkeit der Muskulatur;
letztere ist, ganz abgesehen von ihrer Beweglichkeit, geradezu ein Grad-
messer für die Intelligenz des Trägers, besonders zwischen Auge und Mund.
Auch an prähistorischen Menschenschädeln zeigen stark ausgeprägte
Ursprungsgruben bestimmter Gesichtsmuskeln den Grad der Intelligenz
im Ausdruck an. Der Schädelgrund ist von R. Virchow für manche
physiognomische Eigentümlichkeiten bedingend aufgefaßt, die den oberflächlichen Schattenrissen Lavaters und dem Profil Campers entgangen
waren; er hielt es für besonders wichtig, daß die Gestaltung des Gesichts in einem wesentlichen Abhängigkeitsverhältnis zu dem
vorderen Abschnitte des Schädelgrundes steht, welcher die
Hemisphären und Ganglien des großen Gehirns trägt. Da wir
später im Zentralhirn ein mimisches Zentrum, speziell im Thalamus
opticus, nachweisen werden, dort auch einen Hauptort für die Ausdrucksbewegungen aller Affekte suchen (vgl. auch: „Die Höhenmessung
des Kopfes, besonders die Ohrhöhe.“ Zeitschr. f. Psychiatr. Bd. 59.
1902. S. 388), so wird die große Bedeutung des Umstandes klar, daß diese
Zentren dem Schädelgrunde so nahe liegen.

Die weiteren Folgerungen, die Virchow an eine von ihm angenom-
mene Synostose des Keilbeins schloß, so ein Zusammenhang zwischen
Physiognomik und wahrer Phrenologie, haben keinen Anklang gefunden;
man gibt wohl einen Zusammenhang zwischen Gesichtsbildung und
Schädelgrund zu (auch infolge von Chondrodystrophie, die Weygandt
an Stelle der Synostose nachwies), aber nicht mit der Hirnrinde. Möbius
(a. a. O. S. 188) führt auch Virchow selbst dafür an, daß es sich hier
um ein Wechselverhältnis handelt, und daß nicht etwa einseitig das
Gehirn das Knochenwachstum bestimmt oder umgekehrt.

Das Verhältnis des Virchowschen Sattelwinkels (abweichend
von dem äußeren Sattelwinkel Rankes) zur Prognathie und zur
Krümmung des Schädelrohrs, zum Camperschen Winkel und zu

den Wirkungen der Kaumuskulatur hat zu manchen Erörterungen geführt; auch ein künstlerischer Standpunkt schiebt sich dazwischen, der besonders die übertriebenen Grade von Orthognathie erklären möchte, die man bei griechischen Statuen findet. Doch gerade dies Beispiel warnt uns den Gesichtseindruck aus einzelnen Grundlagen zu beurteilen. Die Wichtigkeit der knöchernen Grundlagen ist zweifellos, aber bezeichnend wird ein Gesichtsausdruck auch dann erst, wenn die weichen Bedeckungen hinzutreten, auch ohne daß sie sich schon bewegen: das Mienenspiel sagt mehr als die Gesichtszüge.

Gesichtszüge und Entwicklungsgeschichte.

Carus, Grundzüge einer Kranioskopie. Stuttgart 1841. S. 77.
Gegenbaur, Die Metamerie des Kopfes und die Wirbeltheorie des Kopfskeletts im Lichte der neueren Untersuchungen. Morphol. Jahrb. Bd. 13. 1888.
Gaupp, Zum Verständnis des Säuger- und Menschenschädels. Korrespbl. f. Anthropol., Ethnol. u. Urgeschichte. Dezember 1903. S. 170.

Aus einer Hebelwirkung des sich entwickelnden Keilbeins erklärte Virchow die Prognathie; diesen Vorgang kann man sich unschwer in einer Sagittalebene liegend vorstellen. Verwickelter liegen die Verhältnisse, wenn man versucht sich durch plastische Bilder in die Idee der entwicklungsgeschichtlichen Bildung hineinzudenken; und doch, wenn wir uns daran gewöhnen, das Wachsen auch jedesmal in unserer Vorstellung mitzumachen, zu sehen, so wird es uns auch leichter, die Wirkungen des Wachsens nach verschiedenen Seiten zu verstehen. Aus flächenhaften Vorstellungen müssen körperliche werden. Jede geometrische Vorstellung birgt nun bekanntlich ein künstlerisches Element in sich, welches dem Spiel der gestaltenden Phantasie Raum läßt; aber das Aufsuchen und Auffinden der Regeln ist an der Hand der Entwicklungsgesetze eine wissenschaftliche Arbeit. In diesem Sinne kann auch die wieder angefochtene alte Wirbeltheorie des Schädels noch aufklärend wirken, wenn man von manchen der alten Spekulationen sich fernhält. Wenn auch an Selachiern gewonnen, rechne ich hierher Gegenbaurs Untersuchungen über die Metamerie des Kopfes. Metamer gegliederte Mesodermsegmente in der dorsalen Kopfregion nennt er Urwirbel oder Somite; die metameren Abschnitte des ventralen Mesoderms sind die Kiemenbögen. In den Urwirbeln treten Höhlungen auf (Kopfhöhlen), auch in den ventralen Metameren sind Höhlungen; nur an zwei Metameren konnte er eine sichere Kommunikation zwischen der dorsalen und ventralen Höhlung feststellen: dies geschieht zwischen der Höhle des zweiten Kopfsomites und der Höhle des primitiven ersten Kiemenbogens (des Hyoidbogens). Wenn wir nun weiter erfahren, daß der Nervus oculomotorius zum ersten Metamer gehört, ebenso der Trigeminus in einem Teil, während der ursprünglich noch mit dem Akustikus vereinte N. facialis zum zweiten Metamer gehört, so finden sich gerade diese für die Mimik des Gesichts wichtigsten Nerven in ihrer ursprünglichen Anlage sowohl in fester Beziehung zu den zwei vorderen Schädelwirbeln wie zu den aus den beiden ersten Kiemenbogen sich entwickelnden Gesichtsteilen. Über eine etwaige Beziehung der Gesichtsmuskulatur zu diesen metameren Abschnitten ist nichts Sicheres festgestellt.

Gesichtswachstum nach der Geburt.

Joseph Engel, a. a. O. S. 92.
Langer, Anatomie der äußeren Formen des menschlichen Körpers. Wien 1884.
Ranke, a. a. O. Bd. 2. S. 239ff.
Merkel, a. a. O. Bd. 1. S. 160 u. 443.
Rudolph Virchow, Crania Ethnica Americana (Supplement zur Zeitschr. f. Ethnol.) 1892.

Langer bestätigte Joseph Engels Ansichten zum Teil wieder, der namentlich die Bildung des Gesichtsschädels unter dem Einfluß der Kaumuskeln beobachtet hatte; dabei unterschied er auch schon physiologisch plastisch weichere Schädel von Hartschädeln, so daß schon die zarteren anderen Gesichtsmuskeln Formveränderungen hervorrufen könnten. Außer der größeren Kraft der Kaumuskeln ist zu beachten, daß sie von Faszien überzogen sind, während die mimischen Gesichtsmuskeln faszienlos sind wie die Hautmuskeln; sie können auch relativ dadurch nicht so straff auf die Knochen wirken, wie es die Kaumuskeln tun, aber auf die Haut wirken sie desto zarter und feiner. Wie weit diese Einflüsse sich geltend machen auf die Verschiedenheit der Gesichtsformen und Rassenunterschiede, ist im einzelnen schwer festzustellen, z. B. bei den dolichoprosopen Formen der kaukasischen Rasse.

Das unabhängig von Rasseneinflüssen verlaufende Wachsen jedes kindlichen Gesichts, ebenfalls unter Beiseitestellung etwaiger erblicher Einflüsse, ist nach der Geburt stärker als das des Hirnschädels. Während des Wachstums nehmen das Untergesicht, die Mund- und Kinngegend mehr an Höhe zu als das Obergesicht, hier am wenigsten der die Augenhöhlen umfassende Abschnitt. Langer schiebt dies auf den Einfluß der Zähne, bedingt durch die rasche Zunahme ihrer Funktion nach der Geburt. Nase und Gesicht sind schon beim Neugeborenen verhältnismäßig fertig ausgebildet. Auch das Auge wächst rascher wie das untere Gesicht. Deshalb wachsen die Muskeln des Mundes nach der Geburt stärker, so daß gleichzeitig mit der Ausbildung ihrer vegetativen Funktionen auch reichere Gelegenheit zur Einübung mimischer Tätigkeit geboten ist; die meisten psychischen Vorgänge werden ihnen also zu einer Zeit zugeführt, wo sie sich selbst entwickeln. Deshalb ist die Mimik des Mundes nicht nur schon beim Kinde besonders ausdrucksvoll, sondern bleibt es auch später. Dabei sind die Hautmuskeln die im engeren Sinne mimischen, die Kaumuskeln physiognomisch bedeutungsvoller.

Asymmetrie und Halbgesichter.

Liebreich, Die Asymmetrie des Gesichtes und ihre Entstehung. Wiesbaden 1908.
    S. 23ff.
Hallervorden, Psychiatr.-neurol. Wochenschr. 1902. Nr. 28 und 1906. Nr. 39.
Kollmann, a. a. O. S. 52 und Arch. f. Anthropol. Bd. 25. S. 329ff. Rekonstruk-
    tion prähistorischer Schädel.
Hans Virchow im oben a. Vortrag über Gesichtsschädel und Gesichtsmaske.
Waetzoldt, 1. Die mimische Asymmetrie des Gesichts. Nord und Süd. 33. Jahrg.
    1909. S. 219ff. — 2. Die Kunst des Porträts. Leipzig 1908. S. 68ff. u. 219.
Braus, Lehrb. d. Anatomie I. S. 810. 1921.

Asymmetrie ist an vielen wohlgebildeten, regelmäßigen Schädeln
und am lebenden Menschen nachweisbar als konstante und normale
Erscheinung, und nicht ohne weiteres als Entartungszeichen oder Bil-
dungshemmung anzusehen. Liebreich führt den häufigeren Schief-
stand des Gesichts nach rechts auf die Lage des Gesichts während der
letzten Zeit des Embryonallebens zurück, wobei das Becken der Mutter
einen Druck ausübt, der in der bei weitem häufigsten ersten Kopflage
die Verschiebung nach rechts hervorruft. Kollmann fand alles, was
unter der Nase liegt, symmetrisch; die knöcherne Nase scheint das Be-
stimmende zu sein, Jochbögen und Augenhöhle verschieben sich leichter.
Vgl. jedoch Kollmanns Beschreibung der Ungleichheit der Gesichtshälften bei griechischen Statuen; bei der Venus von Milo z. B. steht die
Nase 5 mm! nach links. Bei Betrachtung von vorne durch Moment-
photographien aufgenommener Gesichter fand Hallervorden (Abb.1—3)
ein interessantes Ergebnis, wenn er Spiegelbilder vom umgewendeten
Negativ mit den ersten Abzügen nach Längshalbierung beider zu einem
neuen künstlichen Gesicht vereinigte. So vereinte linksseitige Gesichtshälften erschienen ihm minderwertiger als rechtsseitige, die er apper-
zeptive nannte. Den weiteren Schlüssen zu folgen scheint mir be-
denklich. In geistvoller Weise hat später der Kunsthistoriker Waetzoldt dieser Ansicht eine andere Wendung zu geben versucht; er will
die ungleichmäßige Handhabung der Gesichtshälften auf ungleichmäßige
Inanspruchnahme beider Augen zurückführen, und beruft sich darauf,
daß bei Schulkindern und Rekruten das rechte Auge häufiger benutzt
werde. Bei Männern sieht er dann im rechten Halbgesicht den Charakter
der Intelligenz besonders ausgeprägt, die linke sieht er als Gefühlsseite
an. Es ist mir zweifelhaft ob die überwiegende Mehrzahl der Menschen
das rechte Auge mehr gebraucht; an anderer Stelle warnt Waetzoldt
selbst vor anderen Fehlerquellen; ich fürchte, hier entspringt eine neue.
Den Nutzen von Halbseitenansichten für die Charakterisierung des Gesichts hat Hans Virchow (Abb. 4) durch Abbildungen unterstützt, die
auch den Künstler interessieren werden. Gleichzeitig entwickelt er
starke Verschiedenheiten' der Gesamtnase aus den Beziehungen der
Obernase zu den oberen Schädelteilen, der Unternase zu den Kiefer-
partien. Leider kann ich Waetzoldts Mitteilungen über Tripleporträts

Abb. 1. Wirkliches Gesicht (nach Hallervorden).

Abb. 2. Zwei vereinte rechtsseitige Gesichtshälften (nach Hallervorden).

Abb. 3. Zwei vereinte linksseitige Gesichtshälften (nach Hallervorden).

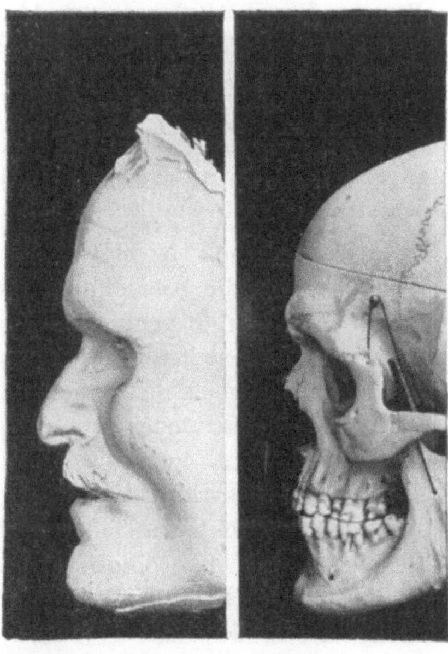

Abb. 4. Gesichtsmaske und -schädel derselben Person in Halbseitenansicht (nach Hans Virchow).

hier nur kurz berühren, sowie seine Ausführungen über Einheit des Gesichts, die radial-symmetrische Anlage des Gesichts um den Mittelpunkt der Nase, die bilateral-symmetrische Teilung. Nach dem Goetheschen Gesetz der „Wechselwirkung der Theile" baut er das Gesicht vor uns auf. In einer Bemerkung über feinere Modellierung des Antlitzes durch lebenslange Anspannungen der weichen Teile ist der Zustand des Muskeltonus angedeutet, der uns noch oft beschäftigen wird.

Die größere Lebhaftigkeit des Gesichtsausdrucks von vorn ist jedenfalls auch von Unterschieden des Schädels bedingt; durch das Höherstehen einer Augenbraue z. B., wobei die bedeckenden Weichteile häufig der knöchernen Grundlage eng folgen. Zeichnungen von Köpfen im Profil, Reliefs, besonders glatte Profilreliefs auf Münzen führen im wesentlichen auf die Schädellinien zurück. Man muß sich aber doch hüten, auf diese Linien einen zu großen Wert zu legen, da manche Abweichungen durch die hinzutretenden Weichteile entstehen; typische Physiognomien gründen sich mehr auf die Schädellinien, individuelle mehr auf die Weichteile; die individuellen Unterschiede ändern sich bei demselben Individuum in verschiedenem Lebensalter, während die knöcherne Grundlage konstanter und typischer bleibt.

Horizontale Gliederung des Antlitzes um Auge, Nase und Mund; Einzelheiten.

Merkel, Handbuch der topographischen Anatomie. Bd. 2. S. 308, 345, 424.
Fritsch - Harleß, Die Gestalt des Menschen. 1899. S. 39, 41 ff.
Froriep, Anatomie für Künstler. Leipzig 1899. S. 16 ff.
Schaafhausen, „Die Physiognomik". Arch. f. Anthropol. Bd. 17. 1888. S. 309.
Wilbrand u. Saenger, Die Neurologie des Auges. Wiesbaden 1900.
Kollmann, Plastische Anatomie. 2. Aufl. Leipzig 1901. S. 274 ff., 282.
Hans Virchow, Gesichtsmuskeln und Gesichtsausdruck. Arch. f. Anat. u.
   Entwicklungsgesch. 1908. S. 373, 410, 423.

Der Ausdruck Antlitz faßt am besten, gegenüber anatomischen Zweifeln über die Ausdehnung des Gesichts, zusammen was Ärzte und Künstler darunter verstehen. Das Verbreitungsgebiet des Nervus trigeminus deckt sich am besten mit diesem Begriff; der Nervus facialis überschreitet das Antlitz mehrfach, aber seine mimischen Funktionen fallen damit zusammen. In einem lateinischen Lexikon fand ich folgende lehrreiche Definitionen. Gesicht ist 1. die Fähigkeit zu sehen = visus, 2. das Sehen als Empfindung, der Anblick = conspectus, 3. das Antlitz, Angesicht = facies, zunächst als Vorderseite des menschlichen Hauptes, Physiognomie, προςῶπον genannt, dann vultus = Gesichtszüge, Mienen; os vultusque = Gesichtsbildung; endlich frons als Angesicht bei gewissen Gemütsstimmungen. Schaafhausen sagt, die deutsche Sprache bezeichnet mit dem Worte Gesicht das ganze Antlitz, als wolle sie damit die Wichtigkeit des Blicks für den Gesichtsausdruck hervorheben.

Eine Fülle von Einzelheiten bei Beschreibung des Gesichts geben Wilbrand und Saenger; Augenlider, Deckfalten z. B. in ihren Beziehungen zu emotionellen Zuständen, wobei auch der Muskeltonus berücksichtigt wird; Wimperhaare, deren Einfluß auf den Gesichtsausdruck auch Kollmann erörtert. Dieser erklärt den „feuchten Blick" sorgfältig; ebenso „hohle Augen". Bei Wilbrand und Saenger werden die Lidspalten, ihr Verhältnis zur Cornea besprochen und ihr physiognomischer Effekt gezeigt. Bei Fritsch-Harleß wird der „stechende Blick" beschrieben im Zusammenhang mit der Pupillardistanz; Porträts und lebende unbewegliche Augen können den Beschauer förmlich verfolgen.

Wenn man auch oft davon spricht, daß man diese oder jene Eigenschaft jemandem an der Nase ansieht, so ist das nicht so einfach erledigt. Schon die Nasen griechischer Götter und Heroen leiten irre durch ihre übertriebene Darstellung. Das Verhältnis der Knorpel zu den knöchernen Teilen der Nase beeinflußt die Architektur der Nase in hohem Grade, ist aber mehr für Rassenunterschiede bedeutsam. Der Spitzenknorpel versteift die Nase, die Seitenknorpel sind beweglicher, weil schwächer.

Eine scharfe Trennung von Nasen- und Mundgegend ist schwierig; die Nasolabialfalten scheinen zwar eine Grenzlinie zwischen Mittel- und Untergesicht zu bilden, aber bei der Funktion der Muskeln ist die Nasengegend eng mit dem Munde verbunden.

Dies geschieht vornehmlich auch noch durch das Bindegewebe, an welches Virchows lehrreiche Ausführungen die Mechanik des Gesichtsausdrucks wesentlich geknüpft zeigen; dann schildert er kleinere lokal beschränkte Bindegewebs- und Fettpolster und ihre Bedeutung für Form und Mechanik, ohne welche die Wirkungen der Muskeln nicht verständlich seien.

Die Gesetze der Grübchen- und Hautfaltenbildung entwickelt Fritsch-Harleß, ebenso Froriep, besonders in verschiedenem Lebensalter; er zeigt, daß die bewegliche Mimik auch bei Kindern und Greisen zum Ausdruck gelangt, aber die physiognomischen Gesichtszüge weniger deutlich bleiben.

Merkel zeigt die besondere Bildung der Oberlippe durch das Philtrum; die Gründe der physiognomischen Bedeutung des Kinns.

Schon einen Übergang zu dem folgenden Abschnitt bilden die Schilderungen der Hautfärbung bei Fritsch-Harleß und Froriep, die ebenso für den Künstler wie für den Arzt wichtig sind. Die Einzelheiten über die Pigmentverteilung, das Durchschimmern des Blutes und die Reflexion des Lichtes aus tieferen Schichten, die das „Inkarnat" und den „Teint" wesentlich bedingen, sind von außerordentlich großem Interesse.

Gesichtszüge in Plastik und Malkunst.

Magnus, 1. Das Auge in seinen ästhetischen und kulturgeschichtlichen Beziehungen. Breslau 1876. 3. Vorl. S. 86ff. — 2. Die Darstellung des Auges in der antiken Plastik. Beitr. z. Kunstgesch. Neue Folge. Bd. 17. Leipzig 1892. S. 61.
Kollmann, Plastische Anatomie. 2. Aufl. Leipzig 1901.
Stratz, Die Schönheit des weiblichen Körpers. Stuttgart 1904.
Waetzoldt, Die Kunst des Porträts. Leipzig 1908.
Holländer, Plastik und Medizin. Stuttgart 1912.
Krukenberg, Der Gesichtsausdruck des Menschen. 1920. 2. Aufl.

Sehr viel kann der Arzt lernen aus Darstellungen des Gesichtsausdrucks in der Kunst. Der unbewegte Ausdruck ist ihr Objekt, denn auch der bewegliche mimische wird zu einem festen in Plastik und Malerei, die also die Gesichtszüge besser als das Mienenspiel fassen können, während wir am meisten auf das letztere achten müssen. Die Auseinandersetzungen über den Einfluß der höheren oder niederen Aufstellung von Statuen, die Bemalung des Gesichts und der Augen sind sehr lehrreich, wobei der Einfluß der Luft und des Lichtes wichtig ist; auch die Witterung spielt eine Rolle. Vielfach erörtert wurden die Gründe dafür, daß das Auge so oft blind, leer, dargestellt wurde; ob darin vielleicht eine Absicht vorliegt, des Beschauers Blick nicht von dem Gesamteindruck des Körpers abzulenken? Sehr viele der feinsinnigen Bemerkungen verdienen unsere volle Beachtung. Eine wahre Fundgrube der Anregung zu neuen Überlegungen ist Waetzoldts Werk, dessen klarer glänzender Stil den Genuß erhöht und erleichtert. Der subjektive Standpunkt des Künstlers weicht allerdings von dem des Arztes ab, da dieser objektiv feststellen will, was der Ausdruck des Kranken bedeutet, wodurch er entsteht, mit dem Endziel der Diagnose und Therapie. Gemeinsam ist das Streben, die inneren Vorgänge mit den äußeren Zeichen in Einklang zu bringen.

Der Maler wählt den „seelisch fruchtbarsten Moment" für die Charakterisierung unter vielen vorübergehenden Momenten, der Arzt muß vorzugsweise dies beweglichere Mienenspiel des vorliegenden Augenblicks benutzen, dessen Stimmung er erforschen will. Der Künstler will das Ideal des Gesichtes im Porträt festhalten, hat Lenau gesagt; und Waetzoldt hebt mit Recht hervor, daß auch der Arzt dies Ideal kennen müsse als Maßstab für die Abweichungen. Besonders gehaltvoll ist der Abschnitt: „Anschaulichkeit und Seelenhaftigkeit des Gesichts". Er nennt die Aufgabe des Porträtisten ein Sehproblem, wie sie das ja auch für den Arzt ist; die feinere Modellierung des Gesichts durch minimale Bewegungen und Anspannungen entgeht beiden nicht, der Arzt schließt hieraus auf die zugehörigen Gefühle, deren Darstellung der Künstler gibt, ohne sie zu deuten; denn seine Domäne liege im rein Artistischen.

Während der Künstler sich gern die ausdrucksvollere Seite des Gesichtes für ein Profilbild aussucht, bevorzugt der Arzt den Blick von vorne; sowohl der Gesamteindruck wie der Vergleich der Seiten ist ihm wichtiger.

Beim „Problem der Ähnlichkeit" wird gezeigt wie viel wir häufig beim Betrachten eines Gesichtes hineinlegen. Ärzte, die gewissermaßen impressionistisch verfahren bei Stellung der Diagnose, mögen eine Höhe künstlerischer Begabung haben, die dem Arzte gewöhnlich fehlt; aber der Wert solcher Diagnosen scheint mir doch zweifelhaft.

Tracht, Hintergrund und Umgebung, für den Künstler so wichtig, sind dem Arzt hinderlich oder gleichgültiges Beiwerk; aber die künstlerische Darstellung der Affekte kann auch dem Arzt nützlich sein.

Wenn Waetzoldt sagt: „Der Reichtum menschlicher Innerlichkeit und Beseeltheit ist einzig durch das Spiel der Gesichtsmuskeln und die Tiefe des redenden Auges wiedergegeben", so legt auch er den größeren Wert nicht auf die Gesichtszüge, sondern das Mienenspiel; diesem wenden wir uns im nächsten Abschnitt zu.

Weiteres Verzeichnis der Literatur.

Lichtenberg, Über Physiognomik wider die Physiognomen. Göttingen 1778. 2. Aufl.

Isensee, Geschichte der Medizin. 2. Teil. 3. Buch. Berlin 1843. S. 336—360 und c. 1. 6. Buch. 1845. Chronologische Übersicht. Bd. 42—45.

Laehr, Die Literatur der Psychiatrie, Neurologie und Psychologie von 1459 bis 1799. Registerbd. 213—214; nennt über 250 Schriften bekannter Autoren und 27 unbekannter, über deren Werke meist längere oder kürzere Inhaltsangaben gegeben sind.

Isensees geschichtliche Darstellung ist im wesentlichen eine Wiedergabe von Lehfeldts Aufsatz im „Enzyklopädischen Wörterbuch" Berlin 1842. S. 339ff. über „Physiognomik"; derselbe hat auch die „Phrenologie" bei Isensee beeinflußt. Erwähnt wird eine neue Auflage (Straßburg 1541) eines älteren Werkes von Bartholomäus Cocles mit „ziemlich groben aber nicht unbezeichnenden Holzschnitten", wahrscheinlich 1350 verfaßt und von Michaelis Scotus wörtlich abgeschrieben. Als erster wissenschaftlicher Vertreter wird Paulo Lomazzo genannt. Baptista Porta veranschaulichte durch Abbildungen von Zeitgenossen und berühmten Männern seine Ansichten; benutzte in naiver Weise Tierphysiognomien zum Vergleich. Pernetty gab zu hübschen Kupferstichen flache Erklärungen. Kurz und treffend hat Haller über Physiognomik geschrieben mit Besprechung der Wirkung der einzelnen Gesichtsmuskeln. Lavaters Silhouetten werden besprochen. Camper verlangte Kenntnis der Verteilung der Nerven, um bestimmt vorauszusagen, welche der Gesichtsmuskeln bewegt werden müßten. Lehfeldt selbst erörtert diese und die zentripetale und zentrifugale Richtung der psychischen Tätigkeiten, wobei er sich manchmal unseren Ansichten nähert.

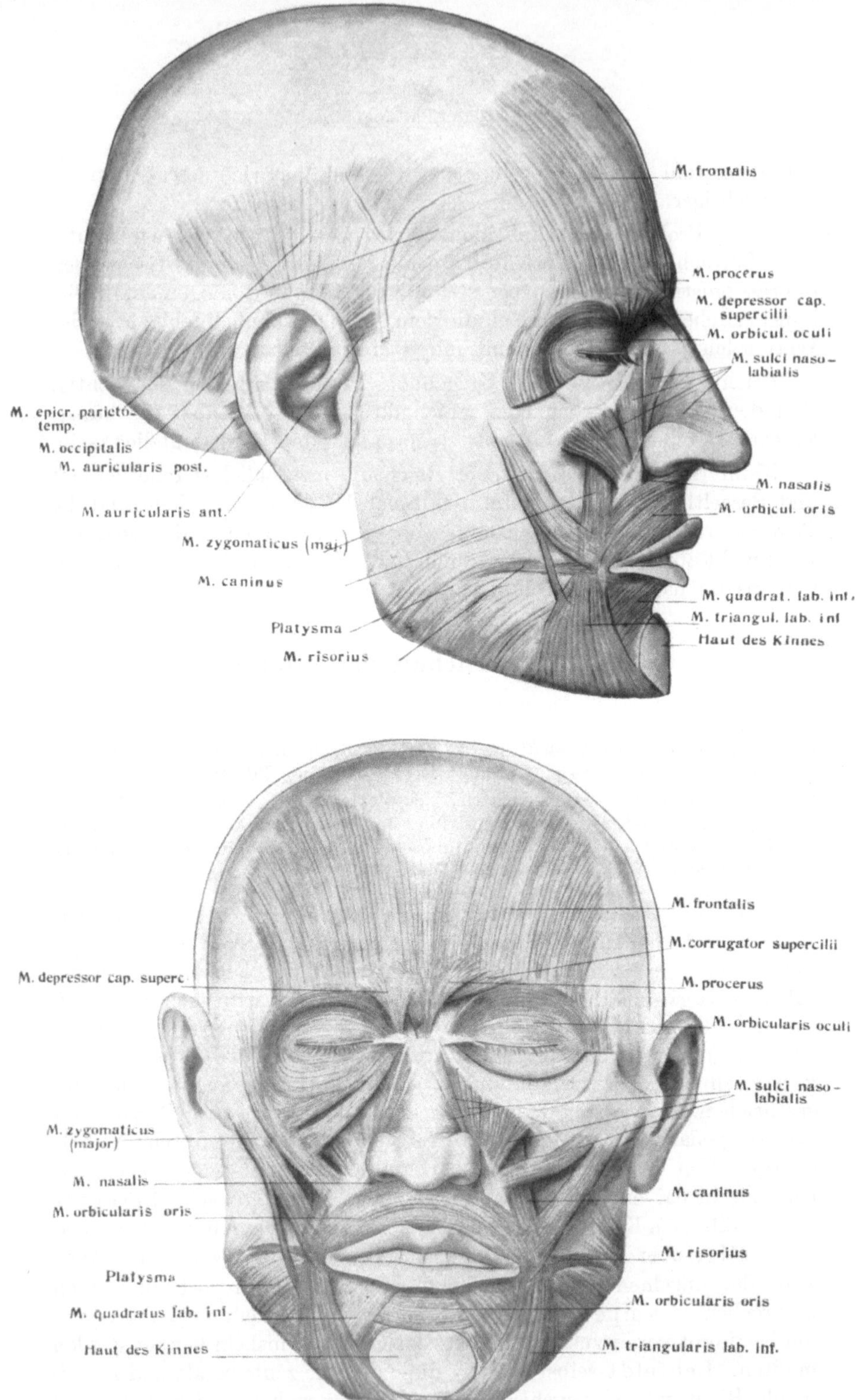

Abb. 5 u. 6. Gesichtsmuskulatur seitlich und von vorn (nach Hans Virchow).

Bei einer kritischen Prüfung des Gallschen Systems ist von einer „affektiven Provinz im Gehirn" die Rede, doch wird ihr Sitz nicht bestimmt.

Laehr führt als Geschichtswerke an:

Anthroposcopus Orbilius (Franz), Versuch einer Geschichte der Physio-gnomik. Wien u. Leipzig 1784 auf 376 Seiten.

Fülleborn, Abriß einer Geschichte und Literatur der Physiognomik, in seinen Beiträgen z. Gesch. d. Philosophie. Berlin 1797. St. 8.

Fülleborn, der das Buch des Orbilius erst nach Vollendung seiner eigenen Schrift kennen lernte, nennt jenes ein Kompendium von Albern-heiten aus dem er nichts gelernt habe. Man muß sein Urteil im ganzen bestätigen, aber der Sammelfleiß des Orbilius hat uns doch einen guten Überblick über die Literatur gegeben. Die kürzere Schrift Fülleborns ist namentlich kritischer und darum besser zu verwerten; seine Kritik der Aristotelischen Physiognomik ist scharf und kommt zu dem Er-gebnis, daß das Hauptwerk unecht sein müsse. Auch das viel benutzte Buch des Abtes Pernety gefällt ihm nicht gut. Ausführlich behandelt er schließlich Lavater, dessen Bekämpfung durch Lichtenberg er unterstützt.

Lichtenbergs Arbeit hat den Untertitel: „Zu Beförderung der Menschenliebe und Menschenkenntnis", gleichlautend mit Lavaters kurz vorher erschienenem Werk, welches er in den Grundlinien angriff und entkräftete. Unter Physiognomik versteht er was wir Gesichtszüge genannt haben; während er für die vorübergehenden Zeichen der Gemüts-bewegungen und Affekte sich mit dem Worte Pathognomik behelfen möchte; klarer ist sicher unsere Bezeichnung Mienenspiel. Er wird nicht müde die größere Bedeutung der beweglichen Teile des Gesichts für seinen Ausdruck hervorzuheben. Andererseits warnt er aber auch hierbei vor dem Übersehen der dauernden Einflüsse der Nachahmung, Gewohn-heit, die in Haltung und Mienen so leicht mit augenblicklichen Vor-gängen der Stimmung verwechselt werden. Aus Kleidung, Anstand und Aufführung werde viel und leicht in ein Gesicht hinein erklärt; selbst die Rasenden würden öfters unkenntlich sein, wenn sie nicht handelten. Die wirkenden Leidenschaften lassen zwar oft merkliche Spuren zurück, daher rühre das, was die Physiognomik wahres hat; doch in den Bewegungen der Gesichtsmuskeln und der Augen liege das meiste.

II. Mienenspiel (Mimik des Gesichts).

Der gegebene Weg für uns, um zu einem Verständnis des Mienen-spiels zu kommen, ist die genaue Kenntnis seiner anatomischen Grund-lagen und seiner Entstehung aus den physiologischen Bedingungen, ge-wissermaßen die Verfolgung seiner Entwicklungsgeschichte. Unser Stand-punkt ist dabei ein anderer als der des Laien, besonders des Künstlers;

dieser steht vor dem Gesicht und vor seinem Bilde, er wird immer geneigt sein mit der unmittelbaren Beschreibung der Fläche zu beginnen,
das Bild gewissermaßen aufzuzeichnen, die einzelnen Linien zu unterscheiden und zu erkennen; während der Arzt hinter die Bildfläche sehen,
auch in die dahinter plastisch für ihn entstehende Schicht der Haut und
Muskeln hineinsehen und das Mienenspiel aus ihnen entstehen sehen
möchte, wie es auf dem Gesicht vor sich geht.

Mimische Gesichtsmuskel- und -nerven.

Baumgärtner, Kranken-Physiognomik. 2. Aufl. Stuttgart 1842. S. 37ff.
Gegenbaur, 1. Grundzüge der vergleichenden Anatomie. 2. Aufl. Leipzig 1870.
    S. 706ff. — 2. Lehrbuch der Anatomie des Menschen. Leipzig 1892. S. 324.
Kölliker, Entwicklungsgeschichte. 2. Aufl. Leipzig 1879. S. 806.
Ruge, 1. Über die Gesichtsmuskulatur der Halbaffen. Morphol. Jahrb. 1886.
    Bd. 11. S. 243—316. — 2. l. c. Bd. 12. Über die Gesichtsmuskeln des Gorilla
    (mit ausgezeichneten Tafeln). — 3. Untersuchungen über die Gesichtsmus-
    kulatur der Primaten. Leipzig 1887. S. 6/8.
Merkel, Handbuch der topographischen Anatomie. Bd. 1. S. 160ff.
Hughes, Die Mimik des Menschen. Frankfurt a. M. 1900.
Birkner, 1. Beiträge zur Rassenanatomie der Chinesen. München 1904. —
    2. Korrespbl. f. Anthropol. usw. 1903. S. 163 u. 1904, S. 145ff. u. 1905
    S. 118ff., 1911. S. 119.
Duval-Gaupp, Grundriß der Anatomie für Künstler 1908. S. 246ff.
Braus, Lehrbuch der Anatomie 1921. S. 770ff., 813—819.

Die Differenzierung der Gesichtsmuskeln aus der als Platysma
myoides bezeichneten Hautmuskelplatte des Halses und Gesichts ist
schon bei den Affen geringer als beim Menschen, bei dem ihre mimische
Funktion am stärksten ausgeprägt erscheint. Daß trotzdem keine überall
scharfe Abgrenzung der einzelnen Muskeln eingetreten ist, wird darauf
zurückgeführt, daß bei Sonderung der Myomeren des Embryos diese
nur da eine vollständige werden kann, wo eine größere Regelmäßigkeit
der Bewegung der Skeletteile sich an die Gelenke knüpft; diese fehlt
der Muskulatur der Haut, so daß ihre Funktion verwickelter bleibt.
Zwei ursprüngliche Hautmuskelschichten werden unterschieden, beim
Menschen findet man die tieferen nur noch in der Umgebung des Mundes
und Halses. Im Laufe der Entwicklung fanden bei dem Auftreten von
Ohrmuschel und Lippenbildung in niederen Tierklassen Verlagerungen
solcher Muskeln statt, die mit dem Nervus facialis zum Viszeral-
skelett gehörend sich mit dem Nerven aufwärts über die Unterkiefer-
und Nackengegend zum Antlitz bewegten. Vom Ohr und der Mundspalte
dehnten sich die Fazialismuskeln dann aufwärts aus. Daß die anfangs
am Halse lagernde Muskulatur diesen Weg wirklich eingeschlagen hat,
wird bezeugt durch die strahlenartige Ausbreitung des Fazialis in alle
diese Teile des Gesichts, in die er mit den Muskeln hineingezogen wurde.
Die weitgehende Umbildung der Gesichtsmuskeln beim Menschen hat
dann zu der verwickelteren Nervendurchflechtung im Pes anserinus

geführt. Unter den auch beim Menschen besonders zahlreichen Varietäten ist eine besonders wichtige die dauernde Ausbildung des Risorius Santorini geworden.

Lehrreich und orientierend sind die im einzelnen nicht lückenlosen Einteilungen von Sphinkteren- und Dilatatorengruppen, die antagonistisch um die Augen, Nase, Mund und Ohr wirken; sie sind zirkulär resp. radiär gestellt. Grübchen in Wangen-, Kinn- und Brauengegend zeigen individuell sehr wechselnde Insertionen der Muskel an die Haut; dadurch werden die Hautfalten stark beeinflußt; es wurde auch der Versuch von Baumgärtner gemacht, entsprechende Systeme von Gesichtslinien auf dem Antlitze festzustellen.

Besondere Schwierigkeiten für die Zerlegung des Gesichtsausdrucks bringt die Verschiedenheit der Muskelstärke mit sich, sie ist nicht nur eine Rassenverschiedenheit, wie Hans Virchow in den Diskussionen zu einem Vortrag hervorhob. Es kommt vor, daß Orbicularis und Zygomatikus nicht trennbar sind; Hagen möchte in der geringeren Differenzierung der Gesichtsmuskulatur die Erklärung dafür sehen, daß die meisten Naturvölker eine außerordentlich geringe Mimik haben; bei Negern und auch bei Chinesen, deren Gesichtsmuskeln dabei sehr stark entwickelt sind, kommt dies vor. Wir Kulturmenschen beherrschen stärkere Wirkungen gewohnheitsmäßig; Bauern und derbere Naturmenschen lassen in der Erregung ihrer stärkeren mimischen Muskulatur freien Lauf. Das grinsende Lachen des Negers und das Europäerlachen sind grundverschieden; der Unterschied beruht wohl mehr auf Verschiedenheiten der Innervation.

Kau- und Wangenmuskeln mit ihren Nerven.

Merkel, a. a. O. Bd. 1. S. 158.
Gegenbaur, Morphol. Jahrb. Bd. 13. 1888. S. 51 ff.
Obersteiner, Nervöse Zentralorgane. 4. Aufl. 1901. S. 480—485.
Edinger, Nervöse Zentralorgane. 7. Aufl. 1904. Bd. 1. S. 181.
Wundt, Völkerpsychologie. Bd. 1. Die Sprache. 1. Teil. Leipzig 1900. S. 31 ff.

Durch die Versorgung sämtlicher Kaumuskeln vom dritten Ast des Trigeminus und der mimischen Gesichtsmuskeln vom Fazialis ist die morphologische Zusammengehörigkeit dieser Muskelgruppen zu jenen Nerven bewiesen. Entwicklungsgeschichtlich gehören diese beiden zum zweiten Metamer, die sensibeln Trigeminuszweige aber zum ersten, sie versorgen die Gesichtshaut einheitlich. Auch im verlängerten Mark liegen der motorische Trigeminuskern und die Fazialiskerne dicht beieinander. Edinger sieht eine sensomotorische Reflexbahn des Antlitzes zwischen dem sensiblen Trigeminus und dem motorischen Trigeminus + Fazialis.

Indessen hat der Kauakt noch eine besondere Bedeutung für das Mienenspiel. Wundt zeigt in seiner umfassenden Völkerpsychologie wie die ursprüngliche Funktion aller Gesichtsmuskeln keine rein mimische, sondern mit Nahrungszufuhr oder Abwehrbewegungen verbunden war, wobei sie sich aber immer mehr ablöste. Alle Haut- und Skelettmuskeln haben neben ihren sonstigen Funktionen dagegen pantomimische Bedeutung. Wundt nennt die Kaumuskeln nun indirekt mimische Muskel; am Buccinatorius erörtert er diese doppelte Funktion. Sehr wichtig sind darauf seine Erörterungen über den Muskeltonus einzelner Muskelgruppen und ihrer Antagonisten, Spannung und Erschlaffung; Erregung und Hemmung andererseits und ihre Wechselwirkung. Die Steigerung der Affekte und Leidenschaften wird erklärt aus den sensorischen Rückwirkungen in Spannungs- und Tastempfindungen sowohl der Muskeln selbst, wie der benachbarten Haut und Schleimhaut. Am Beispiel der „Überraschung“ führt er diesen Einfluß für die Wangenmuskeln weiter aus. Die Beziehung der Aufnahme und Bewältigung der Nahrung zu sinnlichen Gefühlen wird erläutert; gerade die Wangenmuskeln zeigen bei manchen Personen, wie die Mundmuskeln, die leisesten Regungen der Affekte. Die sensorische Rückwirkung von dem Muskelzustande auf die Haut und umgekehrt (siehe später den Abschnitt über Reflexkettentheorie) wird dadurch begünstigt, daß die Hautbedeckung der mimischen Muskulatur zugleich der empfindlichste Teil des Tastorgans ist; ob die völlige Unempfindlichkeit gegen Schmerzen der entsprechenden Partie der vom sensibeln Trigeminus versorgten Wangenschleimhaut dabei eine fördernde Rolle spielt, entscheidet Wundt nicht. Die mimischen Symptome der Spannungs- und Lösungsgefühle kommen deutlich zum Ausdruck nur beim Buccinatorius und Masseter. Es geschieht dies nicht durch stoßweise vorübergehende klonische Bewegungen, sondern in dauernden Steigerungen oder Hemmungen des Muskeltonus, welche durch Gewohnheit und Übung in tonische physiognomische Züge übergehen.

Bei aller Mimik ist, stärker oder schwächer ausgeprägt, der durchschnittliche Muskeltonus, das Zeichen der Bereitschaft, die wichtigste Grundlage des Gesichtsausdrucks. Hier berührt sich die Mimik des Gesichts am nächsten mit seiner Physiognomie; das Mienenspiel in Ruhe gibt den Gesichtszügen den charakteristischen Ausdruck, den der Zuschauer zur Beurteilung, der Künstler zur Darstellung benutzt. Der durchschnittliche Gesichtsmuskeltonus, der auf der Innervation seiner Muskeln erwachsende Spannungszustand des Gesichts wird besonders für die krankhaften Formen des Gesichtsausdrucks von grundlegender Bedeutung.

Augengegend.

Duchenne, 1. Physiologie der Bewegungen, übersetzt von Wernicke. Cassel u. Berlin 1885. 4. Teil. Bewegungen des Gesichts. S. 633. — 2. Mècanisme de la physiognomie humaine. 1862 und 1876. S. 24 u. 44.
Hyrtl, Lehrbuch der Anatomie. 1870. S. 164 u. 390.

Hersing, Der Ausdruck des Auges. Stuttgart 1880.
Magnus, 1. Die Sprache der Augen. Wiesbaden 1885. — 2. Das Auge in seinen
  ästhetischen und kulturgeschichtlichen Beziehungen. 1876. Vorl. 1.
Piderit, Mimik und Physiognomik. 2. Aufl. Detmold 1886.
Greef, Die Stirnmuskulatur des Menschen. Inaug.-Diss. (Henke). Tübingen
  1888. S. 6 u. 31.
Merkel, a. a. O. S. 182, 238, 300/1ff.
Wilbrand u. Saenger, Die Neurologie des Auges. 1901. Bd. 2. S. 53, 580, 600.
Kollmann, Plastische Anatomie. 2. Aufl. 1901. S. 257ff.
Schaafhausen, a. a. O. S. 331.
Landois, Lehrbuch der Physiologie. 11. Aufl. 1905. S. 742, 905/6.
Waetzoldt, a. a. O. S. 52.
Sante de Sanctis, „Die Mimik des Denkens". Übersetzt von Bresler. Halle
  1906. Mit 44 Abbildungen.
Krukenberg, Der Gesichtsausdruck des Menschen. 2. Aufl. Stuttgart 1920.

Die Fülle der Schriften über die Augengegend ist eine große und reichhaltige. Die schon sehr alten Ansichten, die das Auge als den Spiegel der Seele erklärten, werden immer wieder besprochen. Man hat zuweilen eine Emanation, eine Ausstrahlung früher eingeströmter seelischer Substanz angenommen, sah diese Annahme durch das Augenleuchten vieler Tiere bestätigt und durch den „bösen Blick". Dann suchte man diese Dinge durch Wechsel in der Spannung des Augapfels zu verstehen, doch kommt sie bei gesunden Menschen nicht vor; beim Glaukom steigt der innere Augendruck beim Lidschlag vorübergehend etwas, starke Blutverluste setzen ihn herab, so daß Krukenberg annimmt, daß diese geringfügigen Schwankungen an dem Glanze des Auges beteiligt sein können. Wenn auch nach Ausschaltung des Eindrucks der Umgebung des Auges, durch eine nur die Augen freilassende Maske, diese Tensionswirkung des Bulbus kaum erkennbar sein mag, so ist zuzugeben, daß sie doch bestehen könne; es gibt aber noch einige andere den Glanz des Auges unterstützende Momente. Tränen des Leids und der Freude geben dem Auge einen feuchten Glanz; da der Nervus facialis sekretorische und motorische Fasern hat, läßt der Glanz des Auges bei willkürlicher Unterdrückung des Mienenspiels nach. Weinen ohne jede mimische Veränderung, besonders feucht schimmernde Augen treten auf, wenn die auch vom Sympathikus (sowie vom Trigeminus) innervierten Tränendrüsen in Funktion sind und gleichzeitig der Sympathikus die glatten Muskelfasern des unteren Augenlides spannt, so daß die Tränen sich sammeln. Eine vollsaftige Sklera im jugendlichen Alter erhöht den Glanz, der durch Krankheiten mit sinkender Blutfülle der Conjunctiva bulbi schwindet; Affekte steigern sie. Noch stärker wirken die Reflexe der Hornhaut; die stärkere Wölbung, das tiefere Eindringen des Lichts durch die feuchten Epithelschichten der Hornhaut erhöhen ihren Glanz. Man lese bei Hersing die Schilderung der als Konvexspiegel wirkenden Hornhaut, den Einfluß der Pupillenweite, und man wird überzeugt, daß diese Reflexe hauptsächlich den Glanz des Auges bedingen; darum sind die leeren hornhautlosen Flächen zwischen den

Lidern von Marmorstatuen glanzlos, aber auch ihre Bemalung schafft keinen lebendigen Ausdruck. Wenn dagegen der gemalte Reflex des Porträts so stark wirkt, so liegt das nicht nur an dem Glanz des Reflexes, sondern daß er sich auf der Fläche des Bildes mit dem Beschauer zu bewegen scheint, ihn sein Blick nicht losläßt, während er von der gewölbten Hornhaut den Bewegungen des Beschauers weniger folgt. Um so stärker wirkt das Auge des lebendigen Menschen; wenn es sich bewegt, wenn das Spiel der Lider und Mienen, Bewegungen des Kopfes die Reflexe verändern, kommen Glanz und Ausdruck der Augen zur vollen Geltung. Bei heftigen Bewegungen zuckt und blitzt es von der Hornhaut. Hersing und Magnus schildern das in anschaulicher Weise.

Psychologische Schlüsse mannigfachster Art tragen dazu bei, daß wir Vorgänge zu sehen glauben, die objektiv nicht vorliegen. Manche Wirkungen von Schauspielern beruhen mehr auf pantomimischen Bewegungen, aber auch bei nahestehenden Personen geht es uns oft ähnlich. Besonders sind Untersuchungen Duchennes für uns von Interesse, die elektrophysiologisch den Ausdruck isolierter Muskeln betrafen; er deckt dabei selbst Illusionen auf durch Verdeckungen der oberen oder unteren Gesichtshälfte; Schaafhausen berichtet Entsprechendes von verdeckten Gesichtsbilderteilen, deren Ergänzung durch andere auch den Ausdruck der freibleibenden Hälfte zu verändern schien. Krukenberg spricht Duchennes Untersuchungen die Fähigkeit ab, Aufschluß zu geben über den psychologischen Zusammenhang zwischen Gemütsbewegungen und Ausdruck; denn elektrische Reizungen einzelner Muskeln geben dem Ausdruck immer etwas Unnatürliches, Gewaltsames; Spiel und Gegenspiel verschiedener Muskeln seien dabei nötig. Es läßt sich sonst nicht leugnen, daß Duchennes Analyse in mancher Richtung bestechend ist, wenn er z. B. die Funktion des Augenbrauenrunzlers durch zwei Reizpunkte teilt, so daß der innere Teil des Muskels zum Antagonisten des pyramidenförmigen Nasenmuskels und des oberen Lidmuskels wird, sein äußeres Drittel dagegen der Antagonist des Stirnmuskels; es läßt sich das aber ohne elektrische Reizung nicht so scharf unterscheiden. Andererseits scheint es gewagt, wenn er an seiner Abb. 12 nachzuweisen sucht, daß der Blick des geistig beschränkten Mannes an der elektrisierten rechten Seite ein voller, geistig bedeutender geworden sei, nur durch teilweise Zusammenziehung des Augenbrauenrunzlers.

Tiefliegende oder flachliegende Augen wirken an und für sich nicht mimisch; aber Schwankungen krankhafter Art in der Stärke und Blutfüllung des Fettpolsters, in dem der Augapfel ruht, ändern seine Lage in der Orbita. In höherem Grade tun dies noch die glatten Müllerschen Muskeln in Augenhöhle und Lidern, die vom Sympathikus inerviert werden. Sie erweitern die Lidspalte und gleichzeitig die Pupille, während bei gewollter Erweiterung der Lidspalte die Pupille unverändert bleibt. Sehr wichtig ist die Wirkung eines Müllerschen Muskels auf die

Tenonsche Kapsel. Diese ist nach Merkel eine Hülle des Augapfels, eine im ganzen feste Bindegewebsmembran, welche sich aus den im Fett hinter dem Augapfel befindlichen Septis entwickelt; vorn verwächst sie mit der Konjunktiva und endet eine kurze Strecke hinter dem Hornhautrande; hier ist also ihr festester Ansatz, wo die Befestigung des Bulbus an der Konjunktiva der Augenlider geschieht, so daß die Zusammenziehung der glatten Muskelfasern in der Tenonschen Kapsel ein Hervortreten des Bulbus bewirkt. Sexuelle Erregung und Darmreize lösen diesen Vorgang reflektorisch aus; „hohle Augen" werden also nicht nur durch Blutleerheit der Augenhöhlen, Tonusschwäche = Erschlaffung ihrer willkürlichen Muskeln bedingt. Durchwachte Nächte, Kummer, Schreck und Angst wirken ähnlich. Vielleicht kommt auch noch das dritte Müllersche glatte Muskelfasersystem, der Musc. orbitalis hierbei zur Geltung. Wie Landois mitteilt, ist er in das Gewebe der Periorbita, oberhalb der Fissura orbitalis als eine 1 mm dicke Schicht eingeschlossen. Vielleicht ist er als rudimentäre Bildung des Retractor bulbi der Wiederkäuer anzusehen. Als Antagonist der Fasern in der Tenonschen Kapsel würde er im Spiel der hemmenden und verengenden Fasern des Sympathikus das Einsinken oder Hervortreten des Bulbus mit beeinflussen können.

Neue Gründe für die überwiegende Bedeutung der Bewegungen für den Ausdruck finden wir bei Magnus und Hersing entwickelt; die Augenfärbung tritt dagegen zurück, auch blaue Augen können bei leidenschaftlichen Menschen funkeln. Die Beweglichkeit des oberen Augenlids ist größer als die des unteren; dieses kann sich nur um 2—3 mm senken, das obere aber um mehr als 10 mm heben, wobei der mediale Lidwinkel fast unbeweglich ist. Das obere Lid trägt am meisten bei zum Ausdruck der Aufmerksamkeit, das untere mehr für heitere Formen. Auch Hersing sagt, nur durch die Bewegung, das ewig wechselnde Leben in der Umgebung des Auges, wird dieses interessant und ausdrucksvoll. Von Merkel erfahren wir manche Einzelheiten über die Beweglichkeit der Lider und sogar ihrer Teile, die als individuelle Verschiedenheiten auftreten. Ebenso ist der Durchschnittstonus verschieden und führt z. B. habituell und familienweise zu Abweichungen; unter ihnen ist die vom Oculomotorius bedingte Ptosis des Levator palpebrae besonders auffallend; der Ausdruck wird dadurch ein schläfriger. Der Ringmuskel der Augenlider ist aus Bündeln zusammengesetzt, die sich voneinander in kleinen facharartigen Bindegewebsräumen isoliert finden; durch diese Anordnung ist die isolierte Wirkung seiner einzelnen Abteilungen erleichtert.

Der Stirnteil des Gesichts ist nicht von der Augengegend zu scheiden. Der Corrugator supercilii bewirkt durch die Insertion seiner Endbündel in der Haut Grübchen beim Zusammenziehen, die bis über die Mitte der Augenbrauen reichen können, besonders stark etwas oberhalb der Brauenhaare. Es handelt sich nicht eigentlich um ein Runzeln der Brauen, sondern der benachbarten Hautfalten; Hyrtl nennt ihn nicht Corrugator supercilii, sondern frontis; obwohl Greef (Henke) die Anschauungen der Autoren über diese Verhältnisse nicht übereinstimmend findet, ist ihm die Tatsache sicher, daß den mimischen Muskeln die Haut als eigentlicher Insertions- und Angriffspunkt für ihre Wirkung dient; auch er schreibt dem Corrugator das „Stirnrunzeln" zu. Die Verflechtung verschiedener Muskeln der Umgebung des Corrugators, namentlich mit dem Orbicularis, der auch mit dem Levator alae nasi et labii sup., häufig auch mit dem Zygomaticus minor sich verbindet, führt bei einem kräftigen Schluß der Lider oft zu einer Verzerrung des Gesichts. Bei jedem Lidschlag fühlt man eine Verschiebung der Haut, besonders am äußeren Lidwinkel; hier entstehen die „Krähenfüße und Hahnenfüße". Daß bei Kindern solche Ausdrucksformen verschwommener bleiben, schieben Wilbrand und Saenger auf die bei ihnen noch zahlreich vorhandenen elastischen, ausgleichend wirkenden Fasern der Haut; doch wird der Mangel an Übung dabei auch eine Rolle spielen. Beim Niederlegen zum Schlafen findet ein sehr leiser Lidschluß statt, wobei nur die Lidportion des Okulomotorius innerviert werden soll, während im Schlaf der Tonus ganz aufgehoben ist. Wilbrand und Saenger beschreiben auch Mitbewegungen beim Versuch, beide Augen kräftig zu schließen; ferner das „Verdrehen der Augen" bei Personen, die mit dem Schlafe kämpfen. Dieselben Autoren besprechen den häufigen Zusammenhang energischer Funktion des Reflexmechanismus der Lidbewegung mit psychischen Vorgängen, wobei krankhafte Spasmen gerade an den Lidern oft beginnen und dann allgemeiner auftreten. Aber schon bei jugendlichen Individuen kommen isolierte fibrilläre Zuckungen nicht selten in diesem Gebiet vor; Magnus weist hin auf die habituellen Blepharospasmen Erwachsener, wo sie in den verschiedensten Formen in physiologischer Breite vorzugsweise bei Berufen auftreten, die früh Anstrengungen und Ermüdungen der Kreismuskel des Auges mit sich führen; dazu gehört auch vermehrtes Blinzeln; sie können indessen auch Vorboten von Conjunktivalkatarrhen sein. Die Übergänge zu Gewohnheitskrämpfen und Beschäftigungskrämpfen sind dabei fließende.

Eine gewisse mittlere Augenstellung entwickelt sich gemäß geistiger Anlage und körperlicher Beschäftigung bei jedem Menschen; sie ist dann für ihn charakteristisch und wird als „der Blick" bezeichnet. Eine divergierende Augenstellung, wie bei tief Nachdenkenden, benutzt die Malerei oft, sehr ausgeprägt findet Magnus sie bei der Sixtinischen Madonna. Mit dem Fernblick parallel eingestellter Augen ist der Eindruck der Vertieftheit und Träumerei nach Waetzoldt verbunden; mit dem Nahblick auf einen Punkt erweckt die Tätigkeit des Fixierens den Eindruck höchster Aktivität, des willentlichen Festhaltens eines Dinges.

Eine scharfe Scheidung der Funktion der oberen und unteren Gesichtshälfte gibt Sante de Sanctis in seiner Arbeit „Die Mimik des

Denkens"; besonders betrifft dies das Studium der Aufmerksamkeit, die er losgelöst untersucht von affektiven Elementen; er unterscheidet das Nachdenken als innere Aufmerksamkeit vom Aufmerken, gleich sensorischer Aufmerksamkeit. Für die erstere, die Denkmimik, sieht er den Muskelapparat aus dem Frontalis, Orbicularis und ganz besonders dem Superziliaris (= Corrugator) zusammengesetzt, zu denen als Antagonisten des Frontalis die Pyramidales nasi hinzukommen; oft wirkt auch der Levator palpebrae mit; mimische Irradiationen nach der Mundzone kommen vor, Halbseitigkeit der Funktion sogar vielfach. Diese Unterscheidung intellektueller Mimik des Denkens von der Affektmimik ist diagnostisch auch für psychische Störungen wichtig. Sante de Sanctis sieht beim Übergang von emotioneller Mimik zu der des Denkens eine Einengung des mimischen Gesichtsfeldes auf die besprochene Stelle in der oberen Gesichtshälfte eintreten; während bei der Gemütserregung auch die mimische Muskulatur stark in Bewegung gerät, hielt er die Neigung zur Unbeweglichkeit beim Denken für besonders wichtig.

Die Mundgegend.

Henke, Topographische Anatomie des Menschen. Berlin 1884. S. 95.
Merkel, a. a. O. S. 348—353.
Froriep, Anatomie für Künstler. 1899. S. 41.
Fritsch - Harleß, „Die Gestalt des Menschen." 1899. S. 40.
Wundt, Völkerpsychologie. Bd. 1. S. 97ff., 63.
Hans Virchow, 1. Gesichtsmuskeln und Gesichtsausdruck. Arch. f. Anat. u.
Entwicklungsgesch. 1908. S. 371—436. — 2. Die anatomischen Grundlagen
des Gesichtsausdrucks. Vortrag. Referiert: Naturwissenschaftl. Wochenschr.
1910. Nr. 20. — 3. Gesichtsmuskeln außereuropäischer Rassen; referiert im
Korrespbl. f. Anthropol. 1910. Nr. 84. — 4. Diskussion zum Vortrage Loths
über „Anthropologische Beobachtungen im Muskelsystem der Neger. 1911.
S. 121.
Raulin, Le Rire. Paris 1910. S. 38ff.
Klaatsch, Diskussion zum Vortrag von Hauschild: „Anthropologische Betrachtungen an der menschlichen Lippe." Korrespbl. f. Anthropol. 1911. S. 104.
Braus, Lehrbuch der Anatomie I. S. 817. 1921.

Mimik und Sprache haben viel Verwandtes. Man redet von einer Augensprache, aber die größere Beteiligung des Mundes zeigt sich in manchen Redewendungen: schon der unbewegte Mund wird unter Umständen ein sprechender genannt, man sagt: „er läßt den Mund hängen, macht ein schiefes Maul, sieht aus wie auf den Mund geschlagen" usw. Die Kreismuskel und die radiären Systeme des Mundes besonders sind vollständiger als am Auge. Augen- und Nasenmuskeln unterstützen den Ausdruck von Lust- und Unlustgefühlen, aber in erster Linie geschieht dies durch Mundbewegungen, die reflektorisch bei Geschmackseindrücken erfolgen oder bei Vorstellungen von ähnlichem Gefühlscharakter, also sinnlicher Art; bei höheren Gefühlen beteiligt sich die obere Gesichtshälfte und vergeistigt den Ausdruck. Hans Virchows unübertroffene

Untersuchungen zeigen die Wichtigkeit des filzigen Gewebes der Naso-
labialfurche, in welchem auch alle Muskeln des Mundes an seinen
Winkeln und Lippen verschwinden. Der Orbicularis oris wirkt nicht immer
als Ringmuskel, Ober- und Unterlippe können getrennt funktionieren.

In engem Zusammenhang mit der Muskelausbildung stehen Lippenrot und Lippenleiste. Das Lippenrot ist charakteristisch für den
Menschen, wenn auch ein Lippenumschlag bei manchen Säugetieren
vorkommt. Die Eversion der Lippenschleimhaut ist bei manchen Rassen
stärker als beim Europäer ausgebildet, wie z. B. die gewulsteten Lippen
der Neger zeigen; bei diesen ist eine scharf abgesetzte weiße Lippenleiste zwischen Lippenrot und Haut deutlich sicht- und fühlbar. Der
Orbicularis ist hier stärker und seine Adhäsion an der Schleimhaut
bedingt die Aufrollung und krempelt sie nach außen. Dazu kommt
die Wirkung eines von Aeby als Musc. rectus bezeichneten Muskels,
der direkt unter Haut und Lippenrot entspringt oder am subkutanen
Bindegewebe bis zur halben Höhe zwischen Mundspalte und Nasen-
septum; verstärkt von benachbarten Muskeln durchsetzt er den Orbicularis und inseriert am subkutanen Bindegewebe; beim Menschen fehlt
er nie, ist beschränkt auf die Oberlippe und wirkt in der Querrichtung
zum Orbicularis, entgegen der durch die Orbiculariseversion eintretenden Verdickung des Lippenrandes. Auch Virchow beschreibt dem
Lippensaum sich nähernde unter sehr spitzen Winkeln gerichtete Bündel,
die die Verkürzung der Lippe und des spitzen Mundes begünstigen.
Er schildert einen „Saumteil“ des Orbicularis im Bereich des Lippenrots
und Hautteils, durch den der rote Teil der Lippe strenge beherrscht
werde; dies äußert sich in ihrem feinen Relief und in den feinen senkrechten radiären Furchen des Lippenrots, die besonders am Rande den
vollen Reiz frischer Jugendlichkeit bedingen.

Die lockere Anheftung des Orbicularis im Bindegewebe bewirkt eine
von diesem abhängige Beweglichkeit. Anschaulich schildert Virchow
die Eigenhaltung der Lippen bei Greisen; sie sind mehr passiv über die
Unterlage gespannt und verbreitern die Mundspalte, während jugendliche Lippen mehr Eigenwillen haben. Doch wird das Verständnis der
Haltungen und Bewegungen des Mundes aus den anatomischen Kom-
ponenten der Nachbarschaft, z. B. Kiefer und Zahnbogen, so verwickelt,
auch durch das Verhalten der Unterlippe, daß Virchow nur die Re-
sultante der verschiedenen Aktionen zu geben vermag. Seine ausführlichen Auseinandersetzungen über die Mechanik des Gesichtsausdrucks
sind nicht nur im allgemeinen, sondern gerade für die Mimik des Mundes
ausgezeichnet, wichtig und gedrängt; nur eine wörtliche Wiedergabe
der ersten zehn Seiten seiner großen Arbeit, die völlig in die uns beschäftigenden Fragen einführen, könnte genügen. Er betont Varianten und
deren Einfluß auf die Mimik, so daß solche individuelle Abweichungen
immer wieder nötigen, den einzelnen Fall von den typischen Grundlagen
zu trennen.

Als Duchenne den Grundsatz aufgestellt hatte, daß es Muskeln gibt, die das ausschließliche Vorrecht besitzen, bei ihrer isolierten Wirkung einen ihnen eigenen Ausdruck vollständig wiederzugeben — so nannte er den Sourcilier, unsern Corrugator supercilii, den Muscle de la douleur — wurde er das Opfer einer teilweise von ihm selbst erkannten Illusion, da er die Mitwirkung anderer Muskel zu sehen glaubte, die wir ohne isolierte elektrische Reizung meistens deutlich erkennen. Doch hat er recht, insofern einzelne Muskel einen bestimmten Ausdruck fast allein hervorrufen können, wenn auch der volle Ausdruck erst aus der Verbindung mit anderen entsteht. Duchenne scheint beeinflußt zu sein durch die damalige, auch von Cruveilhier unterstützte Ansicht, daß die Muskel des Gesichts anatomisch einen maskenartigen Zusammenhang haben; indem er diese Ansicht dann durch seine isolierten elektromuskulären Erregungen widerlegte, kam er zu seiner einseitig übertriebenen Ansicht. So nannte er den Zygomaticus major den einzigen Muskel, der die Freude vollständig ausdrücke in allen Graden und Schattierungen, vom einfachen Lächeln bis zum tollsten Lachen; doch spricht er selbst schon davon, daß einzig eine kleine Bewegung des unteren Augenlides hinzukommen müsse, um das echte innere Gefühl herzlicher Freude zu zeigen, sonst sei das Lächeln ein erzwungenes. Ist er zu weit gegangen in der Differenzierung der Funktionen, so hat er doch die Anschauung fest begründet, daß einzelne bestimmte Muskeln bestimmte Ausdrucksformen des Gesichts beherrschen.

Auch Raulin bekämpft die isolierte Wirkung des Zygomaticus major für das Lachen. Er schildert nach Ruge die geringere Differenzierung der kräftigen Gesichtsmuskeln beim Schimpansen, dessen Lachen nur eine Grimasse sei. Beim Menschen ist die feinere Mimik nicht allein von seiner höheren Intelligenz abhängig, auch ein stärkerer Zygomatikus, der z. B. beim Neger stark und scharf ausgeprägt ist, genügt nicht für den deutlicheren Ausdruck; denn die Mitwirkung weiter differenzierter Muskeln, wie des Zygomaticus minor und Risorius Santorini kommt noch in Betracht. Diese beiden sind zuweilen miteinander verwechselt worden; dazu kommt, daß die Scheidung zwischen einer oberflächlichen und tieferen Schicht des Zygomaticus minor zwar aus Gründen der deskriptiven Klarheit gerechtfertigt ist, aber keinen eigentlichen inneren Wert hat, wie Virchow feststellt. Der Zygomaticus minor heißt in der älteren Literatur auch das Caput zygomaticum des Quadratus labii superioris, ist aber nur ein tieferer Teil des Zygomaticus minor. Wir haben also nach Virchows klassischer Darstellung zu unterscheiden (vgl. Abb. 6 auf S. 16):

Zygomaticus major
Zygomaticus minor   Risorius Santorini
    1. oberflächliche Schicht
    2. tiefe Schicht = Caput zygomaticum.

Duchenne und Raulin meinen nun der Zygomaticus minor drücke nicht Freude, sondern Kummer aus, sei beim Weinen tätig; abgesehen davon, daß es zweifelhaft ist, ob sie nicht Risorius und Zygomaticus minor verwechselten, ist die Trennung des Lachens und Weinens schon anatomisch nicht so einfach durchzuführen; denn die Verflechtungen mit der Nachbarschaft sind zu mannigfaltig. Außer diesen genannten Muskeln haben die Muskeln am Kinn mitzuwirken; Henke stellt fest, daß bei gemeinsamer Wirkung der oberen Quadrati und Triangulares die Gestalt des lachenden Mundes entsteht, während umgekehrt bei vereinigter Wirkung der unteren Quadrati und Triangulares die Stellung des Weinens eintritt. Lachen und Weinen sind Vorgänge, die sich nicht allein auf dem Gesicht abspielen, sondern die weitere Kreise des Atmungssystemes umfassen. Die Erweiterung der Nasenöffnungen z. B. ist wahrscheinlich für das Zustandekommen des Lachens sehr wichtig. Die auffallende Verwandtschaft zwischen dem Ausdruck des krampfhaften Lachens und Weinens, die auch als krampfhaftes Zwangslachen auffällt, ist nicht so sehr aus den anatomischen Verhältnissen der Gesichtsmuskeln zu erklären als aus den noch verwickelteren des Verlaufes der Bahnen durch das Zentralnervensystem zur Hirnrinde und zurück. Lachen und Weinen sind also nicht von einzelnen Muskeln ausdrückbar; alle die eben besprochenen können mehr oder weniger dabei beteiligt sein, das ist besonders abhängig von der Stärke des Affekts. Gerade in der Mundgegend sind aber typische Ausdrucksformen schwer von individuellen Abweichungen zu trennen.

Wiedergabe des Gesichtsausdrucks durch Bilder.

Fritsch - Harleß, Die Gestalt des Menschen. Stuttgart 1899. S. 131.
Waetzoldt, Die Kunst des Porträts. Leipzig 1908. S. 110ff.
Hennes, Die Kinematographie im Dienste der Neurologie und Psychiatrie. Med. Klinik 1910. S. 2010ff. (Aus der Westphalschen Klinik in Bonn.)
Gregor, Leitfaden der experimentellen Psychopathologie. Berlin 1910. S. 181.
Sommer, Referat 1911 in Stuttgart; Zeitschr. f. Psychiatr. Bd. 68. S. 511.
Krukenberg, Der Gesichtsausdruck des Menschen. Stuttgart 1920.

Solange die Lithographie angewandt wurde, brachte die Hand des Künstlers subjektive Auffassungen, welche bei Benutzung der Photographie als ausgeschlossen anzusehen sind. Aber auch gegen die Momentphotographie wurden als objektive Wiedergabe Bedenken erhoben, die indessen nach Vervollkommnung der Technik doch entkräftet worden sind. Die Auffassungsweise der Netzhaut und der empfindlichen Platte sind zu berücksichtigen; die Netzhaut empfindet viel langsamer, z. B. erscheint uns eine am Faden im Kreise geschwungene glühende Kohle als feuriger Kreis, der Momentapparat zeichnet einen radialen Strich mit leuchtendem Endpunkt. So kann das Auge des Künstlers und Arztes mehr sehen, aber auch einzelnes übersehen.

Danach wäre die Momentphotographie kein souveränes Mittel für das Studium der Mimik, besonders bei schnellem Wechsel der Bewegungen. Krukenberg zeigt, daß die Momentaufnahmen alle in Bewegung befindlichen vertikalen Aufnahmen infolge des Schlitzverschlusses verzerren; ein Teil der Bewegung, die in Wirklichkeit so schnell vor sich geht, daß sie dem Beschauer nicht deutlich zum Bewußtsein kommt, wird herausgerissen. Der Künstler wirft Bewegungsphasen zusammen im Bilde; auch der Photograph sucht sich ja einen besonderen Moment aus, so daß auch hier ein subjektiver Einschlag vorkommen kann.

Waetzoldt sagt, da der photographische Apparat kein Auge ist, sondern eine Maschine, kann er Gesehenes überhaupt nicht liefern, denn sein Sehen ist ein mechanisches Spiegeln der Dinge, losgelöst von psychischen Prozessen, die dem Sehen Sinn, Farbe und Bedeutung, ja überhaupt erst Dasein geben. Er weist darauf hin, daß die guten Photographen nicht immer die ähnlichsten Bilder geben, sondern den geeignetsten Ausdruck wiederzugeben suchen. Er meint ferner, es sei ein Irrtum, daß die Momentphotographie uns bis dahin unbekannte Ansichten der bewegten Dinge gebracht habe. „Der Apparat unterscheidet nicht zwischen wichtig und unwichtig; er kennt nur näher und weiter, größer und kleiner, heller und dunkler, nur Quantitäts-, aber keine Qualitätsunterschiede."

Die Hoffnung, daß kinematographische Aufnahmen eine Zerlegung des Gesichtsmuskels in seine Bestandteile erlauben würden, scheint sich nach dem bisher Erreichten nicht recht zu erfüllen, so wertvoll eine Analyse der Einzelheiten sein würde. Man muß hoffen, daß das Studium zeitlich getrennter Phasen, besonders des wechselnden Gesichtsausdrucks durch Verbesserungen der kinematographischen Apparate uns weiter führen wird; allein das Zittern der Bilder verwischt zu viele feine Unterschiede. Für das Vergleichen des feststehenden Ausdrucks, der Physiognomie im engeren Sinne, sind photographische Einzelbilder besser, bei deren Betrachtung das Zittern fehlt.

Gregor hofft, daß noch eine Pangraphie der Kontraktionen unserer Gesichtsmuskulatur kommen werde; wer einen Ausdruck für den gesamten Innervationszustand der Gesichtsmuskulatur in einem Moment oder während einer Zeitstrecke erhalten wolle, sei auf die Stereophotographie bzw. Kinematographie zu verweisen, die freilich nur qualitative Merkmale zu bieten vermöge; da diese Merkmale gerade vom Auge, unserm schärfsten diagnostischen Apparat erfaßt werden, wäre ihre Feststellung sehr wertvoll.

Die von Sommer besonders ausgebaute experimentelle Physiognomik entwickelt sich zu einer objektiven durch Registrierung der Wirkung der Stirnmuskulatur und durch zahlreiche Methoden, besonders auch kinematographische und stereoskopische.

Einzelne größere Bilderwerke
1. von Künstlern, Schauspielern usw.

Leonardo da Vinci, Verzeichnis seiner Kupferstiche bei Gustav Parthey;
  beschrieben von Wenzel Hollar. Berlin 1853. S. 400.
Giraudet, Mimique, Physiognomie et Gestes. Paris 1895.
Borée, Physiognomische Studien. Stuttgart 1899.
Rudolph, Der Ausdruck der Gemütsbewegungen des Menschen. Dresden 1903.
  Textband mit 44 Abb.; dazu Atlas mit 680 Köpfen auf 183 Tafeln.
Proft, Physiognomisch-mimische Studien. Leipzig 1906.

In den Zeichnungen Hollars nach Leonardos Tafeln (Abb. 7 u. 8)
erkennt man sehr deutlich die etwas stark herauspräparierten Muskel-

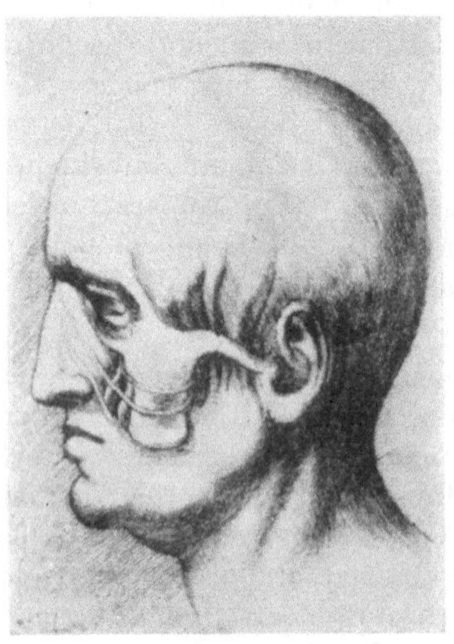
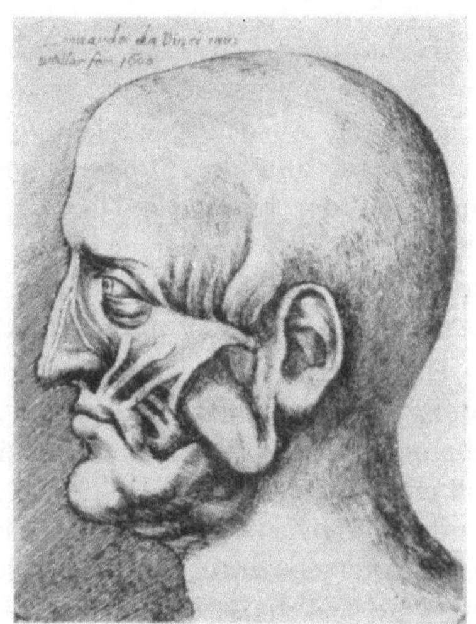

Abb. 7.   Abb. 8.
Präparierte Gesichtsmuskeln (nach Leonardo da Vinci).

bänder des großen und kleinen Zygomatikus, der Risorius ist nicht scharf
abgegrenzt; dagegen treten die Nasenlippenmuskeln gut gesondert
hervor; jedenfalls beweisen sie Leonardos genaue Untersuchungen
an Leichen.

Rudolph versucht alle Ausdrucksbewegungen des Körpers, auch die
des Gesichts, in Fliehbewegungen = Streckbewegungen, und Konzen-
trationsenergie = Beugebewegungen aufzulösen. An den Extremitäten
wirken die Strecker und Beuger dadurch, daß sie mit Gelenken Körper-
teile nähern oder entfernen, aber bei den mimischen Hautmuskeln erscheint es sehr gezwungen, das Vorstrecken des Mundes, der Lippen,
im Zorn, Unmut, Abscheu als Fliehbewegung, aber Anspeien und Aus-
speien im Zorn als Streckbewegung anzusehen. Anscheinend sind Ansichten Joh. Müllers über Angriffs- und Abwehrreflexe dieser auf Ur-

formen des Ausdrucks begründeten Auffassung von Rudolph zugrunde gelegt. Die Darstellung hat viel Gezwungenes; es scheint die Absicht des Schauspielers, Gesichtsausdruck und gesamte Mimik des Körpers einheitlich zur Darstellung vorm Zuschauer zu bringen, die restlose Durchführung der Theorie bewirkt zu haben; im gewöhnlichen Leben und besonders beim heutigen Kulturmenschen ist der Gesichtsausdruck aber vielfach getrennt von der Körpermimik tätig und daher auch isoliert zu untersuchen.

Es werden die Einflüsse antagonistischer Muskeln viel erörtert, aber den Wechsel von Hemmung und Erregung kennt er nicht, da er nur die Erregung im Gegenspiel verschiedener Muskelgruppen eingehend bespricht. Ihm fehlt der Begriff des Tonus, der Bereitschaft für Steigerung oder Abschwächung der Spannung im Muskel. Auch dadurch wird es schwer, seinen sorgfältigen Deduktionen zu folgen.

Er gibt an, daß eine einseitige Erhebung der Oberlippe sich immer von der Seite des Gesichts zeige, nach welcher die Erregung der Abwehr, der Arme am heftigsten gehe; tritt man jemandem aufs Hühnerauge, so wird das Auge der betreffenden Seite heftig zugekniffen; tritt man auf Hühneraugen beider Füße, so werden beide Augen zugekniffen.

In seiner Rezension der Rudolphschen Arbeiten erregte es bei Weygandt (Psychiatr.-neurol. Wochenschr. 1905. S. 459) Bedenken, daß sämtliche Abbildungen sich auf ein Modell beschränkten (was übrigens auch bei Borée geschieht); oft stört auch der Bart auf den Bildern die Erfassung des Ausdrucks.

Borée hat 119 Bilder gegeben auf Grund sorgfältiger Selbstbeobachtung bei langjähriger Bühnentätigkeit. Er wünscht auch für wissenschaftliche Zwecke Anregung zu geben; im wesentlichen dient sein Werk Berufsgenossen und bildenden Künstlern. Einige Bilder übertreiben, aber Lehrzwecken werden sie sehr gut dienen. Dasselbe ist von Profts Werk zu sagen; er gibt als dramatischer Lehrer 48 für „mimische Studien" gedachte Bilder.

Im wesentlichen ähnliche Zwecke verfolgt Giraudet. In seinem groß angelegten Werke nennt er Engel (1789) seinen Vorläufer für die Aufstellung fester Gesetze seiner Methode, die seitdem durch Darurin, Duchenne, Gratiolet, Piderit usw. bestätigt seien. Wie weit das für die praktischen Zwecke der Fall ist, kann ich nicht beurteilen; einer wissenschaftlichen Verwertung seiner Methode scheint im Wege zu stehen, daß die eigenartigen psychologischen Ansichten ins einzelnste eingeteilt werden; dadurch geht die Übersicht verloren, wenn er schließlich 729 phénomènes annimmt. Wiedergabe von Photographien vermied er, um typische Züge in die Zeichnungen bringen zu können; doch sind die Bilder dadurch sehr schematisch geworden und nur für Lehrzwecke geeignet.

2. Von Ärzten.

Aus der großen Zahl sind einzelne ältere schon S. 15/17 genannt.
Die umfangreiche französische Literatur ist sehr vollständig bei

Cuyer, La Mimique. Paris 1902.

Von englischen sei an Darwins Arbeiten erinnert, sowie an

Bell, The Anatomy and Philosophy of Expression. London 1844.

Die älteren mit Bildern ausgestatteten Lehrbücher der Psychiatrie
enthalten auch manche Einzelheiten über das normale Mienenspiel;
sie sind im Abschnitt B III d mit einigen neuen Werken aufgeführt.
Sehr wichtig sind hier:

Camper, Vorlesung über den Ausdruck der verschiedenen Leidenschaften durch
die Gesichtszüge, mit 2 Kupfertafeln (10 Gesichtsbilder). 1793. Übersetzt
von Schaz.

Piderit, Mimik und Physiognomik. 2. Aufl. Detmold 1886. Mit 95 photolitho-
graphischen Abbildungen.

Brugnion, Les mouvements de la face. Lausanne 1895. Mit guten Abbildungen
von Kindern.

Heller, Grundformen der Mimik des Antlitzes. Wien 1902. Modelliert und
auf 53 Tafeln erläutert, im freien Anschlusse an Piderit, besonders für
Künstler.

Hughes, Die Mimik des Menschen. Frankfurt 1900. Auf voluntaristischen
Grundlagen, mit 119 Abbildungen nach Piderit usw.

Krukenberg, Der Gesichtsausdruck des Menschen. 2. Aufl. 1920. Mit
259 Abbildungen.

Camper sah es als etwas Neues an, daß er zeige was im Körper,
nicht was in der Seele bei Gemütsbewegungen vor sich gehe.

Das bahnbrechende Werk Piderits enthält auch einen sehr wertvollen geschichtlichen Überblick. Darwin gegenüber hebt er es als
sein Ziel hervor, Ursache und Bedeutung der mimischen Muskelbewegungen aus dem innigen Wechselverhältnis herzuleiten, welches zwischen
unserm Seelenleben und unserer Sinnestätigkeit bestehe; doch betont
er, daß auch andere Ursachen die mimischen Bewegungen zu festen
physiognomischen Zügen führen können, so daß sichere Rückschlüsse
auf geistige Eigenschaften nur dem Mienenspiel zukommen.

Heller, ursprünglich Kunstschüler, studierte dann Anatomie zu
künstlerischen Zwecken. Piderits Anregung (a. a. O. S. 30 Anm.)
folgend, fertigte er lebensgroße Gipsmodelle nach dessen schematischen
Zeichnungen zum Unterricht in den Künstlerakademien an, die er an
der Hand von Naturstudien verbessert hatte. Er betont für das Verständnis der Hartnäckigkeit mimischer Bewegungen ihren Ursprung
aus der starken Erregbarkeit und den ungehemmten Reflexen des ersten
Kindesalters. Wie bei Piderit sind auch seine Profilbilder besonders
ausdrucksvoll und lehrreich.

Hughes, der 1901 auch eine kurze Abhandlung „Bedeutung der Mimik für den Arzt" veröffentlichte, hat allgemeinere Zwecke in seinem Hauptwerk, namentlich in psychologischer Hinsicht ausführlich und eingehend sich auf einige Bilder Piderits beziehend und diese ergänzend. Das Buch wurde bald nach seinem Erscheinen den Psychiatern durch Ziehen und Weygandt sehr empfohlen.

Das umfassende schöne Buch Krukenbergs, namentlich in seiner neuen Auflage, ist nicht nur das neueste, sondern das beste Buch zur Einführung in das Studium aller Arten des Gesichtsausdrucks; mit ausgezeichneten Bildern versehen, enthält es auch einen sehr guten geschichtlichen Abriß und ein sehr gutes Literaturverzeichnis. Auch der Bedeutung des Gesichtsausdrucks bei geistigen Störungen sind wiederholte Auseinandersetzungen und Abbildungen dienlich.

B. Gesichtsausdruck des Kranken.

Ia. Einige äußerliche Zustände.

Zu Abweichungen und Veränderungen der Gesichtszüge und des Mienenspiels führen

Entwicklungsstörungen.

Bei der Bildung und Entwicklung der Gesichtszüge ist die Scheidung physiologischer und pathologischer Einflüsse oft nicht durchzuführen wie auch bei der Rückbildung im Alter. Deutlich überschritten ist die Grenze bei teratologischen Mißbildungen, deren Lebensdauer eine beschränkte ist, wie z. B. wenn die gehemmte Vereinigung der symmetrisch angelegten Gesichtshälften zu einer nur an oberflächlicheren Teilen auftretenden Gesichtsspalte führt; Lippen-, Kiefer- und Gaumenspalten sind viel häufiger lebensfähig [1].

Wichtiger sind Störungen, die zu Asymmetrien des Gesichts führen; sie sind sehr häufig, wenn auch wohl nicht die Regel, wie Liebreich angibt [2]. Er stellte das an tausenden von Schädeln und lebenden Köpfen fest, bei allen Rassen und allen Zeiten; das mag für feine Instrumente immer nachweisbar sein, die in der Regel sichtbare Eigenschaft bleibt die Symmetrie. Auch Liebreich sieht in der Asymmetrie kein Stigma der Entartung; wo die Funktion der Augen gestört wird, sucht er die Grenze des normalen Verhaltens. Die von ihm gefundene Verschiebung am Schädel und lebendem Kopf ist viel häufiger nach rechts, besonders stark beim Unterkiefer in seinen unteren Ebenen; als Ursache weist er die Lage des Gesichts und den Druck nach, den es durch das Becken in der letzten Zeit des Embryonallebens erleidet, so daß die so überwiegend häufigere erste Kopflage die Asymmetrie hervorrufe. Da diese Ursache beim Zweitgeborenen eines Zwillingspaares wegfällt, fehlt bei ihm diese Asymmetrie. Der vorübergehende Druck, dem die Köpfe während der Geburt ausgesetzt sind, scheint niemals zu stärkeren dauernden Asymmetrien zu führen; vielleicht ist das in geringerem Grade der Fall nach langen sehr schweren Geburtsaustritten.

---

[1] Marchand in Eulenburgs Real-Enzyklopädie. 1881. Bd. 9. S. 95—143.
[2] Liebreich, Die Asymmetrie des Gesichts und ihre Entstehung. Wiesbaden 1908.

Unter den Ernährungsstörungen vasomotorisch - trophischer Natur [1]) führen

Gesichtsatrophien

zu sehr starken Veränderungen der Gesichtszüge. Meistens sind sie einseitig, häufiger links; sie treten schon im jugendlichen Alter auf, vorschlagend beim weiblichen Geschlecht. Auch bei den seltenen doppelseitigen Fällen begann das Leiden auf der linken Gesichtshälfte. Zuerst zeigt sich eine weißliche, fleckweise Entfärbung der Haut, verbunden mit Abmagerung und Verdünnung; die Haut sinkt zu Gruben ein. Die eigentlichen Gesichtsmuskeln bleiben in der Mehrzahl der Fälle andauernd verschont, oder sie sind erst spät und in geringem Grade beteiligt; während sich Abmagerung und funktionelle Abschwächung der Kaumuskeln oft schon frühzeitig auf der ergriffenen Seite nachweisen lassen. Die Mundpartie ist oft nach der atrophischen Seite verzogen. Gesichtsknochen und Nasenknorpel schrumpfen auch im Laufe der Zeit. In einzelnen Fällen ist die Fähigkeit zum Erröten auf der atrophischen Seite verloren gegangen, so daß diese beim Erröten der anderen Gesichtshälfte weiß blieb. Es sind also vielfache Unterschiede von Atrophie des Gesichts im Greisenalter vorhanden. Enge Beziehung zu der Hemiatrophia faciei progressiva hat die

Sklerodermie.

Das Gesicht erhält bei ihr durch die Unverschieblichkeit der Haut oft etwas eigentümlich Maskenartiges (sklerodermatische Maske); unbewegliche, doch leidende Gesichtszüge, die schmale und spitze, weit aus dem Gesicht hervortretende Nase, der zusammengezogene Mund, die oft weit hervorstehenden und nur mühsam zu schließenden Augen, der leuchtende Glanz der Haut, besonders an der Stirn, werden so ungemein charakteristisch von Cassirer [2]) geschildert. Hier, wie bei Hemiatrophie, ist die Entstehung nicht geklärt; ob Druck von Nerven in zu kleinen Knochenkanälen, oder neurotische Prozesse an der Schädelbasis, wo Trigeminus und Kopfsympathikus nahe aneinander liegen, oder ob zentralere Ursachen in vasomotorischen Thalamuszentren in Frage kommen, ist unbestimmt. Cassirer bezeichnet die Hemiatrophia faciei progressiva einfach als eine im Gebiet des Trigeminus lokalisierte Sklerodermie; auch die selteneren Hemihypertrophien beschränken sich nach ihm zuweilen geradezu auf das vom 2. Trigeminusast versorgte Gebiet.

Verwandt mit der progressiven Hemiatrophie sind einige Fälle von umschriebenem Fettgewebsschwund des Gesichts [3]).

---

[1]) Vgl. Eulenburg, Real-Enzyklopädie. 1908. Bd. 5. S. 750, auch wegen der Literatur.

[2]) Cassirer, Die vasomotorisch-trophischen Neurosen. 1912. 2. Aufl. S. 548 u. 662 ff.

[3]) Strasburger, Med. Klinik. 1908. S. 981.

Eine ganz eigentümliche Form von Gesichtshypertrophie findet sich bei der

Akromegalie.

Die bei ihr auftretende Gesichtsform beschreibt Curschmann [1] wie folgt: „Die besonders in ihrer Spitze verdickte, verlängerte Nase, die Verdickung der oberen und der sackförmig hängenden unteren Augenlider mit der konsekutiven Verengerung der Lidspalte, die breiten wulstigen Lippen, das stark verlängerte verbreiterte Kinn und die übergroßen Ohren usw.". Diese seltene Krankheit entwickelt sich nach Buschan [2] meistens zwischen dem 20. und 40. Lebensjahr; sie zeigt neben der beträchtlichen Größenzunahme der Körperenden an Händen und Füßen auch solche im Gesicht (weniger am Schädel); Nasenknochen, Jochbeine und Unterkiefer, besonders letzterer hypertrophiert infolge seiner Längenzunahme und überragt den Oberkiefer um einige Zentimeter (alveolare Prognathie); die Unterlippe ist dementsprechend vergrößert, wulstartig vorgewölbt, die Mundspalte vergrößert. Die verdickten und verbreiterten Jochbeine und Jochfortsätze springen öfters mächtig aus dem Gesicht hervor. Die Orbitalränder überragen als starke Wülste den Augapfel, der infolgedessen wie eingesunken erscheint und dem Blick etwas Drohendes verleiht. Auch die Nase pflegt regelmäßig vergrößert (rüsselförmig verlängert), besonders an ihrer Spitze bedeutend verdickt zu sein. Buschan nennt den Eindruck des ganzen Gesichts einen plumpen; die hyperplastische Haut legt sich in wulstige Falten.

Rhachitis und Skoliopädie.

Andere Entwicklungsstörungen nach der Geburt finden sich mit späteren stärkeren Abweichungen verbunden, z. B. als Folgen der Rhachitis beim Säugling. Die Gesichtsknochen zeigen periostale Auflagerungen und bleiben in ihrem Wachstum zurück, so daß das Gesicht des Kindes im Vergleich zum Schädel klein erscheint [3]. Am Kopfe fällt nicht selten die verhältnismäßig beträchtliche Größe und die annähernd viereckige Form auf, als Folge der Verdickung der Tubera parietalia und frontalia; während der Unterkiefer statt bogenförmig, eckig erscheint, und zwar in der Gegend der Eckzähne winklig geknickt [4]; möglicherweise durch Zugwirkung der Mylohyoidei und Masseteren auf den weichen Knochen. Die Wirkungen der Rhachitis auf den Gesichtsschädel sind gering; auch beim gesunden Schädel ändert sich bei starker Veränderung in der Form des Hirnschädels das Aussehen des Gesichts fast gar nicht [5].

---

[1] Curschmann, Klinische Abhandlungen. 1894.
[2] Buschan in Eulenburgs Real-Enzyklopädie. 4. Aufl. 1907. Bd. 1. S. 287 ff.
[3] Monti in Eulenburgs Real-Enzyklopädie. 1882. S. 318.
[4] Strümpell, Lehrb. d. spez. Pathol. u. Therap. 1904. Bd. 2. S. 540.
[5] Merkel, Handb. d. topogr. Anat. Bd. 1. S. 8.

Sehr gering ist auch der Einfluß des Drucks auf das Gesicht bei der künstlichen Mißstaltung des Schädels der Kinder; Ecker [1]) hat diese als Skoliopädie beschrieben, bei welcher der Druck direkt nur den Hirnschädel durch einschnürende Binden trifft, und indirekt nur leichte Asymmetrien des Gesichts entstehen, die vielleicht auf einen Druck vor der Geburt zurückzuführen sind (s. o.); auch bei den peruanischen Kinderschädeln wurde der Gesichtsschädel nicht verändert gefunden.

Kretinismus und Myxödem.

Kraepelin [2]) schildert den Kretinismus in bezug auf die für uns wichtigen Punkte so: „Der Kopf ist in der Regel verhältnismäßig groß, aber flach und meist kurz, das Gesicht niedrig, aber breit, der Hals kurz und dick. Die Schädelbasis ist verkümmert, stark gekrümmt; dagegen findet eine Ausweitung der Schädelkapsel nach den Seiten, bisweilen auch nach oben statt. Oft bleibt die große Fontanelle lange Zeit hindurch offen; auch die Knorpelfugen am Schädelgrunde, auf deren frühzeitige Verknöcherung Virchow manche Fälle von Kretinismus zurückführen wollte, bleiben, wie Weygandt nachgewiesen hat, regelmäßig bis ins höhere Lebensalter erhalten. — Der Schädel ist häufig verdickt, Jochbogen und Unterkiefer schwach entwickelt. — Die schwammigen, ausdruckslosen Gesichter mit den wulstigen Backen und Augenlidern, den dicken Lippen, der aufgestülpten, an der Wurzel tief eingedrückten Nase bieten einen sehr merkwürdigen Anblick dar. — Das Gemisch von Kindlichkeit und Greisenhaftigkeit kehrt in den ausgeprägten Fällen mit solcher Gleichmäßigkeit wieder, daß alle persönlichen und Rasseneigentümlichkeiten verwischt werden. — Die beiden Zahnreihen passen vielfach nicht aufeinander, weil der Unterkiefer gegenüber dem oberen zurücktritt oder vorspringt. Die Zunge ist dick, unbeholfen in ihren Bewegungen, liegt oft zwischen den Zähnen. — Im Laufe des Lebens bleiben im Gesichte die Reste des Myxödems oft am deutlichsten erhalten in Form eines runden „Vollmondgesichtes" mit vorspringenden wulstigen Lippen, gedunsenen Lidern, tiefliegenden Augen und schmutzig grauer Hautfarbe; hier tritt das kretinistische Gepräge besonders beim Lachen noch deutlich hervor."

Weygandt [3]) sagte 1902, daß der kretinistische Prozeß nichts mit Rhachitis zu tun habe, und führte die Breite der Nasenwurzelgegend mit Virchow auf die frühzeitige Verknöcherung der Synchondrosis spheno-basilaris zurück. In seinen späteren Arbeiten gibt er dann den

---

[1]) Ecker, Zur Kenntnis der Wirkung der Skoliopädie des Schädels. Braunschweig 1876.

[2]) Psychiatrie. 8. Aufl. 1910. Bd. 2, 1. S. 651ff.

[3]) Weygandt, Atlas und Grundriß der Psychiatrie. 1902. S. 542. — Der heutige Stand der Lehre vom Kretinismus. Alt. Samml. zwangl. Abh. 1904. — Weitere Beiträge zur Lehre vom Kretinismus. Würzburg. 1904. — Über Virchows Kretinentheorie. Neurol. Zentralbl. 1904. S. 953.

Nachweis, daß die Skeletthemmung beim Kretinismus auf einer verlangsamten Ossifikation beruhe. Die von Virchow als grundlegend angesehenen Fälle waren keine Kretins, sondern Fälle von sog. Chondrodystrophia foetalis, in welchen jene Synostose als ein Stehenbleiben auf einer früheren fötalen Entwicklungsstufe vorkommt. Virchows Anschauungen über die Abhängigkeit der Gesichtsschädelentwicklung und Physiognomie von der Entwicklungsstörung der Schädelbasis dürfen doch noch teilweise als richtig gelten; besonders muß dadurch die Ausbildung der Prognathie beim Kretinismus erklärt werden. Abzuziehen ist davon natürlich der Eindruck, den.die Hautwulstung der kretinistischen Physiognomie hinzufügt. Merkel [1]) suchte die Clivusneigung mehr von der Hinterhauptsschuppe abhängig zu machen. Virchows [2]) Annahme behält ihre Gültigkeit in der allgemeinen Form, daß die Gesichtsbildung auch von der Schädelbasis abhängt, daß alle größeren typischen Verschiedenheiten im Gesichtsbau auf Verschiedenheiten in der Bildung des Schädelgrundes beruhen. Bei hirnlosen Mißgeburten, denen das Schädeldach meistens fehlt, beweist die regelmäßige Gesichtsentwicklung auch ihre Abhängigkeit vom Schädelgrunde.

Genauer beschreibt Wagner von Jauregg [3]) die Sattelnase der Kretins und die Bedingungen ihrer Entstehung. Ebenso erörtert er eingehend die Veränderungen der Weichteile und die charakteristische Färbung der Haut, manchmal mit einer umschriebenen, wie aufgeschminkt erscheinenden Röte in der Mitte der Wangen, die man oft beim Myxödem der Erwachsenen und auch bei den Mongoloiden häufig finde. Die Mimik beim Myxödem nennt er eine unbewegliche, so daß die Kranken einen stupiden Gesichtsausdruck bekommen; Murray beschreibe eine verstärkte Runzelung der Stirn mit Hochstand der Augenbrauen. Das Gesicht sei rundlich im Gegensatz zu dem länglichen bei Akromegalie.

Andere Veränderungen des Gesichtsausdrucks

findet man noch bei einigen Drüsenerkrankungen, die aber mit erblichen degenerativen Zügen verbunden zu sein pflegen, so daß der einzelne Fall immer vorsichtiger Untersuchung zur Erklärung bedarf; so führt Vierordt [4]) den auffallenden Gesichtsausdruck Kaiser Karls des Fünften auf adenoide Wucherungen zurück, soweit es sich

---

[1]) Merkel, Beiträge zur postembryonalen Entwicklung des menschlichen Schädels. Beitr. z. Anat. u. Embryol. als Festgabe für Jakob Henle. Bonn 1882. S. 164.

[2]) Virchow, Untersuchungen über die Entwicklung des Schädelgrundes. Berlin 1857. S. 69 u. 115.

[3]) Der endemische Kretinismus. Handb. d. Psychiatr. von Aschaffenburg. Spez. Th. 2, 1. S. 34ff. 1912.

[4]) Hermann Vierordt, Medizinisches aus der Geschichte. Tübingen 1910. 3. Aufl. S. 76/77.

um den stets offenen Mund handelt. Wenn eine Gesichtshälfte kleiner ist, kommt vielleicht mangelhafte Ausbildung endokriner Drüsen in Frage: so glaubt Paulsen [1]) eine Verkleinerung der linken Gesichtshälfte, begleitet von schwacher Gefäßbildung und Pigmentierung des linken Augenhintergrundes, auf gleichzeitige Atrophie des linken Hodens schieben zu sollen.

Nasenkrankheiten, Polypen, Ozaena können die Mimik beeinflussen oder bezeichnende physiognomische Bilder geben [2]).

Eigentliche chirurgische Krankheiten des Gesichts können hier nicht in Betracht kommen; doch wollen wir einen Blick auf die Entzündungen des Gesichts werfen, obwohl sie für den Gesichtsausdruck meistens nur einen negativen Wert besitzen. Die Schwellungen beim Erysipel machen das Gesicht völlig unkenntlich; Phlegmonen sind meist nicht so umfangreich, aber die begleitenden Ödeme entstellen die Züge doch sehr; diese sind es ebenfalls, die bei Abszessen, Furunkeln usw. die Aufmerksamkeit erregen; als fliegende Ödeme, als maligne kommen sie mit längerer Zeitdauer vor, ebenso im Anschluß an Geschwülste.

Gefäßgeschwülste, namentlich auch kleinere Teleangiektasien können das Gesicht, namentlich durch die Kontrastwirkungen auf die Umgebung, sehr verändern. Doch bieten die Veränderungen durch Geschwülste nichts Typisches, jeder einzelne Fall ist anders. Ebenso sind Pigmentflecke, Komedonen, chronische Exantheme nicht die Ursachen typischer Abweichungen.

Morphologisch gestörte Entwicklung zeigt sich als Phimose oder Atresie des Mundes, Doppellippen — während Hypertrophie der Lippen selten schon vor der Geburt auftritt.

Die Basedowsche Krankheit

kommt auch ohne psychische Störung vor; oft halten die Symptome gleichen Schritt mit zugrunde liegender Hyperämie oder Intoxikation, weichen mit ihnen zurück. Buschan [3]) gibt von dem Gesichtsausdruck folgende Schilderung: „In der Regel tritt die Protrusion (Exophthalmus = Glotzauge) der Augen doppelseitig auf; beginnt zuweilen einseitig und bleibt längere oder kürzere Zeit, — in seltenen Fällen nur einseitig. Der Exophthalmus kann so hochgradig sein, daß die Insertion der Augenmuskeln sichtbar wird, die Bewegung der Augäpfel in hohem Grade beschränkt erscheint und die Lider nicht mehr zu bedecken sind." Die drei folgenden Symptome kommen oft vor, sind aber doch kein diagnostisches Kriterium; Buschan erörtert sie näher. 1. das Stellwagsche Zeichen = Erweiterung der Lidspalte und Seltenheit des Lid-

---

[1]) Jens Paulsen, Die Pigmentarmut der nordischen Rasse. Korrespbl. f. Anthropol. u. Ethnol. 1918. S. 12ff.

[2]) Kayser, Samml. zwangl. Abh. a. d. Geb. d. Nasen-, Ohren-, Mund- u. Halskrankheiten. Bd. 4. 1900. Nr. 1. S. 15ff.

[3]) Eulenburgs Real-Enzyklopädie. 4. Aufl. Bd. 2. S. 280.

schlages. 2. Das Gräfesche Zeichen = Zurückbleiben oder nur ruckweises Folgen des oberen Augenlides bei Senkung der Blicklinie (als Folge oder Krampf dagegen). 3. Das Möbiussche Zeichen = Unvermögen einen Gegenstand in der nächsten Nähe zu fixieren (Schwäche der Augenmuskeln).

Ib. Bei Blindheit.

Holländer [1]) gibt aus der Plastik in dem Abschnitt „Dämonische Krankheiten, Wahnsinn, Alkoholismus" einige ausdrucksvolle Gesichter wieder. Dabei hebt er hervor, daß die Plastik auch bei der Darstellung von Krankheiten das Gesicht nur selten allein zum Ausdruck des krankhaften Zustandes wählt, sondern meistens in Haltung, Geberde und Tracht das Charakteristische legt. Sehr wichtig ist für uns der Abschnitt: „Die Skulptur der Blindheit." Man hat bemerkt (Albertotti [2])), daß in den Zügen der Blinden sich jedes Gefühl und jeder Affekt auspräge, daher fehle ihnen die diplomatische Maske des unbeweglichen oder unwahren Gesichtsausdrucks des sehenden Kulturmenschen. Birch - Hirschfeld [3]) hatte das nur für später Erblindete gelten lassen, dagegen betont, daß er bei bereits kurz nach der Geburt völlig Erblindeten die Stirngegend mimisch völlig starr fand; Sante de Sanctis [4]) hält die willkürliche Mimik des Denkens bei Blinden nicht für normal entwickelt. Holländer, der die Ansichten von Magnus teilt, weist dann darauf hin, ein wie schwieriges Problem für die Plastik die Darstellung des lebendigen Blicks ist; denn nicht nur das Farbenspiel der Regenbogenhaut, welches in Verbindung mit der sonstigen Pigmentierung den brünetten oder blonden Typus bestimmt, fällt für die Skulptur weg, sondern auch die vielfachen Lichtreflexe und die dem individuellen Auge eigentümlichen Krümmungsverhältnisse des Augapfels. Die Schwierigkeit, diese Dinge plastisch darzustellen, ist so groß, daß es erst den großen Künstlern nach Phidias gelang, Regenbogenhaut und Pupille nachzuahmen. Aber noch Praxiteles, Skopas und Lysipp legten den Hauptwert bei der Charakterisierung der Gefühle auf die feine Ausarbeitung der Umgebung des Auges. Als ein packendes Beispiel für die Meisterschaft in der Wiedergabe des Augenausdrucks gibt Holländer (in Abb. 267) einen Kopf vom Alexandersarkophag wieder, bei dem Mund und Kinn durch die barbarische Tracht verhüllt erscheinen. Hier auf der Höhe der Kunst ist durch Farbengebung, die trefflich erhalten ist, die Wirkung noch erhöht. Diese Bemalung und das Hinzufügen von Metallen und farbigen Steinen sind in späterer Zeit weniger kunstvoll, ja häufig von störender Wirkung geworden, so

---

[1]) Eugen Holländer, Plastik und Malerei 1912.
[2]) Wilbrand u. Saenger, Neurologie des Auges. Bd. 3, 2. S. 669.
[3]) Über den Ursprung der menschlichen Mienensprache. Dtsch. Rundschau 1880. H. 4. S. 58.
[4]) Mimik des Denkens. Halle 1906. S. 153.

daß auch die moderne Plastik mit ihnen ja keine gute Wirkung erzielt und wieder zur leeren Behandlung des glatten Augapfels zurückgekehrt ist.

Doch finden wir aus dem Altertum packende Darstellungen der Blindheit, unter denen der Kopf des blinden Homer im Museum zu Neapel einzig dasteht. Holländer macht zunächst, als auf das charakteristischste Symptom, auf die Kleinheit der Augäpfel aufmerksam; es ist, als wenn tatsächlich die Spannung des Bulbus verloren gegangen wäre, gleichzeitig scheint das ganze Fettpolster der Augenhöhle beträchtlich geschwunden, was seinerseits wieder eine tiefe Faltenbildung der umgebenden Weichteile hervorgerufen hat; insbesondere erregen die auffallend kleinen Lidspalten die Aufmerksamkeit; diese sei links kleiner als rechts, so daß ein matter erloschener Augenausdruck entstehe. Die glatt gehaltenen Augäpfel fallen nach außen etwas stärker ab, wobei noch gewissermaßen eine Divergenz des leeren, in die Unendlichkeit gerichteten Blicks herauskomme.

Es folgt noch eine lehrreiche Untersuchung über die Ursachen dieser Blindheit; die Schrumpfung der Augäpfel und Lider wird auf eine erworbene schwere Entzündung des vorderen Auges zurückgeführt, weil Starblindheit diese anatomischen Veränderungen nicht hervorrufe. Diese soll nach Magnus zu einer Hebung des Kopfes nach oben führen, wie alle Erblindungsformen, deren Ausgang vom hinteren Pol und durch die lichtempfindenden resp. -leitenden Organe bedingt sind; solche Erblindete heben auch die Brauen derartig, daß bogenförmige Falten auf der Stirn entstehen. Umgekehrt tragen aus einer Erkrankung der vorderen Augapfelhülse Erblindete das Haupt gesenkt, die Brauen stark nach unten gezogen, zwischen den Brauen senkrecht verlaufende Falten der Stirnhaut als Ausdruck der Lichtscheu. Wenn nun beim Homer die Haltung des Kopfes und die Mimik seines Gesichts mit der Darstellung des Augapfels kontrastieren, so läßt Holländer es zweifelhaft, ob hier ein Beobachtungsfehler vorliegt, oder ob der Künstler seine Studien an Erblindeten hier absichtlich zusammenwarf, um in der gehobenen Kopfstellung und den aufwärts gezogenen Brauen die Entzückung, die begeisterte Vision des Sehers und Dichters darzustellen.

Die Darstellung der Blindheit durch die Malerei findet sich seltener; es mag das wohl darauf beruhen, daß aus ästhetischen Gründen Augenschluß bei der Darstellung vorgezogen wird; dann fallen die Zeichen weg, welche die Plastik benutzt.

Nach Birch-Hirschfeld sollen allen Blinden dieselben mimischen Mundbewegungen zukommen wie Sehenden, wenn auch weniger fein nuanciert und minder beweglich.

Holländer [1]) bringt mehrere Bilder von Blindendarstellungen, in denen individuelle Affekte, doch keine typischen Gesichtsausdrucksformen erkennbar sind.

---

[1]) Die Medizin in der klassischen Malerei. 1903.

I c. Bei Verbrechern.

Im Jahre 1912 ging die Mitteilung durch die Zeitungen, daß die Gelehrten Dr. Marie und Mac-Auliffe der Pariser Akademie photographische Aufnahmen und Messungen von 250 Verbrechern vorgelegt hätten, die wegen Mordes verurteilt waren. Um in ihrem Gesichtsausdruck Besonderheiten beurteilen zu können, wurde ein Vergleich mit den durchschnittlichen Eigenschaften der Kopfbildung der französischen Bevölkerung gemacht; bei dieser wurden für je 100 Personen folgende Typen unterschieden: 45 vom sogenannten muskulösen Typus mit einem rechteckigen Gesicht, 28 vom respiratorischen Typus mit rhombischem Gesichtsumriß, 15 vom digestiven Typus mit pyramidalen Köpfen, 12 vom zerebralen Typus mit nach oben verdicktem Kopf. Die Untersuchungen sollten dann ergeben haben, daß bei den Mördern der muskulöse Gesichtstypus in hohem Grade überwiege. Die Zeitungen erfaßten dies Thema und spannen es weit aus; Gefräßigkeit, Nahrungsbedürfnis entständen bei der häufigen Verbindung mit dem digestiven Typus. Diese Neigung der Laien, Physiognomien zu deuten, und sie mit wissenschaftlichen Gründen zu unterstützen, ist besonders seit Lombrosos[1] Auftreten zu finden. Er unterschied das Mimische nicht streng vom Physiognomischen, beachtete es überhaupt weniger; da-

Abb. 9. Moralisches Irresein.

gegen gab er unzählige physiognomische Einzelheiten an, meistens individuelle: Haare, Farben, Degenerationszeichen u. dgl. Oder er verallgemeinerte einzelne Beobachtungen, z. B. daß die Diebe im allgemeinen sehr bewegliche Gesichtszüge und Hände, die Stupratoren fast immer ein funkelndes Auge haben sollen. Der Laie macht aus solchen Sätzen Gesetze, und dadurch werden schiefe Urteile begründet.

Ein besonderes Interesse verdient das Bild (Abb. 9) des jungen Mannes, da es einige Zeichen bietet, die von neueren Forschern als das moralische Irresein kennzeichnend angesehen worden sind. Obwohl ich diese psychische Störung nur als eine Schwachsinnsform ansehe, scheint sie doch besonders beachtenswert wegen ihrer zahlreichen klinischen Eigentümlichkeiten. Das Bild zeigt den geborenen Verbrecher; unehelich

---

[1] Lombroso, Der Verbrecher. Bearb. von Fränkel. Hamburg 1887. S. 229 ff.

geboren fing er früh an zu stehlen unter Leitung seiner Mutter, las beständig Räuber- und Diebsgeschichten, erging sich darüber gern in poetisch angehauchten, lang ausgesponnenen Abhandlungen, die den Schwachsinn in manchen Punkten erwiesen. Dabei war er in gewisser Weise aber außerordentlich schlau beim Stehlen, doch auch dummdreist. Freches Gebahren im Strafgefängnis brachte ihn, als schließlich krank erkannt, in die Anstalt, wo er weiter log und stahl. Man wird nicht einräumen, daß er ein „Mörderauge" habe, wie er selbst mit Vorliebe behauptet; aber der Gesamteindruck des überlegen lächelnden Gauners wird durch folgende Einzelheiten vermehrt, die eben als bezeichnend angesehen werden: spärlicher Bartwuchs bei dichtem krausen Haupthaar; starke Kinnlade, kurze Oberlippe, stumpfe Nase. Der Schwachsinn ist sonst nicht gleich so augenfällig.

Kurella[1]), der die mimische Seite des Gesichtsausdrucks viel mehr berücksichtigt, legt als physiognomisches Merkmal auf die bei Verbrechern angeblich nur selten fehlende Asymmetrie des Gesichtsskeletts großen Wert; bei einzelnen werde sie durch intensives Grimassieren der linken Gesichtshälfte noch gesteigert. Besonders die Schiefheit der Nase sei ein so konstantes physiognomisches Merkmal, daß Schriftsteller wie Daudet, Dickens, Dostojewsky, überhaupt auch realistische Maler aller Zeiten es beschrieben und wiedergegeben haben. Dies Merkmal finde sich auch auf den meisten der Büsten, die von den Kaisern Claudius, Caligula und Tiberius existieren; es finde sich auf zahlreichen Porträts römischer Gladiatoren, und tauche in den Darstellungen der Realisten unter den Malern der Frührenaissance wieder auf, wo diese Dämonen, Henker, Verdammte, Gesindel darstellen. Kurella meinte wohl nicht, daß vom heutigen Standpunkt der physiognomischen Forschung aus, der Mörder durch ganz bestimmte Merkmale von anderen Verbrechern zu unterscheiden sei; aber er hält es für sehr bemerkenswert, daß der Mörder mit seinem breiten Gesicht, der eingedrückten Schiefnase, den vorspringenden Backenknochen, dem prognathen Mundteil des Gesichts von gut betrachtenden Künstlern scharf von dem lang- und spitznasigen Diebe mit schmalem Gesicht unterschieden werde. Gegenüber dieser Auffassung der Künstler ist die Bemerkung des Arztes Kurella besonders wichtig, daß auch bei Spezialisten des Verbrechens weniger die anatomisch bedingten, als die erworbenen mimischen Merkmale von charakteristischer Bedeutung zu sein scheinen. Er schildert dann bei jugendlichen Verbrechern einen meist expansiven, oft auch einen stumpfen Ausdruck; erst im weiteren Verlauf der Verbrecherlaufbahn treten Züge der Wut, des Trotzes, der Verschlagenheit und der Heuchelei zu dem ursprünglichen Ausdruck hinzu. Einseitige Schürzung der Oberlippe sei bei Dieben und Hochstaplern Zeichen des bewußten Irreführens.

<hr>

[1]) Kurella, Naturgeschichte des Verbrechers. Stuttgart 1893. S. 180ff. Die Physiognomie und die typische Erscheinung des Verbrechers.

Von dem weitesten Gesichtspunkte aus sieht Baer[1]) diese Fragen an, namentlich vom anthropologischen. Die Anomalien der Verbrecherschädel sind für ihn immer solche, die in ihrer großen Mehrzahl auch bei normal denkenden und normal handelnden Menschen auftreten können, hier aber Zeugnisse von dem niedrigen Wert ihrer Organisation, welcher wiederum in mehr oder minder hohem Grade dem Charakter der Degeneration in den Volksschichten entspreche, aus denen die Verbrecher zum größten Teil hervorgehen. In dem Abschnitt: „Die Physiognomie der Verbrecher" finden wir folgenden wichtigen Satz: „Der Gesichtsausdruck setzt sich aus bleibenden, festen, unveränderlichen und aus wandelbaren, veränderlichen Momenten zusammen. Die Gestaltung der Gesichtsknochen, die Art ihrer Ausbildung an sich und ihr Verhältnis zueinander, die Formation der Stirn, Nase, Backenknochen, Kinn usw., sowie die Beschaffenheit der im Gesicht befindlichen, dem Willen nicht unterworfenen Weichteile bilden die Grundlage für das starre bleibende Gepräge des Gesichtsausdrucks. In dem wechselnden Spiel der Gesichtsmuskeln, in den Bewegungen einzelner Teile derselben, spielen sich dagegen die vorübergehenden Vorgänge des Seelen- und Gemütslebens wieder. In jenen liegt das typische, das durch Vererbung sich fortpflanzende, das nationale Moment, in diesen das individuelle, von dem jeweiligen Affekte und Erregungszustande bedingte und hervorgerufene." Er schildert weiter die mimischen Bewegungen als die flüchtigen Abdrücke der inneren, geistigen Vorgänge; je häufiger sie wiederkehren, desto bleibender und ausgeprägter werden bestimmte charakteristische Gesichtszüge. So könne es kommen, daß schlechte Begierden, niedrige Neigungen und Gewohnheiten sich in bleibenden Gesichtszügen erkennen lassen; aber eine Spezifizität der Verbrecherphysiognomie erkennt er nicht an; es sei eine Selbsttäuschung für jede Art der Verbrecher, eine besondere physiognomische Gesichtsbildung ausfindig machen zu wollen.

Auch bei Geisteskranken können häufiger wiederkehrende Störungen sich in den Gesichtszügen bleibend ausdrücken; typische Ausdrucksformen pflegen sich dann mehr bei ererbter Krankheit, individuelle leichter bei erworbener auszubilden; wo sie vermischt auftreten, überwiegt das Typische und erleichtert die Diagnose.

Viel skeptischer als Kurella sieht Baer in der Nasenbildung bei Verbrechern nichts Typisches, am allerwenigsten etwas Typisches bei den einzelnen Kategorien. Sehr vorsichtig äußert er sich auch über den Satz: „Das Auge der Spiegel der Seele"; nur bei dem schuldbeladenen Verbrecher, dessen Inneres noch nicht ausgekämpft und beruhigt sei, finde sich der verräterische Blick, während er bei den meisten rückfälligen und unverbesserlichen Sträflingen eine eisige Ruhe und kalte Öde zeige.

---

[1]) A. Baer, Der Verbrecher in anthropologischer Beziehung. Leipzig 1893. S. 117 u. 193 (am Schluß reiche Literaturauszüge).

Wiederholt erörtert Baer, daß nur die Haut, ohne die Muskeln, Grundlage bleibender Züge werden kann; streng physiognomisch sind nur die knöchernen Grundlagen; in dem Vorhang von Haut und Muskeln kann nur die Haut im Laufe der Zeit durch Furchung und Verschiebung physiognomische Wertung erhalten.

Der Gesichtsausdruck der Verbrecher ist in der Gefangenschaft und Freiheit verschieden. Die Gesichter der Sträflinge in den Zuchthäusern ähneln sich; das sind aber nicht*Typen, sondern Kopf- und Gesichtsbildungen bestimmter Gesellschaftsklassen, bei denen die einförmige freudenlose Lebensweise jeden heiteren Ausdruck lähmt; Baer schildert die fahle und graue Farbe des Gesichts, die früher oder später auftretende Abmagerung, die das knöcherne Gerüst des Gesichtsschädels bei allen scharf und ausgeprägt hervortreten läßt; dazu kommt bei allen die gleiche Kleidung, derselbe Haarschnitt.

Als Geisteskranke noch mit Züchtlingen zusammen verpflegt wurden, traten die genannten nivellierenden Einflüsse auch bei ihnen hervor; jetzt hören diese äußern Einflüsse mehr oder weniger auf, die freundlichere Umgebung der Irrenkrankenhäuser und ihre Einrichtung gestatten die Entwicklung individueller Gesichtsausdrucksformen, so daß die typischen, besonders soweit sie mimisch bedingt sind, sich auf die inneren Krankheitsvorgänge zurückführen lassen.

Außerhalb der Gefangenenanstalt ist die Physiognomie des Verbrechers sehr schwer festzustellen; auch während des Strafvollzuges ändert sie sich sehr, namentlich sei das der Fall in Korrektions- und Erziehungsanstalten für Jugendliche; die Physiognomie, dieser Spiegel des inneren Menschen, werde freier, menschenwürdiger; daher solle man nicht eine „angeborene" Krankheit des Verbrechers diagnostizieren, die Physiognomie sei ein äußerst unzuverlässiges, unsicheres Merkmal, welches häufiger irre führe als zur richtigen Diagnose verhelfe; nichts sei dem schlauen Verbrecher leichter und geläufiger als den Ausdruck des Gesichts zu ändern, und uns auf diese Weise zu täuschen.

Letzteres Moment fällt bei Geisteskranken fort, abgesehen von den seltenen Fällen von Simulation oder Übertreibung. Baer meint: „Manche von den Physiognomien der Verbrecher, die in Wort und Bild den Ausdruck gemeinster Bestialität und Stupidität getreulich wiedergeben, stellt mehr einen Geisteskranken als einen Verbrecher dar. In allen diesen Fällen freilich hat der mimische Gesichtsausdruck, wie Oppenheim, Sikorski u. a. gezeigt haben, eine mehr sichere, diagnostische und prognostische Bedeutung, welche der Physiognomie niemals bei einem geistesgesunden Verbrecher zur Diagnose der Delinquenz zukommt."

Dieser Versuch einer scharfen Scheidung ist um so wichtiger, als das Grenzgebiet von Verbrechen und Geisteskrankheit ein langgestrecktes ist.

„Das Ausdrucksproblem in der Kriminalistik" hat Kiesel[1]) auf eine streng wissenschaftliche allgemeine Basis gestellt, wobei er den flüchtigen Ausdrucksformen des Antlitzes, dem **Mienenspiel** die erste Stelle einräumt, und das psychomimische Problem sorgfältig nach allen Seiten erörtert. Eine eingehendere Darstellung stellt er in Aussicht, als Grundzüge einer forensischen Psychomimik.

II. Der Gesichtsausdruck bei inneren Krankheiten.

Es ist keine erschöpfende Schilderung des Gesichtsausdrucks bei inneren Krankheiten beabsichtigt, sondern nur ein Hinweis auf diejenigen Symptome, die für die Differentialdiagnose bei psychischen Störungen von Bedeutung sein können. Obwohl nun die Beziehungen des Mienenspiels zu inneren Krankheiten wichtiger sind als die festen Gesichtszüge bestimmter Physiognomien, so ist ihre scharfe Trennung doch nicht möglich; man muß diese verschiedenen Gesichtspunkte aber nicht aus dem Auge verlieren, besonders weil Laien und Kriminalisten geneigt sind, die Physiognomien überwiegend zu beachten. Das Mienenspiel kann auch verwickelt und unübersichtlich werden durch die Farbe der Haut, Durchtränkung des Gewebes mit Blut und Lymphe, die Menge des Fetts; bei Fettleibigen können Nase, Mund und Kinn den feinsten Zuschnitt bewahren, während die Backen breit und voll sind.

Ebstein[2]) glaubt, daß die wesentlichsten Charaktereigenschaften vieler Menschen am besten bei Krankheiten zu erkennen sind, weil sie unduldsam und pessimistisch ihren Zustand wie Schwarzseher ansehen; deshalb sei die objektive Untersuchung zur Erkenntnis der Wahrheit so nötig; aber auch bei der euphorischen Stimmung des Schwindsüchtigen zeige das heitere Mienenspiel die Wichtigkeit vorsichtiger Untersuchung.

Die Alten, namentlich ihre großen Führer Hippokrates, Galen, Avicenna lasen einen großen Teil ihrer Diagnosen und Prognosen aus dem Gesicht ab; sie beobachteten Tatsachen in erdrückender Fülle, aber ohne anatomische und physiologische Erklärungen für ihre Empirie zu geben; erste Symptome eines Zustandes wurden oft als prognostische Zeichen gedeutet, oder gar als Ursachen, so daß Ursache und Wirkung verwechselt wurden. Wie so oft im Urteil der Menschen wurden auch hier einzelne richtige Beobachtungen durch Generalisierung bei ähnlichen Fällen unzutreffend. Schließlich kam es zu so nichtssagenden Angaben wie „schreckliches Aussehen" bei der Pest.

Methodischer und eingehender wurde der Gesichtsausdruck beim Kranken von Stahl dargestellt. Das Mienenspiel (Vultus im Gegensatz

---

[1]) Arch. f. Kriminol. von Groß - Vogel. 1920. Bd. 72. S. 1—30.
[2]) Wilhelm Ebstein, Krankenphysiognomik in „Die Umschau". 11. Jahrg. Nr. 43/44. S. 841 ff.

zu Facies = Gesichtsfläche) ist für ihn ein Kompendium des Menschen = Mikrokosmos, wie der Mensch ein Kompendium des Makrokosmos sei [1]). Er kennt die Muskeln und ihre Nerven aus der Medulla oblongata. Doch steht seine Beobachtung immer unter dem Bann der Theorie des Animismus, des Modus tonico-vitalis; die Krankheiten sind von der Seele angeordnete Bewegungen, um nachteilige Stoffe aus dem Körper zu entfernen [2]). Auch in seinen sonstigen Schriften, besonders den „physiologisch - physiognomisch - pathologisch - mechanischen" Entwicklungen der Temperamente, und „de animi morbis" finden sich mancherlei allgemeine Beobachtungen, aber weder anatomische noch physiologische Erklärungen; trotz Stahls wichtiger Bestrebungen, das Nervensystem in den Vordergrund („Die Seele baut den Körper") zu stellen, kann man aber den Eindruck nicht abweisen, daß er örtliche Krankheiten innerer Organe nicht beachtet, alle Erscheinungen nur als Ausflüsse der Konstitution, des Temperaments ansieht.

Auch eine hundert Jahre später, 1800, lateinisch erschienene kleine Schrift „Die Kunst aus dem Gesicht Krankheiten zu erkennen und zu heilen" von G. Hoffmann (Stadtphysikus zu Drossen; 1904 in Übersetzung von Kühn, Leipzig, herausgegeben) enthält wortreiche Beschreibungen einfacher Tatsachen ohne Begründungen; er zitiert gern Hippokrates in kurzen einwandfreien, aber auch meist selbstverständlichen Sätzen, z. B. „wenn bei schweren Übeln das Gesicht ruhig und gut gewesen ist, so ist das ein gutes Zeichen" oder „wenn sie das Licht scheuen oder Tränen vergießen, so ist das ein übles Zeichen". Immerhin ist die nüchterne Beobachtung erfreulich, um so mehr, wenn man so viele gleichzeitige phantastische Beschreibungen anderer Schriftsteller liest; die schließlich von Hoffmann gegebene Unterscheidung der Veränderungen des Gesichtes je nachdem sie entweder von einem Fehler der Bewegungen oder von Verderbnis der Säfte abhängen, ist als eine wichtige anzusehen, da er weiter ausführt, daß erstere aus Gemütsbewegungen oder Sinnesveränderungen entstehen, letztere mit Krankheiten innerer Organe in Verbindung zu bringen seien. Eine solche Trennung ist gewiß nicht ganz durchzuführen, aber sie zeigt doch den weiteren Weg schon an, den seitdem die Lehre vom Gesichtsausdruck genommen hat. Es ist wohl kein Zufall, daß fast gleichzeitig mit dem Beginn einer wissenschaftlichen Psychiatrie im Anfang des 19. Jahrhunderts auch der Versuch gemacht wurde, die psychischen Bedingungen des Gesichtsausdrucks von den körperlichen zu trennen.

Jedenfalls sehen wir weitere 100 Jahre später, also um 1900, die Lehrbücher der Diagnostik innerer Krankheiten deutlich auf diesem Wege gehen.

---

[1]) Dissertatio Medico-Semiotica de Facie Morborum Indice seu Morborum Aestimatione ex facie. Halle 1700 (von Struve bearbeitet). S. 7.

[2]) Theoria medica vera. Halle 1707. Deutsch von Ideler. Berlin 1831—32.

Aber schon 1838 ist ein Werk erschienen, welches noch jetzt als Grundlage unserer Anschauungen gelten könnte, wenn es nicht durch Schematisieren und einzelne zu weitgehende Spekulationen seinen dauernden Wert wieder einschränkte. Es ist die „Kranken - Physiognomik" von Baumgärtner (Freiburg). In dieser ersten Auflage, einer „Prachtausgabe", waren 72, in der 1842 in Stuttgart erschienenen 2. Auflage 80 nach der Natur gemalte Krankenbilder beigegeben. Es waren Steinzeichnungen und damals etwas Besonderes. Baumgärtner hatte schon jahrelang bei seinen klinischen Übungen das Krankenexamen in der Weise unternommen, daß er zuerst versuchen ließ, bloß aus dem Aussehen des Kranken die Krankheitsart zu erkennen, um sodann erst die übrigen Untersuchungsmethoden in Anwendung zu bringen. Günstige Erfolge dieser Methode veranlaßten ihn zur Anfertigung von Porträts der Kranken. In der Vorrede zur 2. Auflage sagt er: „Es übt in der Tat jeder Arzt mit mehr oder weniger Glück die Krankenphysiognomik aus, selbst wenn er sich gar nicht des Gebrauches dieses Hilfsmittels bewußt ist, denn was ist der praktische Blick anderes als die Krankenphysiognomik? und selbst der Laie bringt sie in Anwendung" — — weiter fügt er hinzu: „Läßt sich aber nicht erwarten, daß der Arzt, welcher die bezeichnete Kunst zum Gegenstand eines ernsten Studiums gemacht hat, und sich jahrelang ununterbrochen in ihr übt, viel mehr erkennen werde, als der Laie?" — Die Kunst aus der äußeren Körperbeschaffenheit der Kranken, namentlich der ihres Antlitzes, die inneren krankhaften Zustände zu erkennen, nennt er die Krankenphysiognomik. Auch abgesehen von den oben gemachten Einschränkungen hat er dies vorgesetzte Ziel, „viel mehr" als der Laie zu erkennen, nicht erreicht; aber sind wir denn so sehr viel weiter gekommen? liegt es nicht an der großen Schwierigkeit der Fragen, daß wie bisher, so auch wohl lange noch in Zukunft jeder erneute Anlauf kraftvoll auf das wichtige Ziel gerichtet und versucht wird, aber unsere Kräfte noch immer wieder versagen werden? — Immerhin ist Baumgärtners Werk noch heute des Studiums wert und ist zweifellos viel benutzt worden. Auf eine Beobachtung möchte ich besonders hinweisen; S. 25 der 2. Auflage sagt er: „Die verschiedenen Partien des Gesichts stehen mehr oder weniger deutlich in Beziehung zu den einzelnen Körperteilen. Am auffallendsten ist die Beziehung des mittleren Teiles des Gesichts zu den Unterleibsorganen." Als mittleren Teil werden wir Mund- und Nasengegend im Gegensatz zur oberen Augen- und Stirngegend ansehen; daß Verdauungsstörungen, Erkrankungen der Bauchorgane überhaupt zu bestimmten Ausdrucksformen der Mundgegend führen, ist ja allgemein anerkannt. Aber Baumgärtner scheint dabei auch an Mund und Nase als Eintritt in und als Anfang des Tractus intestinalis zu denken; schematisch ist solche Ansicht auch, es soll aber schon hier darauf aufmerksam gemacht werden, daß bei schweren hypochondrisch-melancholischen Zuständen die untere Gesichtshälfte typische Ausdrucksformen annimmt, während affektvolle, wie psychisch bedingte Leiden sich klarer in der oberen Gesichtshälfte ausdrücken.

Eine bedeutungsvolle Anschauungsweise, die Baumgärtner dann freilich auch wieder zu sehr schematisch ausnutzt, ist das Suchen von Beziehungen zwischen den im Antlitz befindlichen Öffnungen und einzelnen von ihm näher bezeichneten Gesichtslinien. Es sind dies Kreislinien oder Bruchstücke derselben (Orbicularlinien), oder Strahlenlinien; erstere werden durch Muskeln hervorgebracht, die ein Orificium erweitern, letztere durch solche, welche die Öffnungen schließen. Muskelwirkung und Faltenbildung stehen senkrecht zueinander. Er gibt eingehende Schilderungen der betreffenden Orbiculär- und Strahlenmuskeln. Seine Analyse der verwickelten Ausdrucksformen bei einzelnen körperlichen Krankheitszuständen ist aber leider nicht recht zu benutzen.

Die auf anatomische Forschungen begründete genaue Kenntnis der physiologischen Funktionen der einzelnen Muskeln hat uns zu einer besseren Verwertung früher auch schon gemachter Beobachtungen geführt. Wir finden z. B. in Edlefsens Lehrbuch der Diagnostik der inneren Krankheiten, 1890, als Grundlage der allgemeinen Betrachtung des Kranken „krankhafte Veränderungen der Gesichtszüge und Störungen der Augenbewegungen und der Pupillenreaktion" zusammengestellt.

Bei Vierordt, Diagnostik der inneren Krankheiten, 1905, 7. Auflage heißt es S. 14: „Der Gesichtsausdruck ist ein Spiegelbild des Seelenlebens, er wird aber auch beeinflußt vom Gewebsturgor und vom allgemeinen Tonus der Gesichtsmuskeln und wird dadurch bedeutungsvoll für die Beurteilung des Kräftezustandes; starker Flüssigkeitsverlust und Kräfteverfall (Cholera) oder toxischer Kollaps mit „innerer Verblutung" in die Venen des Splanchnikusgebietes (Peritonitis) erzeugen die stärksten Veränderungen des Gesichts: tiefliegende Augen, spitze Nase, lange Züge, die „Facies hippocratica"; dabei ist unter Umständen das Bewußtsein völlig erhalten, aber von den seelischen Vorgängen ist höchstens noch die Angst aus den zitternden Lippen und den unstät umherirrenden Augen zu lesen. Dies ist das extreme Bild; aber auch in ihren feinsten Abstufungen sind bei akuten und chronischen Erkrankungen die Festigkeit der Züge, der Ausdruck der Augen und der allgemeine Turgor des Gesichts dem Arzte von Wert für die Beurteilung des Standes der Kräfte, besonders des Herzens." Außer dieser wichtigen allgemeinen Betrachtung behandelt Vierordt den Gesichtsausdruck wenig: „Daß der Ausdruck des Gesichts von örtlichen Krämpfen und Lähmungen, ödematöser Schwellung, Entzündung u. a. verändert wird, sei nur nebenbei erwähnt." Auch sagt er: „Es ist unmöglich, die diagnostische Bedeutung dieser Zustände im einzelnen darzulegen" und begnügt sich mit einer kurzen Aufzählung von Somnolenz usw., Delirien, toxischen Erkrankungen, Infektionskrankheiten, Hirntumoren, Paralyse, Urämie u. dgl.

In seiner „Medizinisch-klinischen Diagnostik", Berlin 1907, verweist Wesener zunächst die Inspektion von Kopf und Gesicht an die Untersuchung des Nervensystems, ferner wegen der Nase an das Respirationssystem, und für Lippen und Mund an die des Digestionsapparates; diese besonderen Beziehungen auf einzelne Gesichtsteile ergeben sich hier ungezwungen ohne theoretische Spekulationen. „Außerdem aber lassen sich aus dem Gesichtsausdruck auch gewisse somatische Vorgänge erkennen, indem bestimmte Krankheiten und Zustände den Gesichtsausdruck in solcher Weise mehr oder weniger dauernd beeinflussen, daß es, zusammen mit den sonstigen Veränderungen des Gesichts (Abmagerung, Ödem usw.) mitunter möglich ist, allein aus der Physiognomie die Diagnose zu stellen. Man hat diese verschiedenen physiognomischen Typen auch mit verschiedenen Bezeichnungen wie Facies hippocratica, cholerica usw. bezeichnet. Ferner prägen manche chronische Krankheiten wie Nervenaffektionen, Herzkrankheiten, Lungentuberkulose u. a. oft dem Gesichte einen eigentümlichen Ausdruck auf. Eine Beschreibung davon läßt sich jedoch schwer geben, und verhilft zu ihrer Erkenntnis nur die klinische Erfahrung." Sollte diese aber mit der Zeit nicht doch eine genauere Beschreibung der „eigentümlichen" Ausdrucksformen zu geben imstande sein? Erfahrungen über den Gesichtsausdruck bei Geisteskranken berechtigen dazu. Wesener hat an einer späteren Stelle (S. 128) noch eine weitere Auseinandersetzung verschiedener Typen gegeben (Facies febrilis, typhosa, tetanica seien besonders genannt).

Klemperer unterscheidet in seiner Diagnostik (1911) S. 6 die Facies composita, den lebendigen Ausdruck des verständnisvollen Mienenspiels von der Facias decomposita (Hippocratis), dem unbewegten, entstellten seelenlosen Antlitz in Bewußtlosigkeit und Agone.

Sehr wichtig sind einige neuere ausgezeichnete Atlanten mit vorzüglichen, durch alle Mittel der Neuzeit hergestellten Abbildungen. In Curschmanns „Klinischen Abbildungen", Sammlung von Darstellungen der Veränderung der äußeren Körperform bei inneren Krankheiten, Berlin 1894/1907, findet sich wiederholt eine Aneinanderreihung von Momentbildern, wobei auch der Gesichtsausdruck mehrfach sorgfältig berücksichtigt ist. So zeigen z. B. vier unmittelbar nacheinander aufgenommene Bilder Kopfhaltung, Mundbewegung und Mimik des sprechenden Kranken bei Sclerosis multiplex cerebrospinalis. Seiffert gibt in seinem „Atlas und Grundriß der allgemeinen Diagnostik und Therapie der Nervenkrankheiten" (Bd. 29 von Lehmanns Handatlanten, München 1902) aus Jollys Klinik manche Bilder, die den Gesichtsausdruck bei inneren Krankheiten zeigen, obwohl natürlich die Nervenkrankheiten weit überwiegen. Ähnliches gilt von Schönborn und Krieger, Schülern Erbs, deren prachtvoller „Klinischer Atlas der Nervenkrankheiten" 1908 in Heidelberg erschien. Sehr gute Bilder des Gesichtsausdrucks finden sich auch in dem großen Werk Wilbrandt und Saengers „Die Neurologie des Auges".

Einen großen Umfang nehmen in den Lehrbüchern die Beschreibungen der mimischen Gesichtslähmung ein; namentlich der Unterschied zwischen peripher begründeter und zerebral bedingter hat auch für uns so großen Wert, daß eine kurze Schilderung beider und ihrer Unterschiede nötig ist, soweit sie sich auf den Gesichtsausdruck beziehen. Bei der peripheren [1]) sind die Stirnrunzeln auf der gelähmten Seite verstrichen, das Auge ist wegen Herabhängens des unteren Lides weit geöffnet, tränt zuweilen; die Nasenlippenfalte ist verstrichen, der Mundwinkel hängt herab; oft ist die Sprache wegen der unvollkommenen Lippenbewegungen undeutlich und erschwert. Der vielfach ausgesprochene Satz, daß bei einer peripheren Fazialislähmung fast ausnahmslos seine sämtlichen Äste vergriffen sind, wird zwar nicht überall zugegeben, wenn auch Fälle vorkommen, in denen der obere Fazialis deutlich mitbefallen ist, sogar in höherem Grade als der untere; aber für den zentralen Ursprung einer Fazialislähmung ist es doch charakteristisch, daß Mund und Wangenäste vorwiegend ergriffen sind, während die oberen Äste seltener und in weniger auffälliger Weise beeinträchtigt erscheinen [2]). Monakow gibt weiter an, man nehme häufig erst bei einer aufmerksamen Prüfung der Hemiplegie wahr, daß Augenschluß und Stirnrunzeln auf der ergriffenen Seite etwas träger als auf der gesunden erfolgen, daß auch die Lidspalte etwas weiter ist, ferner, daß das Auge auf der gelähmten Seite nicht mehr isoliert geschlossen werden kann; es hat also eigentlich jeder Muskel eine gewisse leichte Funktionseinschränkung erlitten, wenn auch die letztgenannten Störungen verschwindend klein sind im Vergleich zu denen der Mundäste, die dem Willen nur träge gehorchen. Doch sind sämtliche Gesichtsmuskeln nur paretisch, und können noch reflektorisch, z. B. beim Lachen, mit der gesunden Gesichtshälfte bewegt werden.

Zur Erklärung dient die Lagerung der Foci des Augen- und Mundfazialis in der Rindenregion. Monakow [3]) unterscheidet eine faziobrachiale und fazio-linguale Monoplegie; bei diesen fazialen Monoplegien werden die nämlichen Muskeln des Gesichtes ergriffen, die auch bei der Hemiplegie eine Schwäche zeigen, d. h. die der unteren Hälfte, während die der oberen höchstens eine ganz leichte Parese verraten. Der Augenfazialis hat mehrere Foci, zweifellos sowohl einen bilateralen als daneben noch einen monolateral wirkenden [4]); die Mehrzahl der unteren Gesichtsmuskeln ist teils bilateral, teils monolateral

---

[1]) Strümpell, Lehrb. d. spez. Pathol. u. Therap. d. inn. Krankh. 1904. Bd. 2, 1. S. 89ff.

[2]) Monakow, Gehirnpathologie. 2. Aufl. Wien 1905 (in Nothnagels spez. Pathol. u. Therap. Bd. 9. 1. Teil). S. 470ff.

[3]) a. a. O. S. 674f.

[4]) a. a. O. S. 636/7.

vertreten. Aus der verschiedenen Lokalisation des Augen- und Mundfazialis erklärt er also die bekannte Tatsache, daß bei der gewöhnlichen Hemiplegie die mehr inselförmig und monolateral repräsentierten Mundäste ihre Funktion viel leichter einstellen als die mehrfach und teilweise bilateral vertretenen Muskeln des Augenfazialis.

In manchen Zügen weicht die hysterische Hemiplegie von der organischen ab. Eine eigentliche Fazialisparese kommt selten bei ihr vor [1]; statt dessen zeigt sich, nicht regelmäßig, bald auf der hemiplegischen, bald auf der anderen Seite, mitunter auch auf beiden Seiten, ein leichter tonischer Krampf der Mundmuskeln (Spasmus des Mundfazialis). Differentialdiagnostisch soll man auf folgende Momente achten [2]: während bei der organischen Hemiplegie die Bewegungen auf der paretischen Gesichtshälfte sowohl bei willkürlicher als auch bei unwillkürlicher Inanspruchnahme deutlich gestört sind, zeigen sich bei Hysterischen (in den seltenen Fällen, wo es zur Mitbeteiligung des Gesichts kommt) in den für sich dem Willensreiz halbseitig entzogenen Gesichtsmuskeln sofort lebhafte Bewegungen, wenn sie gleichzeitig mit ihren symmetrischen Genossen, z. B. beim Sprechen innerviert werden.

Bei diplegischen Lähmungen sind die oberen Fazialisäste wie bei der Hemiplegie gewöhnlich ziemlich frei [3].

Einen großen Schritt weiter auf unserm Gebiet hat Soltmann [4] durch seine Beobachtungen an Kindern getan: „Wenn ich bedenke, mit welchem unlösbaren Stillschweigen die klinischen Handbücher über den Gesichtsausdruck und die Gebärden der kranken Kinder hinweggehen, oder gar die vereinzelten Beobachtungen und Schilderungen älterer Ärzte mit souveräner Geringschätzung für leere Hirngespinste erklären, dann dürfte es doch gerechtfertigt, ja notwendig erscheinen, auf dieses wichtige Kapitel einmal näher einzugehen." — „Gerade die großen Atrien des Verdauungs- und Respirationstraktus (Mund und Nase), die ja im Gesicht ihren Standort haben, sind in Verbindung mit den Gebärden, der Lagerung und Stellung der Glieder zueinander von der allergrößten Bedeutung." Die Notwendigkeit, Gebärden und Haltung nicht immer vom Mienenspiel zu trennen, ist gerade hier wichtig, wo die Beziehung einzelner Gesichtsteile zu Körperorganen berührt wird. Soltmann hält den Wert des Mienen- und Gebärdenspiels bei Kindern für ungleich höher als beim Erwachsenen: bei diesem trüben normale Charakterzüge, Reflexionen und Sorgen die Reinheit des Bildes und stören die instinktiven Äußerungen viel mehr als beim Kinde, dessen Gesicht glatt, ohne konventionelle Runzeln und, wie er in manchen

---

[1] a. a. O. S. 487.
[2] a. a. O. S. 489.
[3] a. a. O. S. 491.
[4] Über das Mienen- und Gebärdenspiel kranker Kinder. Jahrb. f. Kinderheilk. Neue Folge. Bd. 26. Leipzig 1887. S. 206—221.

Einzelheiten entwickelt, für den Ausdruck des krankhaften Zustandes bereiter ist. Wenn andere [1]) diese emotionellen Bewegungen bei Kindern viel verschwommener als beim Erwachsenen finden, weil bei ersteren die noch zahlreich vorhandenen elastischen Fasern der Haut ausgleichend wirken, so mag diese Abweichung von Soltmanns Auffassung teilweise richtig sein; doch sind die Mienen der Kinder jedenfalls impulsiver, nicht zielbewußt, daher objektiver „und das Objektive bestimmt ihren klinisch semiotischen Wert". Diese impulsiven Vorgänge überwiegen auch bei manchen Geisteskranken über das Konventionelle, doch ist ihr Auftreten bei Kindern um so viel deutlicher, je mehr das Mienen- und Gebärdenspiel noch ungeübt und nicht verbildet ist. Die Beschreibung des Schmerzensausdruckes eines Säuglings gibt ihm Anlaß zu einer feinen Analyse und zum Vergleich mit dem Ausdruck des Laokoon. Beim Säugling ist der Schmerz ein schreiender mit offenem breiten Mund und zusammengekniffenen Augen ganz impulsiv; beim Laokoon ist der Streit zwischen Schmerz und dem Widerstand dagegen deutlich ausgeprägt; die Wirkung der Muskelgruppen wird genau erörtert. Daß der feste Augenschluß gleichzeitig einen Schutz gegen die durch Stauung in den Venen drohenden Blutaustritte bildet, hebt er im Anschluß an Bell und Donders hervor. Sobald der Ort des Schmerzes das Kind zwingt, das Geschrei zu unterdrücken, wie z. B. bei Pleuropneumonie, wird der Ausdruck dem des Laokoon verwandt: es kommt zu einem kummervollen Ausdruck; ähnlich ist es auch bei Peritonitis der Kinder. Da aber der Gesichtsausdruck bei kleinen Kindern sonst vielfach nicht differenziert ist, soll man für die Diagnose auf die Bewegungen der Glieder achten: bei Kolik bewegen sie intermittierend die Beine, bei Dentition mehr Arme und Hände, bei Otitis alle Gliedmaßen.

Bei herzkranken Kindern läßt der mehr chronische Verlauf die expressiven Bewegungen nicht so unstät und flüchtig erscheinen; das Kind muß sich gewissermaßen an seinen Zustand gewöhnen, so daß das als bleibender Charakterzug auf seinem Gesicht hervortritt; sämtliche Gesichts- und Atmungsmuskeln befinden sich in einem gewissen mittleren Kontraktionsgrad. Der kardiale Gesichtsausdruck ist ängstlich, aber starr und unbeweglich. Infolge des eigenen Gewichts können die unteren Gesichtsteile wie gedehnt auf die zusammengepreßte Brust herabsinkend wie verlängert und schmal erscheinen; genau beschreibt Soltmann auch den widerstandslosen Gesichtsausdruck äußerster Unterwürfigkeit bei diesen Kindern.

Bei den Gehirnkrankheiten der Kinder hält Soltmann die expressiven Bewegungen geradezu für pathognomisch. Wie bei erwachsenen chronischen Geisteskranken durchbrechen die triebartigen Ausdrucksbewegungen die individuell geprägte Form des Ausdrucks oder verhindern ihr Auftreten. Ähnliches gilt von den Erscheinungen bei

[1]) Wilbrandt u. Saenger, Neurologie des Auges. Bd. 1. S. 580.

Meningitis. Bei M. simplex kommt nach Soltmann der Ausdruck der Entschiedenheit, des starren Ernstes und Nachdenkens dadurch zustande, daß der Kopf durch die Kontraktion der Nackenmuskeln stark nach rückwärts gebeugt ist; die glänzend gespannten Augen sind lichtscheu, daher die senkrechten Stirnfurchen. Die Masseteren sind stark kontrahiert, der Mund ist fest geschlossen. Mit zunehmender Exsudation im Gehirn schwinde die Entschiedenheit des Ausdrucks und das Bewußtsein.

Viel weniger stürmisch, auch wechselnder sei das Bild bei der Meningitis basilaris, getreu der anatomischen Entwicklung und Verbreitung des Prozesses von der Basis nach aufwärts. Ein mir befreundeter Arzt schrieb mir hierzu: „ — über die wohl häufigste und traurigste zerebrale Kinderkrankheit, die tuberkulöse Basilarmeningitis könnte man bezüglich des mimischen Ausdrucks und der ersten prämonitorischen Zeichen vielerlei anführen. Oft habe ich zu einem angeblichen Magenkatarrh gerufen, beim Anblick eines so müde daliegenden Kindes, das vielleicht erst einmal erbrochen hatte, an der Apathie, wenn auch dieselbe auf Ansprechen wieder verschwand, bei einem leichten Zittern der Bulbi, ohne Lähmungen mit nur einem gelegentlichen Seufzen, die Diagnose sofort mit mir fortgenommen; nachher freilich tritt dann der kaleidoskopische Wechsel der Symptome auf."

Daß für die Ausführung einer deutlichen Gesichtsmimik das völlige Vorhandensein der Muskeln notwendig ist und unter Umständen auch genügt, sehen wir an der meistens guten Mimik bei Hemiatrophie des Gesichts, bei der die mimischen Muskeln in der Regel erhalten sind; andererseits zeigen die Störungen der Mimik bei Bulbärparalyse infolge der atrophierten Gesichtsmuskeln, daß die intakte Erhaltung die wesentlichste Vorbedingung ist. Eine perverse Mimik, die einen widerspruchsvollen Eindruck macht, entsteht nach Freud (diplegische Form der infantilen Zerebrallähmung) durch Wegfall sonst beteiligter Muskeln oder durch Aktion anderer sonst bei dem betreffenden Affekt vermißter Muskeln.

Ebstein [1]) spricht von der Erschwerung physiognomischer Schlüsse überall da, wo die Muskelbewegungen im Gesicht aus irgendeinem Grunde unausführbar werden; das ist nicht nur bei bewußtlosen, schwer besinnlichen, fiebernden Kranken (Cholera, Typhus) der Fall, sondern auch bei Lähmungen und Krämpfen beider Gesichtshälften: „Das Gesicht läßt keinerlei grobe Entstellung erkennen, lediglich die Lider können wegen der Lähmung ihres Schließmuskels nicht nur nicht geschlossen werden, sondern der Hebemuskel des oberen Augenlides zieht dasselbe überdies kräftig in die Höhe. — Außerordentlich auffallend ist bei der Lähmung beider mimischen Gesichtsnerven die Kälte des Gesichtsausdrucks beim Sprechen und bei aufgeregter Gemütsstimmung.

---

[1]) Vgl. W. Ebstein, a. a. O. S. 842.

Ein solcher Kranker empfindet es als das größte Mißgeschick, daß er ohne Veränderung seiner Gesichtszüge fröhlich oder traurig sein muß. Ähnlich steht die Sache bei klonischen Krämpfen im Gebiet der mimischen Gesichtsmuskulatur, die auch mit Zwangsbewegungen vergesellschaftet sein können."

Dann weist Ebstein auch auf den Wundstarrkrampf, den Tetanus hin, als ganz besonders instruktiv. Schon 1871 hat König [1]) darüber eine fesselnde Abhandlung geschrieben, aus der vieles für uns so wichtig ist, daß eine eingehendere Wiedergabe nötig wird. Den Chirurgen König interessierte besonders die Möglichkeit der frühzeitigen Diagnose, da die Veränderungen im Gesicht schon oft vor dem klaren sonstigen Krankheitsbilde eintreten. Gerade weil die Verzerrung sich einstellte, lange bevor den Kranken klar geworden war, daß ihr Zustand etwas Besorgniserregendes hatte, sagte König sich, daß das Symptom nicht als sichtbarer Ausdruck irgendeines Gemütszustandes zu deuten sei, z. B. als Ausdruck der Beängstigung, dem es ähnlich sah, ohne ihm zu entsprechen. Über die eigentümlich sich widersprechenden Gefühle, welche in dem starren Gesichtsausdruck wechselnd, wie es schien, zur Erscheinung kamen, schreibt er dann: „Bald glaubte ich das Bild eines Menschen vor mir zu sehen, in dessen Antlitz die Trauer sich eben in Schluchzen auflöst, bald frappierte mich der Ausdruck des Müden, welcher bald mehr bald weniger daneben ein freundliches Grinsen zur Schau trug. Das Kontrastierende dieser beiden so verschiedenen, sich widersprechenden Bilder lernte ich bald erklären, indem ich bald den unteren, bald den oberen Teil des Gesichts bedeckte und so jede Hälfte des Gesichts einzeln studierte. Dann gehörte die untere Gesichtshälfte dem Traurigen, die obere dem aus dem Schlaf Erwachenden, mit ihm Kämpfenden und dabei oft freundlich Grinsenden an. — Es war soweit klar, daß die Teile, welche den Gesichtsausdruck bedingen, die Muskeln, hier nicht unter dem Einfluß der Gemütszustände agierten, sondern daß sie in abnormer Weise von ihren Nerven beeinflußt wurden, wie die Masseteren und die anderen im Zustande krampfhafter Starre sich befindenden Muskeln, und es blieb jetzt nur zu erklären, warum gerade dies bestimmte typische Bild sich ausbildete." Diese sehr einleuchtende Auffassung sucht König dann noch auf folgende Weise weiter zu unterstützen. Beim Mienenspiel wirken immer nur einzelne Äste des Fazialis, beim Tetanus der gesamte Fazialis (und die Portio minor trigemini). Der Reiz löse Bewegungen sämtlicher Muskeln aus, doch können wegen der antagonistischen Anordnung nicht alle gleichzeitig in Wirkung treten, einzelne müßten kontrahiert, andere gedehnt werden. Die differente Stärke der Muskeln gebe dabei den Ausschlag; die stärkeren Muskelmassen sind im Gesicht an seinem oberen und unteren Teil angebracht, — und die mittleren Partien samt ihren Muskeln würden gedehnt. Durch Analyse der einzelnen

---

[1]) Arch. f. Heilk. 1871. S. 549.

Muskelgruppen sucht er dies Verhalten genauer festzustellen. Die in der Mitte des Gesichts gelegenen, zum Mund und zur Nase gehenden Muskeln sind im Gesicht des Tetanischen nach seiner Annahme offenbar nur passiv gedehnt; die um den Mund gruppierten, nach unten wirkenden Muskeln sind ihren Antagonisten gegenüber mächtiger und lassen deren Kontraktion nicht zu; ähnlich wirke der gleiche Muskelapparat beim schluchzenden Kinde. — Endlich macht König noch die höchst interessante Bemerkung, daß er das tetanische Gesicht gerade bei Fällen, deren Ausgangspunkt eine Wunde am Kopf oder Gesicht war, in ausgezeichneter Schärfe beobachtet habe; ob das zufällig sei, darüber wage er keine Entscheidung. Wenn man erwägt, daß die nächstliegenden Reflexbahnen beim Kopftetanus zwischen Reiz und Effekt im Gebiet der Hirnnerven so nahe wie möglich aneinanderliegen, so scheint es natürlich, daß der tetanische Gesichtsausdruck sich besonders scharf beim Kopftetanus ausprägt.

Die Verfolgung des Gedankens der Reflexbahn führt zur Erörterung der Ansichten über die Entstehungswege des Tetanus. Nach Lexer [1] ist es wahrscheinlich, daß sich das Gift entlang den Nervenbahnen verbreitet und durch Schädigung der Nervenkerne die Lähmungen verursacht; dies ist durch Experimente klargelegt, dann daraus, daß die Durchschneidung der motorischen Nerven und die Kurarisierung der tetanischen Muskeln die Starre aufheben, daß trotz der Fortnahme des Großhirns am Versuchstier Tetanus erzeugt werden kann, und daß die Kontraktion nach Zerstörung eines Rückenmarksabschnittes in den abhängigen Muskelgruppen ausbleibt, muß man schließen, daß die Stelle der Giftwirkung weder in der Peripherie noch im Gehirn liegt. In dem kritischen Sammelreferat von Neumann [2] wird erwähnt, daß Jamin wegen des Überwiegens der bulbären Symptome den Kopftetanus geradezu als Tétanos bulbaire bezeichnete. Wir werden durch die Lokalisierung im Bulbus vor die Überlegung gestellt, ob nicht auch der von König beschriebene Gesichtsausdruck mit seiner eigenartigen Trennung in die obere und untere Gesichtshälfte, einer besondern Gruppierung der Fazialiskerne seinen Ursprung verdankt; jedenfalls ist die bei psychischen Störungen erkennbare Trennung in obere und untere Gesichtshälfte, die zweifellos von höherliegenden mimischen Zentren (im Thalamus oder der Hirnrinde) ausgeht, eine in ihrem äußeren Bilde abweichende.

Es liegt nahe, hier auch den Gesichtsausdruck bei der Bulbärparalyse vergleichend heranzuziehen. Bei vollständiger Lippenlähmung gewinnt das Gesicht einen eigentümlich weinerlichen Ausdruck,

---

[1] Lehrb. d. allgem. Chirurg. Stuttgart 1904. Bd. 1. S. 282 (vgl. auch meinen in Berl. klin. Wochenschr. 1879, Nr. 25 veröffentlichten Fall von Tetanus hydrophobicus wegen der dort zitierten Pflügerschen Reflexgesetze).

[2] Der Kopftetanus, Zentralbl. f. d. Grenzgeb. d. Med. u. Chirurg. 1902. Nr. 13—15. S. 509.

indem der Mund durch die Antagonisten in die Breite gezogen wird und die Nasolabialfalten sich stark markieren [1]). Wenn ausnahmsweise die oberen Ganglienzellen des Fazialiskernes erkranken, so beteiligen sich auch die höher gelegenen Gesichtsmuskeln an der Lähmung; im ganzen handelt es sich hier meistens nur soweit um ein Fehlen der Mimik als das obere Fazialisgebiet überhaupt betroffen ist; in der Regel ist die mit Atrophie der Muskeln verbundene Bewegungsstörung ja auf das untere Fazialisgebiet beschränkt; nach Strümpells [2]) Schilderung erscheint der Mund dann in die Breite gezogen und ist halb geöffnet, die Mundwinkel sind nach abwärts verschoben, die Unterlippe hängt herab, so daß das Gesicht einen beständig weinerlichen Zug annimmt. Jamin [3]) gibt bei progressiver Bulbärparalyse ein Bild von dem „transversalen Lachen" und mangelnden Lidverschluß infolge von Atrophie der Gesichtsmuskeln mit Faltenbildung der über dem abgemagerten Gesicht „zu weit gewordenen Haut"; beim Versuch mimischen Ausdrucks, beim Weinen oder Lächeln verzieht sich der Mund nur etwas in die Breite, was dem Gesicht ein verzerrtes leidendes Aussehen verleiht. Man sieht, hier handelt es sich mehr um mechanische Folgen des atrophierenden Prozesses, nicht um psychisch bedingte mimische Defekte.

Auch das „Tetaniegesicht" [4]) bei Arbeitertetanie der Erwachsenen scheint durch eine eigentümliche Gedunsenheit und Schwellung des Gesichts mechanisch begründet. Das Tetaniegesicht im Kindesalter macht einen „knifflichen, verschlagenen" Eindruck [5]); Uffenheimer sagt: das spezifisch Kindliche ist aus den Zügen entwichen und an seine Stelle ein Ausdruck wie von Nachdenklichkeit oder Sorge getreten. Diese eigentümliche Veränderung der Gesichtszüge rührt offenbar daher, daß in den Muskeln eine gewisse Spannung, ein allerleichtester tonischer Krampf eintritt, der den geringsten Ausdruck dessen bildet, was wir beim echten Tetanus als den Risus sardonicus (Abb. 10 u. 11) der Alten [6]) genannten Dauerkrampf mimischer Muskulatur vorfinden; Uffenheimer gibt noch an, daß Finkelstein diese mimische Starre schon als „Karpfenmund" beschrieben habe; er meint, daß es sich nicht um einen Angstausdruck, sondern um gesteigerten Tonus der Muskulatur des Gesichts handle; an der Hand von vier Abbildungen erörtert er einzelne der beteiligten Muskeln; er hält das Symptom zwar nicht für ein regelmäßiges, aber doch sehr häufiges prämonitorisches.

Alle diese durch Vermittlung des Tonus entstehenden Ausdrucksformen, die nicht psychisch vermittelt sind, werden nur als vermutlich

---

[1]) Niemeyer, Lehrb. d. Pathol. 1877. Bd. 2. S. 353.
[2]) Strümpell, Lehrb. d. spez. Pathol. u. Therap. Bd. 3. S. 378. 1904.
[3]) In Curschmanns Lehrb. d. Nervenkrankheiten. Berlin 1909. S. 283.
[4]) Curschmann, c. l. S. 725.
[5]) Uffenheimer, Jahrb. f. Kinderheilk. N. F. Bd. 62. S. 817.
[6]) Vgl. die Abbildungen nach Wandel, „Anamnese und Allgemeinstatus" in Krauses Lehrb. d. klin. Diagnostik. Jena 1909, S. 21.

Abb. 10. Risus sardonicus bei Tetanus (nach Wandel).

Abb. 11. Derselbe Mann nach Heilung des Tetanus (nach Wandel).

in subkortikalen Reflexzentren entstehend zu denken haben, wie es auch bei Tetanus und Bulbärparalyse wahrscheinlich ist. Auch auf gesteigerte Reflexerregbarkeit in diesem Gebiet deutet die für die Diagnose der Tetanie wertvolle kurze, blitzähnliche Zuckung in dem ganzen betroffenen Fazialisgebiet hin, die bei raschem Streichen von der Schläfe bis zum Unterkiefer auftritt.

Ob die zuerst von Spencer Wells beschriebene Facies ovariana wirklich so charakteristisch für ein Zystovarium ist, hält auch Albert [1]), obwohl er sehr viel Wert auf eine pathologische Physiognomik legt, für zweifelhaft; er sagt: die Beschreibung sei zu allgemein, könne sich auch auf andere Unterleibskrankheiten beziehen, enthalte Züge, die zur Aufstellung, aber noch nicht zur Begründung der Diagnose führen könnten.

Auch Erb [2]) weist darauf hin, daß man aus dem ersten starren Gesichtsausdruck bei Paralysis agitans diese zwar vermuten könne, wie aus der frühzeitigen Beteiligung des Gesichts die infantile Form der Dystrophia muscularis progressiva; aber die volle Diagnose ist damit noch nicht gegeben.

In einer allgemeinen Betrachtung des Kranken bespricht Edlefsen [3]) eine Reihe von Zeichen, von denen diejenigen noch kurz erörtert werden sollen, die auch auf dem Gesicht bei Erkrankungen der Brust- und Bauchorgane hervortreten, sowie bei fieberhaften Infektionskrankheiten. Das plötzliche Auftreten blasser Gesichtsfarben kann ein Zeichen innerer Blutungen sein, besonders wenn sie eine die Blässe begleitende Ohnmacht überdauert. Erscheint und verschwindet die Blässe rasch, so ist sie bedingt durch Störung oder Schwäche der Herztätigkeit, Folge von Schreck oder Gemütsbewegung usw., kann auch die Einleitung eines epileptischen oder eines Migräneanfalls sein.

Eine dauernd bleiche Farbe kann individuelle Eigentümlichkeit seit dem frühesten Kindesalter sein oder eine Folge der Berufstätigkeit in geschlossenen Räumen (so bei Bäckern, Müllern usw.); meistens aber ist sie ein Zeichen chronischer Anämie. Nur bei Herzleiden ist die blasse Farbe zuweilen etwas anders zu deuten: hier kann die Blässe auch bei normalem Blut nur aus dem Grunde bestehen, weil die kleineren Arterien und die Kapillaren ungenügend gefüllt sind.

Häufigerem Wechsel der Farbe begegnet man bei fast allen Anämischen, namentlich im jugendlichen Alter. Zuweilen sticht die Röte der Wangen von der Blässe der Lippen ab, oder eine gleichmäßig

---

[1]) Albert, Diagnostik der chirurgischen Krankheiten. 9. Aufl. Herausgegeben von Ewald. Wien 1906. S. 46ff.

[2]) Erb, Über „Augenblicksdiagnosen" in der Nervenpathologie. Dtsch. med. Wochenschr. 1889. Nr. 42. S. 858.

[3]) Edlefsen, Lehrb. d. Diagnostik d. inn. Krankheiten. 1890. S. 230ff.

gelblich weiße wachsartige Farbe fällt auf; oft sind auch die Ohrmuscheln wachsbleich; ähnlich ist es bei Leukämischen.

Der roten Gesichtsfarbe kommt für die Diagnose eine geringere Bedeutung zu; allgemein als Zeichen hoher fieberhafter Zustände ist die hektische Röte bei Phthisikern auffallend häufig auf die Gegend der Jochbogen beschränkt.

Daß Vollblütigkeit, akute Exantheme, auch Arzneiexantheme zu starker Gesichtsröte führen können, sei kurz erwähnt.

Bei allgemeiner Zyanose sind die Wangen, der Lippensaum, die Nasenspitze, die Ohren in schweren Fällen dunkel blaurot oder sogar fast dunkelkirschrot; dies ist besonders bei Atmungshindernissen der Fall, daher auch während des epileptischen Anfalls; ebenso bei Zirkulationsstörungen, besonders wenn der linke Ventrikel nicht genug Blut in die Aorta hineintreibt, so daß die kleinen Arterien vor den Kapillaren unter verlangsamtem Blutstrom stehen, und wenn gleichzeitig die schwächere Tätigkeit des rechten Ventrikels den Abfluß aus dem Kapillargebiet — bei Überfüllung der Venen hinter demselben — hindert, seinen ganzen Inhalt durch die Lungenarterienbahn zu treiben. Diese Erscheinungen treten besonders stark am Gesicht auf, mehr als sonst auf der Haut.

An die gelbe Gesichtsfarbe beim Ikterus, die braune bei Addisonscher Krankheit braucht hier nur erinnert zu werden; ebenso an das Chloasma bei Schwangerschaft usw., schließlich an die graue Hautfarbe im Gesicht bei Argyrie, die bei Fingerdruck nicht verschwindet.

Nur der Erwähnung bedürfen Pockennarben, Ekzeme und andere Hautaffektionen.

Der allgemeine Hydrops tritt an den mit lockerem Bindegewebe versehenen Körperteilen, daher an den Augenlidern besonders stark auf, so daß sie dann transparent erscheinen können; bei Herzkrankheiten ist das seltener der Fall; stark und frühzeitig dagegen bei Nierenkrankheiten.

An einer anderen Stelle (a. a. O. S. 354ff.) kommt Edlefsen noch einmal auf die Inspektion des Gesichts zurück. Beim Ausdruck der Angst schildert er die inspiratorische Dyspnoe; mit dieser verbindet sich oft eine schmerzhafte Verzerrung der Gesichtszüge; unter Umständen scheinen die Augen in ihre Höhlen zurückgetreten zu sein und sind von schwärzlichen Ringen umgeben; das Gesicht nimmt einen hohlen verfallenen Ausdruck an, die Nase wird spitz, die Wangen fallen ein, die Lippen erscheinen schmal und bläulich. Dieses „Verfallen der Gesichtszüge", in Verbindung mit den Zeichen des Schmerzes und der Angst, sowie den Erscheinungen des Kollapses ist fast charakteristisch für die allgemeine Peritonitis; bei der durch Perforation entstandenen tritt es oft ganz plötzlich ein. Eine ähnliche Veränderung, aber mit dem Ausdruck der Apathie, bieten die Gesichtszüge im asphyktischen Stadium der Cholera dar; hier will Edlefsen dies Spitzwerden des Gesichts auf den Wasserverlust zurückführen, bei Peritonitis zum Teil auch auf eine Shockwirkung, wie bei Traumen, die das Abdomen betreffen.

Blutergüsse unter die Conjunctiva bulbi kommen nach Hustenanfällen, epileptischen Anfällen vor; Konjunktivitis als Vorläufer und Begleiter von Masern und Röteln, bei Jodschnupfen; Iritis, Keratitis und Verunstaltungen der Pupille sind zu nennen.

Bei Rekonvaleszenten von Diphtherie erscheinen oft ziemlich plötzlich beide Pupillen erweitert; diese Mydriasis macht nicht selten zuerst auf die eingetretene Akkommotationslähmung aufmerksam; ähnlich bei Atropinvergiftung. Eine gleichmäßige Erweiterung beider Pupillen tritt zuweilen bei Herzkranken und Emphysematikern, sowie während des asthmatischen Anfalls als Teil- oder Begleiterscheinung der Dyspnoe auf. Die Unterscheidung epileptischer und hysterischer Krampfanfälle durch das Verhalten der Pupillen wird erörtert. Die Verengerung der Pupillen, Myosis, — bei progressiver Paralyse auch die Ungleichheit — wird bei Tabes, Meningitis, Hämatom der Dura, Opiumvergiftung besprochen.

Das Vorkommen des Nystagmus bei Alkoholismus, Delirium tremens und multipler Herdsklerose wird betont.

Auf hängende schlaffe Gesichtszüge bei Schwächezuständen, nach schweren Krankheiten, bei alten Leuten macht Quincke[1]) aufmerksam; teilweise durch Fettschwund und Elastizitätsverlust der Haut bedingt, beruhen sie doch andererseits auf Erschlaffung der mimischen Muskulatur, und sind insofern auch des rascheren Wechsels und der Verbesserung fähig. Durch Seitenlage kann das Gesicht unter solchen Umständen auch seitlich verzogen und eine Fazialisparese vorgetäuscht werden; auch der Unterkiefer kann sich seitlich verschieben. Sehr bekannt ist sein Herabsinken in der Narkose, im Schlaf, bei Schwachsinnigen und bei manchen Greisen selbst im Wachen. In seinen geringeren Graden trägt es nur zur Veränderung des Gesichtsausdrucks bei, in höheren Graden führt es zum Offenstehen des Mundes, und weiter geht es mit Herabsinken der Halseingeweide einher. Diese Erschlaffung der Kiefer-, Schlund- und Zungenmuskulatur tritt gewöhnlich nur gelegentlich in Erscheinung: in leichterem Verschlucken bei älteren Leuten und als Schnarchen.

Von großer Wichtigkeit ist es bei Erkrankungen innerer Organe, deren Reflex auf dem Gesicht wir ablesen möchten, vorher das Individuelle scharf auszuscheiden; wenn Leute aus dem Arbeiterstande infolge körperlicher Anstrengungen die Augenbrauen habituell in die Höhe ziehen, so haben wir hinter diesem gewohnheitsmäßigen Ausdruck

---

[1]) Quincke, Über Laryngoptose und verwandte Ptosen. Berl. klin. Wochenschrift 1908. Nr. 49.

keine besondere Erkrankung zu suchen; aber denselben Ausdruck finden wir auch bei Personen mit chronischem Konjunktivalkatarrh, wenn sie lesen wollen. Die familienweise auftretende kongenitale Ptosis darf weder zur Annahme bestimmter Gehirnerkrankungen noch gemeinsamer Verstimmungen und Affekte verleiten.

Eine physiologisch sonst früher oder später auftretende Greisenphysiognomie kann sich auch nach erschöpfenden Krankheiten aller Art zeigen, ohne daß die mimischen Muskeln teilnehmen; der Widerspruch zwischen den Gesichtszügen und dem Mienenspiel ist dann sehr auffällig, verschwindet aber rasch in der Rekonvaleszenz, während er sich im eigentlichen Greisenzustand durch allmähliche Zunahme auch der Unbeweglichkeit der Mimik steigert. Schwere Darmaffektionen, auch Cholera usw. können einen greisenhaften Ausdruck mit sich führen; es fällt dabei besonders ein Zug auf, den Jadelot „trait oculo-zygomatique“ nannte [1]); doch kommt er auch in anderen Zuständen vor, er hat keine typische Bedeutung.

Die Ergebnisse der Krankenphysiognomik sind durchweg mit Vorsicht zu verwerten; auch jetzt geschieht das nicht immer, aber in früheren Zeiten fand die kritiklose Verallgemeinerung gelegentlicher Beobachtungen viel öfter statt und führte zur Aufstellung von Lehrgebäuden einer Metoposkopie und verwandter „Wissenschaften“. Sieht man auch nur die Literaturverzeichnisse der unzähligen Abhandlungen über physiognomische Forschungen früherer Zeiten durch, z. B. in Laehrs dreibändigem großen Werk: „Die Literatur der Psychiatrie, Neurologie und Psychologie von 1459—1799“, oder liest oder durchblättert einige von diesen Werken selbst, so erstaunt und erschrickt man über die Fülle ungesichteten Materials, aber man erfährt auch, welch großes Interesse der Gegenstand von jeher bei Ärzten und Laien gefunden hat. Meistens wird das Mienenspiel gar nicht von den Gesichtszügen geschieden; Physiognomik ist die Lehre vom Ausdruck innerer Vorgänge des gesamten Körpers. Es würde unmöglich sein, diese Fragen an der Hand der Geschichte hier in entsprechender Kürze zu behandeln, aber von Interesse für die vorliegende Untersuchung sind folgende Werke aus älterer Zeit. So Agrippa ab Nettesheym, 1531, Lib. I, S. 74: „De vultu ac gestu, corporisque habitudine figura, et quae ex his quibus stellis respondeant: unde physiognomia et metoposcopia et chiromantia, divinationum artificia sua fundamenta habeant“ [2]). In seinem „Compendium quantum ad partes capitis gulamque et collum attinet“ gibt Cocles (1536) Holzschnitte von 29 Köpfen. Ende des 16. Jahrhunderts behandeln Albertus Magnus und Michaelis Scotus physiognomische Fragen. Anthroposcopus (Orbilius) ist schon S. 17 besprochen. Alle diese Arbeiten bringen aber keine wertvollen Aufschlüsse, sondern enthalten

---

[1]) Vgl. Soltmann, a. a. O. S. 220.
[2]) Vgl. Laehr, a. oben a. O. Berlin 1900. Bd. I. S. 15.

nur tastende Spekulationen und daneben manche gute Beobachtungen, aber ohne Begründung. Auch an die zeitweilig so einflußreiche Wirkung Lavaters erinnere ich nur, um auf die geringe Bedeutung hinzuweisen, die sie jetzt hat. Tritt man den vielen heutzutage wieder verbreiteten physiognomischen Schriften näher, die sich an weite Leserkreise wenden, so scheint es nicht als ob eine starke Sichtung stattgefunden hat. Wir finden in solchen Schriften die meisten der alten Lehren wieder, ganz selten aber Gesichtspunkte, die psychiatrisches Interese erregen.

Ein scheinbar zunächst weit abliegendes Thema wird von einem Nichtarzt[1]) ausgeführt; es sind physiognomische Plaudereien und Ratschläge: „Über verschönernde Gesichtsbildung". Er macht der ärztlichen Wissenschaft und Kunst den Vorwurf, dem Gegenstande so gut wie gar keine Aufmerksamkeit zuzuwenden. Es gäbe eine Orthopädie der Glieder, aber um Bildung von Ausdruck und Miene, um die Haltung des Gesichts kümmere man sich nicht. In der Tat ist dies selten, z. B. in einem älteren Werk von Klencke, in einem neueren Buch einer Ärztin „Pflege der Schönheit", das auch die Gesichthaut behandelt und dabei der Gesichtsmassage nur ein kurzes Wort widmet, während unser Autor ihre Bedeutung oft streift. Er vergleicht unsern Organismus mit einem plastischen Ton; organische Veränderungen in den äußeren Formen des Gesichts vollziehen sich ununterbrochen von der Kindheit bis zum Greisenalter. Wiederholt beruft er sich auf ein Buch von Dr. Cid: „Essai de Calliplastie" (Paris 1846), welches Vorschriften zu einer Orthopädie des Gesichts enthalte; dabei handelt es sich weniger um plastische Operationen als um verschiedenartige physische und psychische Einflüsse. Das bei kurzsichtigen Kindern zuweilen früh auftretende Runzeln der Stirn infolge angestrengter Schul- oder Handarbeiten, wird oft Angewöhnung, so daß man es nicht nur von schwereren Affektzuständen unterscheiden muß, sondern versuchen kann, es mechanisch einerseits zu behandeln — wobei auch kosmetische Ratschläge eine Rolle spielen dürfen — andererseits aber eine psychische Beeinflussung einzuleiten; das geschieht am besten durch Hervorrufen freundlicher Stimmung, ein Lächeln glättet die Stirn, weniger durch Anspannen des Willens. Zuweilen gelingt es dem Arzt ja bei Schwerkranken durch Erregung froher Affekte, den Ausdruck des schweren Leidens mit Mißmut und Verstimmung zunächst kurz zu verscheuchen, dann aber gewinnen zuversichtlicherer froher Ausdruck und die entsprechende innere Stimmung zuweilen allmählich das Übergewicht; hier sieht man den Wert des persönlichen Einflusses des Arztes auf den Kranken immer wieder beginnen, wenn dieser Vertrauen zu seinem Arzt gewonnen hat. Bei einzelnen Geisteskranken ist diese Art der Beeinflussung des Gesichtsmuskels auch ein Hilfsmittel der Behandlung durch den Nerven- und Irrenarzt.

---

[1]) Ernst Schulz, Berlin 1889. 2. Aufl.

Die allgemeine Bedeutung des Gesichtsausdrucks als Teil der gesamten Mimik für den Arzt[1]) wird von Henry Hughes auch in seinem größeren Werk „Die Mimik des Menschen“ wie folgt ausgesprochen: „Der praktische Arzt sollte beständig das Antlitz seiner Kranken im Auge behalten. Denn schon ihre Miene zeigt ihm das wachsende Vertrauen an; ebenso nimmt er auf einen Blick hin die Wirkung seiner Maßnahmen wahr. An ihren Gesichtszügen liest er den Grad des Wohlbefindens ab; die Verzerrungen schildern ihm die Zunahme des Leidens.“

Auch Feuchtersleben[2]) bespricht allgemein und vorsichtig die Bedeutung der „Gesichtsfalten“.

Einen neuen Weg, dem Verständnis mimischer Ausdrucksformen näher zu kommen, hat Sommer[3]) eingeschlagen; obwohl er bei dieser neuen Methode die Gesichtsmuskulatur zunächst beiseite schiebt, so ist es doch zu hoffen, daß es ihm mit der Zeit gelingen wird, sie auch diesem Gebiet zuzuwenden. Es ist die Methode der dreidimensionalen Analyse von Ausdrucksbewegungen, die er besonders für die Hand verwertet und beschrieben hat. In seinem Lehrbuch heißt es: „Die Behandlung der Physiognomik am Ende des vorigen Jahrhunderts hängt wesentlich mit der Lehre von der prästabilierten Harmonie zusammen, speziell mit der Idee, daß jedem psychischen Zustand ein Gehirnzustand entsprechen müsse, durch den gewisse Verziehungen der Gesichtsmuskulatur bedingt sind. Die Physiognomik in dieser Gestalt war jedoch im Grunde eine Einschränkung des Problems auf eine relativ kleine Gruppe von Muskeln (am Gesicht), während die Ausdrucksbewegungen der anderen Körpermuskulatur völlig beiseite gelassen wurden. In dieser Einschränkung auf ein Muskelgebiet, welches die am meisten verwickelten Verhältnisse zeigt und eine objektive Messung der Bewegung einzelner Muskeln fast unmöglich macht, lag der Grund zu der Fruchtlosigkeit einer großen Menge von Arbeit, welche auf diesem Gebiete geleistet worden ist. Faßt man die Physiognomik dagegen als einen Versuch in der allgemeinen Richtung einer Lehre vom Ausdruck auf, so wird man an Stelle einer Physiognomik im alten Stil die Ausdrucksbewegungen vor allem an der Stelle zu fassen suchen, wo sie einer Darstellung und Messung am leichtesten zugänglich sind. Dies scheint nun vor allem die menschliche Hand zu sein, welche neben dem Gesicht am deutlichsten durch ihre Bewegungsart die psychischen Zustände ausdrückt und dabei im Verhältnis zum Gesicht bei der verhältnismäßig einfachen Beschaffenheit der Gelenke eine experimentelle Untersuchung erlaubt.“ Die schönen Erfolge Sommers auf diesem Gebiet berechtigen zu der Hoffnung,

---

[1]) Henry Hughes, 1. Die Bedeutung der Mimik für den Arzt. 1901. — 2. Die Mimik des Menschen. 1900. S. 40.

[2]) Lehrb. der ärztl. Seelenkunde. 1845. S. 164 u. 209.

[3]) Lehrb. d. psychopatholog. Untersuchungsmethoden. 1899. S. 95 u. Zeitschr. f. Psychol. u. Physiol. d. Sinnesorg., Bd. 16. S. 277.

auch am Gesicht Ähnliches zu erreichen. Freilich sind die Verhältnisse sehr verwickelt und es wird der Arzt noch lange mit den einfachen Mitteln empirischer Anschauung arbeiten müssen. Kapff [1]) spricht von gewissen Nuancen und Schattierungen, die in das Wechselspiel des mimischen Vorhangs gelangen bei mäßigem Alkoholgenuß feingebildeter Persönlichkeiten; solche Dinge werden wohl niemals der Messung zugänglich werden, aber feinere Bewegungen der mimischen Muskeln vielleicht doch einmal.

Das Sehen des Arztes unterscheidet sich von dem des Laien aber dadurch, daß er nicht nur die Gesichtsfläche, sondern auch die hinter diesem Vorhang abspielenden Vorgänge zu durchschauen versucht, wozu seine anatomischen und physiologischen Kenntnisse ihn instandsetzen. Auch gegenüber dem Künstler, dem plastischen sowohl wie dem Porträtmaler, die beide die Hilfe der Anatomie kennen, unterscheidet sich der Standpunkt des Arztes; der Künstler bleibt vor dem Gesicht, beginnt immer damit, das Bild der Fläche zu beschreiben oder aufzuzeichnen, die einzelnen Linien zu unterscheiden und zu erkennen, während der Arzt auch hinter die Bildfläche sehen, die dahinter für ihn plastisch entstehende Schicht der Haut und Muskeln durchdringen und aus ihr das Mienenspiel auf dem Gesicht entstehen sehen möchte. Der Porträtkünstler und Arzt haben aber in ihrem Vorgehen auch manches zusammen. In dem Abschnitt „Anschaulichkeit und Seelenhaftigkeit des Gesichts" sagt Waetzoldt [2]), die individuelle Seelenhaftigkeit sei schwerer zu finden als die allgemeine: für den Porträtisten sei die Aufgabe, jemanden zu „treffen", eigentlich weniger ein Darstellungs- als ein Sehproblem. Ähnlich geht es dem Arzt bei der Diagnose: allgemeine Typen von Krankheitszuständen sind im Gesicht leichter für ihn zu erkennen als individuelle Züge; auch seine Diagnose ist ein Sehproblem, es gilt für ihn also, die Kunst des ärztlichen Sehens zu lernen. Der Maler arbeitet die vorhandenen Anschaulichkeiten klarer heraus als es der einfache Anblick des Gesichts tut; er sieht besser als der Laie und ist deshalb der gute Physiognomiker. Der Arzt sieht den Zusammenhang der inneren Vorgänge schärfer und deutet sie auch als ein guter Physiognomiker.

Von Porträtkunst und Plastik lernen wir Ärzte noch, daß die Beschränkung auf das Gesicht oder gar nur Teile desselben ein Fehler ist; erst im Zusammenhang mit dem Kopf und Hals, ihrer Haltung und den Gebärden überhaupt können physiognomische Zeichen für die Beurteilung innerer Zustände voll verwertet werden, beim gesunden wie beim kranken Menschen; und das gilt nicht nur für die Seelenzustände, sondern auch für die Erkrankungen innerer Organe des Körpers.

---

[1]) Ausdrucksbewegungen bei Gesunden und bei Geisteskranken. Monatsschr. „Der Menschenkenner". 1908. S. 8.
[2]) Die Kunst des Porträts. Leipzig 1908. S. 39.

III. Der Gesichtsausdruck bei psychischen Krankheiten.

a) Allgemeines.

1. Affekte und Gemütsbewegungen.

Mit Jodl [1]) wollen wir bei Betrachtung der Grundfunktionen des Bewußtseins, die besonders durch entwicklungsgeschichtliche Studien gestützte Dreiteilung in Vorstellung, Fühlen und Wollen machen. Die seelische Tätigkeit eines organischen Wesens nennt Jodl:

„einen Reaktionsvorgang, eine Verbindung von Rezeptivität und Spontaneität, der schon bei seinem ersten Auftreten und auf der niedrigsten Stufe der Bewußtseinsentwicklung in sich gegliedert erscheint, und drei Momente in sich enthält: die Einwirkung von außen nach innen, die Rückwirkung von innen nach außen und eine innere Vermittlung zwischen beiden Gliedern. Das Subjekt, Änderungen und Zustände seiner Sensorien bemerkend, infolgedessen entweder Lust oder Unlust fühlend, infolgedessen Änderungen seines Zustandes durch Bewegung bewirkend, hat Sinnesempfindungen, hat Gefühle und macht Willensanstrengungen. — Empfindung, Gefühl, Wille, in untrennbarer Abhängigkeit voneinander stehend, regulieren sich gegenseitig und führen sich wechselseitig immer neue Kraft zu. Die Aktion des Bewußtseins folgt nicht geradlinig, sondern in einer geschlossenen Kurve, wobei jedes Endglied der einen Reihe immer wieder Anfangsglied einer neuen Reihe ist — ein Kreislauf der psychischen Erregung und Kraft, in welchem keine Funktion die erste, und keine die letzte ist, sondern jede die übrigen voraussetzt und bedingt."

Es wird also das Gefühl bei dieser psychologischen Untersuchung zwischen Empfindung und Willen gestellt. Wie läßt sich das physiologisch and anatomisch begründen? Kennen wir Tatsachen, die dafür sprechen? Entsteht das Gefühl zentral?

Gefühle und Affekte werden in der Regel von Ausdrucksbewegungen begleitet; daß zentral durch Empfindungsreize bedingte Gefühle diese Reaktionsvorgänge auslösen, bestreitet die James - Langesche Theorie; auf physiologische Beobachtungen gestützt nimmt sie eine Reihenfolge an, in der sofort auf die Reizung die periphere Reaktion in den Ausdrucksbewegungen folgt, welche ihrerseits erst den zentralen Gefühlsvorgang auslöst. Nicht nur die gesunden und krankhaften Vorgänge in der Haut und den Schleimhäuten rufen entsprechende Stimmungen, Gefühle und Affekte hervor, sondern ebenso die Veränderungen im Nervensystem und in den Muskeln, besonders aber auch die im ganzen vasomotorischen Systeme des Körpers. Also äußere Reize, die reflektorische Veränderungen in vegetativen Vorgängen hervorrufen, machen Organempfindungen verschiedenster Art, die entsprechende sinnliche Gefühle, Stimmungen und Affekte bedingen. Wie Lehmann [2]) sagt,

---

[1]) Lehrbuch der Psychologie. 4. Aufl. 1916. Bd. 1. S. 172ff. Vgl. auch Stricker, Studien über das Bewußtsein. 1879. S. 17.

[2]) Die Hauptgesetze des menschlichen Gefühlslebens. 2. Aufl. Leipzig 1914. S. 415.

wird es aber durchaus rätselhaft, warum ein gegebener Reiz bei verschiedenen Individuen gar nicht immer denselben Erfolg hat, warum der eine Reiz die organischen Reflexe auslöst, warum der andere, vom ersteren nur wenig verschiedene uns indifferent bleiben läßt; die Gemütsbewegung müsse jedenfalls schon teilweise da sein, bevor die körperlichen Veränderungen zustande kommen können; d. h. doch, daß die Summe des Gefühls aus peripheren und zentralen Vorgängen stammt, so daß wir einen rein peripheren Ursprung nicht vor uns haben. ·

Wir wollen nun sehen, ob die Vorgänge in ihrer zeitlichen Reihenfolge Aufschluß geben.　Lange sieht die subjektiven Zustände bei Emotionen primär bedingt an durch entsprechende Veränderungen der inneren Organe und Gefäße, die Emotion ist also erst eine Folge der körperlichen Erregung; Bechterew[1]) teilt Versuche mit, die lehren, daß die Veränderungen z. B. beim Erschrecken viel früher zum Vorschein kommen, als Gefäßveränderungen festgestellt werden.　Lehmann (a. a. O.) gibt an, daß der psychische Zustand der Gemütsbewegung sich in den meisten Fällen erst lange nach dem Aufhören des äußeren Reizes entwickelte.

Es wird also Zeit verbraucht, es müssen physiologische Wege, Bahnen benutzt werden, die dazwischen liegen; welche sind dies? Von jeher ist das Herz als ein Gemütsorgan angesehen[2]), zahlreiche volkstümliche Redewendungen bestätigen dies.　Vor einiger Zeit hat Cyon[3]) darüber folgende wissenschaftliche Anschauung gegeben.　Gefühle seien am häufigsten nur Folgeerscheinungen der vorangehenden Erregungen der Herznerven.

„Jedesmal, wenn das Herz einen übermäßigen Blutandrang erleidet, durch den es zerplatzen könnte, werden seine sensiblen Nerven durch den hohen Blutdruck erregt; die Erregung teilt sich dem Gehirn mit und bewirkt hier eine Verminderung des Tonus der vasomotorischen Zentren, infolge deren sich alle kleinen Arterien unseres Körpers unmittelbar erweitern, und dem in den Herzkammern befindlichen Blute einen bequemen Abfluß gestatten.

Der Nervus depressor, der bei der hydraulischen Tätigkeit des Herzens eine so hervorragende Rolle spielt, bildet auch als sensibler Nerv die Hauptbahn, auf der alle Gefühle des Herzens in Form der Gemütsbewegungen in unser Bewußtsein gelangen.　Schlägt das Herz ruhig und regelmäßig, so verspürt der Mensch keine besonderen Gefühle. — Die Eigenschaft der zentrifugalen Nerven des Herzens, durch seelische Zustände in Erregung versetzt zu werden, und das Vermögen seiner zentripetalen Nerven, alle durch diese im Herzschlag hervorgerufenen Unregelmäßigkeiten unserem Bewußtsein auf das genaueste zu übermitteln, diese beiden Eigentümlichkeiten der Herznerven machen das Herz zu einem Organ, in dem sich alle wechselnden Stimmungen, alle Wallungen unseres Gemüts, Freude und Schmerz, Liebe und Haß, Zorn und Wohlgefallen widerspiegeln."

---

[1]) Bechterew, Objektive Psychologie oder Psychoreflexologie. 1913. S. 302.

[2]) Müller, 1. Über die Beziehungen von seelischen Vorgängen zu Empfindungen am Herzen.　Münch. med. Wochenschr. 1906. Nr. 1. 2. Das vegetative Nervensystem. 1920. S. 103 ff. u. 269 ff.

[3]) Cyon, Gott und Wissenschaft. Neue Grundlagen einer wissenschaftlichen Psychologie. Deutsche Ausgabe. Leipzig 1912. 2. Bd. S. 129/136 ff.

In packender Schilderung führt Cyon das noch weiter aus. Wenn die Zentren der Herznerven im verlängerten Mark liegen, sind sie ein Teil des zentralen Stücks von Jodls Reaktionsvorgang. Das Herz als peripheres Organ, wie auch die von ihm und zu ihm laufenden Gefäße, das ganze vasomotorische System sind die wichtigsten Glieder der Kette, in der die Gefühle entstehen und verlaufen. Für Cyon, der das Herz zwar als das vorzüglichste periphere Gemütsorgan ansieht, vermag das Gefäßsystem aber bei der Erregung von Gefühlen nur eine ganze untergeordnete und indirekte Rolle zu spielen; die Lange - Jamessche Theorie sieht er als erledigt an. Bumke[1]) erklärt diese Theorie widerlegt durch Bergers Versuche an freiliegenden Menschenhirnen, bei welchen die Volumschwankungen des Gehirns denen, die am übrigen Körper beobachtet werden, zeitlich vorangehen; beide nehmen an, daß diese psychischen Veränderungen im Gehirn selbst den gemütlichen Schwankungen doch untergeordnet seien. Auch Ernst Weber[2]) lehnt Lange ab.

So finden wir in zahlreichen Auseinandersetzungen über die Lange-Jamessche Theorie, die hier nicht vollständig wiedergegeben werden können, Unklarheiten über die Entstehung der Gefühle, die auch den peripheren oder zentralen Ursprung nicht zu entscheiden vermögen. Hatschek[3]) hält nach Beobachtungen von Buch[4]) an großhirnlosen Hunden für erwiesen, daß der in der Großhirnrinde sich abspielende Bewußtseinsvorgang des Gefühls nicht die auslösende Ursache der motorischen Reaktion sein könne:

„Die Erörterungen von Buch geben eine starke Stütze ab für die noch nicht hinreichend gewürdigte Theorie von James und Lange, jedenfalls zeigen dieselben, daß die subkortikalen, bzw. vasomotorischen und viszeralen Erregungen von entscheidender Bedeutung für die Entstehung der Affekte sind."

Hoche[5]) dagegen sagt bei Erwähnung der Theorie, gerade bei der Angst werde es besonders deutlich, daß wir gar nicht in der Lage sind, körperlich auslösende Zustände, Begleiterscheinungen und Wirkungen des Affekts auseinanderzuhalten. Gerade bei den Angstaffekten sei der Circulus vitiosus der gegenseitigen Beförderung und Steigerung in den Beziehungen zwischen körperlicher und geistiger Sphäre besonders deutlich erkennbar. Er erinnert speziell an die Beobachtungen bei Herzkranken.

Hellpach[6]) will eine psychophysische Wechselwirkung festhalten,

---

[1]) Über die körperlichen Begleiterscheinungen psychischer Vorgänge. 1909. S. 15.

[2]) Der Einfluß psychischer Vorgänge auf den Körper. 1910.

[3]) Zur vergleichenden Psychologie des Angstaffektes. Dtsch. Zeitschr. f. Nervenheilk. 1911. Bd. 41. S. 208/9.

[4]) Zur Physiologie der Gefühle. Arch. f. Anat. u. Physiol. 1909. S. 180.

[5]) Die Pathologie und Therapie der nervösen Angstzustände. Dtsch. Zeitschr. f. Nervenheilk. 1911. Bd. 41. S. 199.

[6]) Die geophysischen Erscheinungen. 2. Aufl. 1917. S. 60 u. 420.

ohne die genannte Theorie bestätigt zu sehen; er engt aber die Berechtigung physiopsychischer Rückschlüsse sehr ein.

In seiner Übersetzung der grundlegenden Langeschen Schrift sagte Kurella [1]), die deutschen Experimentalpsychologen seien an den Langeschen Gedanken nicht ebenso verständnislos vorübergegangen wie die Irrenärzte. Kurellas Darstellung ist nicht ganz überzeugend; für die feineren Gefühle scheint er mit James — der übrigens die ihm zugeschriebene Gefühlstheorie später ablehnte, wie Lehmann S. 54 mitteilt — einen Kompromiß mit der Lehre von der primären und zentralen Entstehung zuzulassen; es findet ein Kreislauf der Vorgänge und Affekte insofern statt, als die peripher durch den zentral entstandenen Affekt ausgelösten Empfindungen wieder auf die Verlängerung und Verstärkung des Affektzustandes zurückwirken.

Größere Klarheit in dieser verwickelten Sachlage gibt, nach meiner Meinung, die Reflexkettentheorie von Kassowitz, die für die weitere Entwicklung der Psychologie und Psychiatrie vielleicht grundlegend sein wird.

2. Reflexkettentheorie von Kassowitz.

Kassowitz [2]) sieht im Nervenprozeß Übertragung von Zerfallsprozessen von einem Querschnitt der protoplasmatischen Nervenbahn auf den nächsten und auf immer entferntere Querschnitte. Voraussetzung ist die lockere Anordnung der zerfallsfähigen Substanz, deren ultramikroskopische Struktur nachgewiesen sei. Die Nervenfaser besteht aus parallel verlaufenden Fibrillen und einer zwischen ihnen und um sie gelagerten Hüllsubstanz. Diese Doppelstrukturen stehen in einem trophischen Gegenseitigkeitsverhältnis: Aufbau in den Fibrillen auf Kosten der umgebenden Hüllsubstanz, Aufbau in dieser auf Kosten der Zerfallsprodukte der Fibrillen. Die von Bethe entdeckten tinktorischen Veränderungen der anodischen und kathodischen Nervenstrecken beweisen den Stoffwechselprozeß. In der von Mosso gefundenen Steigerung der Hirntemperatur bis zu 1° C nach epileptischen Anfällen erkennt er chemische Tätigkeiten. Entgegen der Neuronentheorie, die die Erregung durch bloßen Kontakt leitet, kann der auf einer Fortleitung des an der Reizstelle eingeleiteten Protoplasmazerfalls beruhende Erregungsprozeß nur in einer protoplasmatischen Kontinuität fortschreiten. Alle Reflexbahnen sind ihm demnach ununterbrochene protoplasmatische Bahnen zwischen den Aufnahmsorten der Reize und den innervierten Organen, die wegen ihrer Feinheit nicht unter dem Mikroskop zur Ansicht gelangen; hier können neue Bahnen entstehen. Das

---

[1]) Die Gemütsbewegungen, ihr Wesen und ihr Einfluß auf körperliche, besonders auf krankhafte Lebenserscheinungen, eine medizinisch-psychologische Studie von Dr. C. Lange. 2. Aufl. Würzburg 1910. Einl. S. XII.

[2]) Max Kassowitz, Allgemeine Biologie. Bd. 4. „Nerven und Seele." Wien 1906.

lockere „Elementargitter", welches die Umschaltung zwischen den ein- und ausführenden Schenkeln der Reflexbogen besorgt, ist das „nervöse Grau" von Nissl; nach diesem ist seine Masse um so größer, je höher das betreffende Tier in der Entwicklungsreihe reagiert.

Im 2. Band seiner Biologie hatte Kassowitz die Ansicht ausgeführt, daß in den Zellkernen die Vererbungsmechanismen der von ihnen beherrschten Zellterritorien anzunehmen seien. Jetzt folgert er für die Nervenzentren bei ihrer Aufgabe, die in das Elementargitter ein- und ausstrahlenden Nervenerregungen zu bestimmten Reflexkombinationen zusammenzuordnen, daß wir in den Ganglienzellen und ihren Kernen das anatomische Substrat jener territorialen Vererbungsmechanismen vor uns haben; diese Ansicht habe er zum erstenmal ausgesprochen[1]); bereits früher aber habe man vermutet, daß die Ganglienzellen an der eigentlichen nervösen Funktion der Zentralorgane nicht beteiligt seien, daß ihnen aber trophische oder nutritive Funktionen zukommen dürften. Fridtjof Nansen habe zuerst behauptet, daß die Reflexaktionen ohne Vermittlung der Ganglienzellen stattfinden und daß der Grundsubstanz — dem Gewebe feinster Nervenröhrchen — die größte Bedeutung bei der zentralen Nerventätigkeit zukomme; diese Bedeutung sei aber um so größer, als wahrscheinlich alle Funktionen des zentralen Nervensystems sich auf reflektorische Vorgänge zurückführen lassen. Nansen habe die Ganglienzelle auch als „Sitz des Gedächtnisses" bezeichnet, was sie nur dann sein könne, wenn ein Teil des Elementargitters in ihr selbst untergebracht sei; Hoche[2]) gibt an, daß dies tatsächlich der Fall sei.

Gegen die Neuronentheorie führt Kassowitz besonders noch Bethes Experiment mit Entfernung der unipolaren Ganglienzellen bei Taschenkrebsen an, aus dem dieser folgerte, daß die Ganglienzelle, also der kernhaltige Teil des Neurons, zu den wesentlichen Erscheinungen des Reflexes nicht notwendig sei, daß aber das Nervensystem auf die Dauer nicht ohne Ganglienzelle funktionieren könne, da sie eine trophische Funktion auf die ganzen Neuronen ausübe.

Das Zustandekommen einer Reflexaktion wird durch die in der gitterförmigen Anordnung der zentralen Nervenbahnen aufgegebene Isolierung erklärt; für die Fortleitung des Nervenprozesses entstehen hier größere Schwierigkeiten als in den isoliert verlaufenden peripherer liegenden Protoplasmabahnen, weil dieselbe Reizstärke, welche groß genug wäre, um die Fortleitung des Nervenprozesses auf der isolierten Bahn noch auf recht weite Strecken zu bewirken, nicht mehr genügend

---

[1]) Etwa gleichzeitig entwickelte Landois, Lehrb. d. Physiol. 11. Aufl. 1905. S. 633, die Ansicht, daß die Ganglienzellen nur dem Stoffwechsel des Nervengewebes als Ernährungszentra dienen, und daß die Leitung der Reflexe nur in den Fasermassen vor sich gehen könne.

[2]) Referat über die Neuronentheorie. Berl. klin. Wochenschr. 1899. Nr. 19, 25—27.

ist, wenn sie sich auf eine größere Zahl von Verzweigungen verteilen muß, die in dem dreidimensionalen Gitterwerk vor sich gehen und daher nach allen Richtungen möglich sind. Dadurch nun, daß bei häufiger Wiederholung der Reize in den Bahnen des Protoplasmanetzes dieses lockerer wird, entstehe die „Bahnung", die Reizprozesse werden in immer größerer Stärke an den weiter vorgeschobenen Wegkreuzungen anlangen, und endlich wird dasjenige geschehen, was bei den ersten Reizanstößen noch nicht erfolgt war, nämlich eine Übertragung des Reizzerfalls auf die ausführenden Bahnen, und eben infolgedessen die sichtbare oder in anderer Weise nachweisbare Reflexaktion.

Wenn nun zwei Bündel von einstrahlenden Nervenbahnen im Elementargitter gleichzeitig in Erregung versetzt werden, so würde der oxydative Protoplasmazerfall von beiden Seiten bahnend wirken; dadurch entstehen Reflexbogenbündel, die „Assoziation" oder assoziierter Reflex, im individuellen Leben sich entwickelnd, oder vererbt in Stammesentwicklung. Er nennt jede physiologische Leistung reflektorisch, die durch einen Nervenstrom hervorgerufen wird, der das nervöse Elementargitter passiert.

Mit Kassowitz Theorie des Protoplasmazerfalls berührt sich Verworns an mehreren Stellen entwickelte Anschauung [1]); zwei Phasen des Stoffwechsels spielen sich andauernd nebeneinander ab, der Zerfall der lebenden Substanz oder die Dissimilation, und ihr Aufbau, die Assimilation; diese Selbststeuerung des Stoffwechsels steht unter einem Gesetz der chemischen Gleichgewichtszustände. Der Nerv kann nichts anderes übertragen als allein nur eine dissimilatorische Erregung; dieser Nervenleitungsvorgang bestehe in der Übertragung eines chemischen Erregungsprozesses von Querschnitt zu Querschnitt durch die ganze Nervenfaser hin. Man könne sich denken, daß von einer Sphäre zur andern, durch das ganze Gehirn hindurch, auf dem ungeheuer komplizierten Netzsystem von Fasern dissimilatorische Erregungen verlaufen, und zwar immer in ganz gesetzmäßiger und geordneter Weise.

Die Mitbewegungen entwickeln sich nach Kassowitz aus kettenförmig aneinandergegliederten Reflexbogen; automatische, spontane und Willkürbewegungen, die in Ganglienzellen entstehen, lehnt er völlig ab.

Die Reflexbogentheorie gilt auch für die Ganglienzellhaufen des sympathischen Nervensystems. Wie Cyon hielt er die Herzganglien nicht für automatische Zentren. Die Verbindungen der visceralen Ganglien mit den höheren und höchsten Zentren sind ihm aber unentbehrlich für das Verständnis der komplizierten Nervenfunktionen, namentlich der „gefühlsbetonten".

Auch bei den Sinneszellen, die er als kontraktile Gebilde beschreibt, sieht er Reflexe vor sich gehen; ebenfalls in den sympathischen und den

---

[1]) Vgl. besonders „Die Mechanik des Geisteslebens" und „Allgemeine Physiologie" 1909.

spinalen Ganglien, seitdem auch in den hinteren Rückenmarkswurzeln motorische Fasern nachgewiesen seien, z. B. gefäßerweiternde Bahnen und solche für den Darmtraktus.

Bei der Differenzierung in den höheren Zentren gewinnt das Elementargitter sehr an räumlicher Ausdehnung, besonders am Kopfende, wo sich neue rezeptorische Organe bilden.

Die an Stelle der gangliozentrischen Theorien gesetzte Reflexbogentheorie wird noch vielseitig weiter begründet und dabei zur Reflexkettentheorie entwickelt; die geistreichen Ausführungen sind in ihrer klaren Darstellung oft ein Kunstwerk.

Von besonderem Wert ist dabei die Einführung der „Bewegungsreize"; es geschieht das bei Besprechung der Aphasie. Eine ganze Reihe aphasischer Störungen könne nicht mit dem einfachen Schema des von einer Sinnesfläche zu einem Bewegungskomplexe ziehenden Reflexbogens erklärt werden, wir müssen unbedingt zu Ketten von Reflexbogen greifen, welche dadurch zustande kommen, daß durch den motorischen Erfolg des primären Reflexbogens in seinem motorischen Ende neue Reizkomplexe geschaffen werden, die ihrerseits wieder durch andere Zentren gehende Reflexe hervorrufen. Diese neuen Reizkomplexe, also sekundäre Reflexbogen auslösenden Reize, möchte er nicht als Empfindungen, sondern als Bewegungsreize bezeichnen, die, zentralwärts geleitet, durch das Elementargitter hindurch, auf neue Bewegungskomplexe übertragen werden; und zwar in langen Reihen aneinandergeketteter Reflexbogen. Daß zu diesen sekundären Reflexbogenreihen auch solche in den tätigen Sprachorganen entstehen, wird bald besprochen.

Eine wichtige Rolle spielen Formveränderungen in den reizbaren protoplasmatischen Gebilden; glatte Muskelfasern verkürzen und verdicken sich infolge von Wärmeentziehung, Stäbchen und Zapfen erfahren im Dunkeln eine Gestaltsveränderung, und die diese Gebilde bei Belichtung einhüllenden Pigmentzellen ziehen sich im Dunkeln von ihnen zurück; nicht Berührungsreize, sondern Bewegungsreize erklären alles.

Am Schluß der ersten Abteilung faßt Kassowitz seine Ansicht noch einmal zusammen; man habe es bei den physiologischen Vorgängen im Nervensystem mit einer lückenlosen Kette zu tun gehabt, die sich chemisch und physikalisch als Zerfall und Wiederaufbau protoplasmatischer Substanzen samt ihren direkten und indirekten materiellen Folgeerscheinungen definieren ließen.

„Nirgends ein Eingreifen von „psychischen" oder „subjektiven" Prozessen in dieser mechanisch-kausalen Verkettung." Weder im Elementargitter der Gehirnzellen, noch in ihren zelligen Elementen hätten wir ein substantielles „Bewußtsein" gesehen oder anzunehmen Ursache gehabt, dessen Schwelle übertreten werden könnte, dessen Trägheit einen Zeitverlust herbeizuführen vermöchte, das eine „psychische Arbeit" zu verrichten hätte, kein „inneres Auge" mit peripherem Blickfeld und zentralem Blickpunkt. — „Das „bewußt Sein"

.ist eben weder ein Organ, noch ein Körperteil, es ist auch keine Zelle und kein Zellenapparat, und am allerwenigsten ist es ein lebendes und denkfähiges Wesen —; sondern ein Zustand des Organismus wie „wach sein“, „betrübt sein“, „verliebt sein“, „gesund sein“ oder „krank sein“.“

Kassowitz sieht den Gesamtorganismus als den Träger des Bewußtseins an; aber die privilegierte Stellung des Gehirns und der Gehirnrinde ist ihm bei allen vom Bewußtsein begleiteten Vorgängen unseres Körpers ebenso selbstverständlich, wie ihre histologische Übereinstimmung mit anderen Zentren von untergeordnetem Range. Denn er erwartet nur ein Elementargitter, in welchem in gebührenden Zwischenräumen kernhaltige und dadurch für gewisse trophische und Vererbungsfunktionen geeignete Zellkörper verteilt sind; der ganz Rangunterschied zwischen verschiedenen Anteilen dieses Elementargitters kann nur auf räumlichen Beziehungen der Reflexbogen basieren. Je weiter ein nervöses Zentralorgan von der Peripherie entfernt ist, je mehr also andere Abteilungen des Elementargitters von dem vordringenden Erregungsprozesse passiert werden müssen, desto umfassender sind seine funktionellen Fähigkeiten. In der Gehirnrinde aber, als dem am weitesten von der Peripherie entfernten Bezirke des Elementargitters, können nicht nur die Reizkomplexe von sämtlichen Sinnesorganen zusammenfließen mit Einschluß der Hautsinnesfläche, sondern alle in den willkürlichen und unwillkürlichen Muskeln, kontraktilen Blutgefäßen entstehenden Bewegungsreize; und in umgekehrter Richtung können alle diese Vorgänge von der Hirnrinde aus ausgelöst oder beeinflußt werden.

Kassowitz geht vielfach eigene Wege; wenn er z. B. spezifische Sinnesenergien ablehnt, so wird das heutzutage viel Widerspruch finden, doch hat Külpe[1]) ähnliche Anschauungen ausgesprochen. Für manches in den Ansichten über Reflexe finden sich Anklänge bei Kronthal[2]), der sich auch gegen die Neurontheorie wendet: „wir sind in der Lage alle Reflexe, auch sehr umfangreiche, aus einfachen Reizen zu erklären. Wir haben keine Ursache, neben dem Reiz einen unbekannten Grund, die Seele, als Ursache für die Größe des Reflexes anzunehmen. — Je mehr Nervensystem, desto mehr Seele. — Wir können die Identität der Begriffe „Seele“ und „Summe der Reflexe“ vermuten.“ Nach scharfer Bekämpfung der gangliozentrischen Hypothese sagt Kassowitz in dem Kapitel über „Lust und Unlust“:

„— gegenüber der zellulären Theorie der Gefühle und Affekte bietet uns die Reflex-Kettentheorie auch hier wieder, und hier ganz besonders den nicht hoch genug anzuschlagenden Vorteil, daß wir als die körperliche Grundlage der subjektiven Erlebnisse nicht mehr unsichtbare und daher völlig hypothetische, jeder Kontrolle sich entziehende Vorgänge im Innern unzugänglicher Zellen ansehen, sondern sicher existierende und niemals fehlende Veränderungen in den Reflex-

---

[1]) Grundriß der Psychologie. 1893. S. 85 ff.
[2]) Gehirn und Seele. Monatsschr. f. Psychiatr. u. Neurol. Berlin 1916. Bd. 39. S. 303.

apparaten des Gesamtorganismus, die entweder für jedermann sichtbar und greif-
bar sind oder durch die Hilfsmittel der Wissenschaft zur Anschauung gebracht
werden können. Diese somatischen Prozesse sind also nicht etwa „physische
Effekte psychischer Vorgänge", sondern sie sind direkte oder indirekte
Folgen der auf den Körper einwirkenden Reize, und der dabei tätige Mechanismus
liegt für uns, soweit es sich um die körperlichen Vorgänge handelt, vollkommen
klar zutage. Der infolge der Reizung in den rezeptorischen Organen einge-
leitete Protoplasmazerfall in der leitenden Substanz der zentripetalen Nervenbahnen überträgt sich durch Vermittlung des zentralen Elementargitters auf verschiedene effektorische Apparate, diese geraten infolge der zugeleiteten Nervenerregung in die ihnen eigentümliche Lebenstätigkeit und erzeugen durch die mit
ihr einhergehenden Gestaltveränderungen neue Reize, welche auf zentrifugalen Bahnen neue Reflexbogen und in weiterer Folge eine ganze Reihe von
Reflexen in allen möglichen, dem Nerveneinflusse zugänglichen Organen akti-
vieren; und auf diese Weise kommen alle jene mannigfaltigen Tätigkeiten der
willkürlichen und unwillkürlichen Muskulatur und der sezernierenden Organe
zustande, welche jedesmal vorhanden und jedesmal nachweisbar sind, wenn der
Besitzer dieser Reflexapparate über subjektive Erlebnisse irgendwelcher Art zu
berichten hat, in besonders ausgedehntem Maße aber dann, wenn diese Erlebnisse
von ihm als lust- oder unlusterregend bezeichnet werden. Wir brauchen also
kein unkörperliches Zwischenglied zwischen dem körperlichen Reiz und dem
körperlichen Reizerfolg, wir verzichten auf das doppelte Wunder der Erregung
einer Seelentätigkeit durch den „Influxus physicus" und der Auslösung von Bewegungen durch den „Influxus psychicus", weil auf der körperlichen Seite alles
mit natürlichen Dingen zugeht und in mechanisch verständlicher oder wenigstens
in mechanisch vorstellbarer Weise abläuft. Auf der psychischen Seite aber genügt
uns die Konstatierung, daß die Gefühlsbetonung eines jeden Bewußtseins-
zustandes eine um so stärkere ist, je mehr Reflexmechanismen neben- und
hintereinander in Tätigkeit treten und je größer der Anteil ist, welcher dabei
den vegetativen und sympathischen Gebieten zufällt."

Kassowitz nennt als Vorzug seiner Reflexkettentheorie, daß die
primäre Reizung schon durch die Vermittlung der zunächstgelegenen
Teile des zentralen Elementargitters sich auf eine Reihe von effektori-
schen Organen ausbreitet und daß von diesen wieder neue Reize ausgehen,
welche den primären Reiz schon um ein vielfaches an Ausdehnung und
an Stärke übertreffen. Dieses Wachsen der Vorgänge ohne Zunahme
der äußeren Reizung müssen wir uns dadurch zustande kommen denken,
daß — ebenfalls nach seiner Annahme — die physiologischen Lebensvorgänge des Körpers den Protoplasmazerfall ersetzen. Mit steigendem
Erfolge kommen schließlich ganz ausgiebige und mitunter geradezu
enorme Wirkungen zum Vorschein, welche dann von entsprechend
gesteigerten subjektiven Emotionen begleitet sind.

Unter diesen nimmt der Schmerz mit seinen Äußerungen eine besondere Stellung ein. Wenn — sagt er — die Haut gestochen, geschnitten,
gestoßen, geschlagen, geätzt oder verbrannt wird, so werden nicht wie
bei physiologischen Reizen, geordnete Reizkomplexe geschaffen, sondern
alle Bahnen, welche sonst die mannigfaltig angeordneten Bewegungsreize von den Tastkörperchen, den feinen Nervenendigungen, den Haar-
balgmuskeln, den Hautdrüsen und den Gefäßmuskelfasern zum Zentrum
leiten, zu gleicher Zeit und daher kunterbunt durcheinander in

der heftigsten Weise erregt, und die Wirkung kann keine andere sein, als daß ein ebenso lautes Durcheinander von Reflexaktionen zunächst in der allen Erregungen besonders leicht zugänglichen sympathischen Sphäre ausgelöst wird: Atmung, Herzaktion, Blutgefäßdruckschwankungen, Sekretionen, Veränderungen der Pupille, Darm- und Blasenmuskeln — ein Chaos, das sich auch auf die schwerfälligere willkürliche Muskulatur ergießt und unter Begleitung von schmerzlichem Geschrei die ungestümsten Abwehr- und Fluchtbewegungen und zahlreiche andere Schmerzgebärden hervorruft.

Alle diese Vorgänge können aber auch ablaufen, ohne daß damit ein Bewußtseinszustand verbunden zu sein braucht, z. B. im Agitationsstadium der Chloroform- und Äthernarkose; darin liege ein Beweis, daß es ein Irrtum sei anzunehmen, psychische Vorgänge könnten die Ausdrucksbewegungen als physische Effekte hervorrufen. Jodl[1]), der die Reflexkettentheorie kennt und beachtet, hält es zwar für möglich, daß zwischen der toxischen Einwirkung und jenen Reflexen noch eigentliche Gemütsbewegungen liegen; auch von einem „Kreislauf des Bewußtseins" spricht er[2]); wenn er aber ausführt, daß der Wein- oder Opiumselige sich nicht nur an ihrem körperlichen Zustande freuen, sondern auch, ja vielleicht vorzugsweise, an den angenehmen Vorstellungen, die sie haben, so nähert er sich bei dieser Auffassung ganz derjenigen der Reflexkettentheorie; dieser entspricht es auch, wenn er weiterhin die Ausführung der einem bestimmten Gefühlszustand entsprechenden Ausdrucksbewegungen für geeignet hält, das Entstehen des betreffenden Gefühls zu begünstigen; es handelt sich überall um aneinander gekettete Reflexe.

Von besonderem Interesse ist nun noch, wie Kassowitz das Verhältnis seiner Theorie zu den von James, Lange, Sergi und ihren Nachfolgern verteidigten Auffassungen präzisiert[3]):

„Diese Forscher haben sich insofern in einen Gegensatz zu der bis dahin geltenden Lehre gesetzt, als sie die Ausdrucksbewegungen nicht mehr als gleichgültige Begleiterscheinungen und als Wirkungen der zentralen psychischen Prozesse ansehen wollen, sondern als auf dem Reflexwege ausgelöste Bewegungen und als das eigentliche Wesen der Affekte. Bis hierher geht also diese Auffassung mit der hier entwickelten parallel und sie bleibt es noch eine kurze Strecke weit, indem auch sie annimmt, daß die reflektorisch ausgelösten somatischen Bewegungen auf afferenten Bahnen wieder Erregungen zu den Zentren der Hirnrinde senden. Von hier ab trennen sich aber unsere Wege, weil diese Autoren insofern wieder in die zellulozentrische Auffassung zurückfallen, als sie annehmen, daß die von den Reflexbewegungen zu den Zentren gesandten Nervenerregungen in diesen Zentren zum Bewußtsein kommen. Hier behalten also diese Ganglienzellen der Hirnrinde die ihnen gewöhnlich zugeschriebene anthropomorphische Fähigkeit, wahrzunehmen und zu fühlen, und der ganze Unterschied gegen früher reduziert sich darauf, daß sie sich nicht nur jener Erregungen bewußt werden, die ihnen direkt

---

[1]) a. a. O. Bd. 2. S. 418.
[2]) a. a. O. S. 63.
[3]) a. a. O. Anmerkung S. 509/10.

von den Reizaufnahmestellen zugeführt werden, und sie in Form einer „Wahrnehmung" zur Kenntnis nehmen, sondern daß sie außerdem auch Nachrichten empfangen von den reflektorisch hervorgerufenen Veränderungen im Körper, und daß dadurch die einfache Wahrnehmung in eine emotionelle Empfindung verwandelt wird. Der Unterschied zwischen dieser sensualistischen Lehre und der hier vorgetragenen Reflexkettentheorie ist in die Augen springend und er spitzt sich in der Hauptsache dahin zu, daß wir den Ganglienzellen als solchen jede wie immer geartete psychische Fähigkeit absprechen und es daher ebenso für ausgeschlossen halten, daß sie die primäre Erregung erkennen, als daß sie von den Reflexbewegungen Notiz nehmen. Die von den Reflexbewegungen zentralwärts gesandten Erregungen können nach unserer Auffassung wieder nur, wie die primären zentripetalen Nervenprozesse, durch Vermittlung von Zentren auf effektorische Bahnen übergehen und erzielen auf diese Weise nur eine Verlängerung und eine weitere Ausbreitung der durch den primären Reiz in Gang gebrachten Reflexkette. Diese Verlängerung erfolgt aber hauptsächlich im Gebiet der sprachlichen Assoziationen und nur dadurch wird sich der ganze Organismus der ihn so gründlich erschütternden Vorgänge bewußt."

Den in dieser Anmerkung gegebenen Schlußgedanken finden wir dann weiter entwickelt in dem oben unterbrochenen Text:

„— auf der andern Seite zeigen uns aber diese selben Tatsachen, daß noch etwas anderes zu diesen Schmerzäußerungen hinzukommen muß, um den ganzen Vorgang zu einem subjektiven Ergebnis zu gestalten, und zwar muß dieses Etwas nur unter Beteiligung der höchsten und umfassendsten Teile des zentralen Elementargitters zustande kommen können. Solange diese höchsten Zentren ausgeschaltet sind, kann zwar jener Teil der Reflexaktionen ablaufen, welcher das Schreien, das Zappeln und die andern Flucht- und Abwehrbewegungen umfaßt, aber jene andern Reflexbewegungen, welche im Gebiete der — lauten oder unhörbaren — Sprache verlaufen und die wir als Denkakte zu bezeichnen gewohnt sind, sind durch die Lähmung der höchsten Zentren unmöglich geworden. Auch der nicht Narkotisierte kann bei schmerzhaften Eingriffen jammern und reflektorische Abwehrbewegungen machen, aber er sagt auch oder er „denkt" wenigstens: „Das tut furchtbar weh", „Verschonen Sie mich", „Das kann ich nicht aushalten", „Wie lange wird das noch dauern" u. dgl., oder er sagt zu sich selber: „Nimm dich zusammen", „Zeige dich tapfer", „Du wirst doch nicht wie ein Kind schreien"; und er hemmt seine Bewegungen, er ballt die Hände krampfhaft, um den Operateur nicht zu stören, er preßt die Zähne zusammen, um nicht schreien zu müssen; und das alles verlängert und verbreitert auf der physischen Seite die Reflexakte, und auf der psychischen Seite erzeugt und erhöht es den Bewußtseinszustand und das schmerzhafte Gefühl und stellt die Verbindung her mit dem „Ich", d. h. mit der Gesamtheit der früheren Bewußtseinszustände. Fehlt aber diese Verbindung, wie bei dem Narkotisierten, der schon bewußtlos ist, aber „noch reagiert", oder bei dem noch nicht sprachbegabten Kinde, dann fehlt auch später die Erinnerung an die reflektorisch ausgelösten Schmerzensäußerungen und Schmerzen."

Der ausführlichen Wiedergabe dieser Reflexkettentheorie ist hier hinzuzufügen, daß auch schon von manchen anderen Forschern bei Entwicklung ihrer Ansichten über Reflexvorgänge verwandte Gedankenreihen ausgesprochen wurden. Einige Psychiater seien kurz erwähnt. Im Vorwort der Arbeit über Dysphrenia neuralgica sagt Schüle (1867), daß die meisten sogenannten Psychosen als Neurosen aufzufassen sind, zu deren Konstituierung eine zentrale und periphere Nervenaktion erforderlich ist; dies sucht er namentlich aus einer Analyse des Affektvorgangs herzuleiten, der nach zentraler Seite Störung im Vorstellungsverlauf und periphere integrierende Faktoren voraussetze, neuralgische, sympathische und vasomotorische. Er spricht von der Auffassung seiner Psychosengruppe als zentroperiphere Neurose nach dem Typus der Affektgenese.

Arndt[1]) hält „das Zentralnervensystem und mit ihm natürlich auch das psychische Organ nicht für ein selbständig, automatisch aus sich heraus wirkendes, sondern lediglich für ein Reflexorgan, in welchem bei der Übertragung der verschiedenen, durch zentripetalleitende Nerven ankommenden Reize auf zentrifugalleitende, in der zwischen diese und jene eingeschalteten grauen Substanz durch einen Akt von Hemmung Empfindung und Willkür zustande kommen.“

Daß Griesinger in den Reflexen das Grundprinzip der Organisation des Zentralnervensystems und damit auch der Erscheinungen des seelischen Lebens erblickte, ist neuerdings wieder hervorgehoben von Mollweide[2]) in seinem Aufsatz: „Der sensorisch-motorische Dualismus Griesingers als funktionelle Grundlage geistiger Erkrankungsformen“; er sagt, daß nach Griesinger die Tendenz des geistigen Geschehens, sich zu äußern in Bewegung und Handlung, darauf beruhe, daß zentripetale Erregungszustände in den Zentralorganen in motorische Impulse umschlagen. Die motorische Seite des Seelenlebens stellt eine Stufenfolge nach gleichem Prinzip erfolgender Vorgänge von den einfachsten Reflexaktionen bis zu den bewußten Willensakten dar. Dem Übergange der sensitiven Reaktion auf die motorische liegt das Schema der Reflexaktion, mit oder ohne sensitive Perzeption, zugrunde. Es wird weiter geschildert, wie Griesinger auch krankhaft psychische Vorgänge in seine Theorie einbezog. Mollweide bespricht dann Exners physiologische Erklärungen, bei denen er aber ein Eingehen auf die Zustände des Gemüts vermißt; diese Lücke versucht er durch Griesingers Anschauungen auszufüllen. Dabei weist er auch auf die sekundär in Kraepelins manisch-depressivem Irresein entstehenden Symptome hin, die bestimmte Wechselbeziehungen zwischen psycho-sensorischen und -motorischen Zentralapparaten zeigen. Die Mischzustände sucht er durch das primäre und wesentliche Moment gesteigerter Erregbarkeit zu erklären oder durch Übererregung psychomotorischer Assoziationsgebiete; die Gegensätze nennt er Bahnung und Hemmung. Da (nach Langendorff[3])) Aufhebung eines längere Zeit wirkenden Nervenreizes eine Reflexbewegung auslöse, so würde vielleicht auch die Aufhebung einer länger dauernden Depression und der mit ihr verbundenen Hemmung die Bedeutung eines Reizes für die psychomotorischen Zentren gewinnen; andererseits würde möglicherweise beim Abklingen

---

[1]) Zur Frage von der Lokalisation der Funktionen der Großhirnrinde. Berl. klin. Wochenschr. 1888. Nr. 8 u. 9.

[2]) Zeitschr. f. d. ges. Neurol. u. Psychiatr. von Gaupp u. Lewandowsky. Bd. 35. S. 175—190. 1917.

[3]) Physiologie der Reflexe in Nagels Handb. d. Physiol. Bd. 4.

einer Manie die relative Erschwerung des psychischen Reflexvorganges zu einer reaktiven Depression führen können. Dieselben Gesichtspunkte würden auch für die Fälle des eigentlichen zirkulären Irreseins gelten, bei welchem alterierende Erregungszustände des psychomotorischen und psychosensorischen Gebietes anzunehmen wären. Als Ergebnis stellt Mollweide die Ansicht hin, daß als sekundäre Wirkungen in den Depressionszuständen die psychomotorische Hemmung, in den manischen Zustandsbildern die gehobene Stimmung zu gelten habe. Er möchte den Griesingerschen Gedanken dann auch auf die normale Psychologie angewandt wissen.

Ehe wir nun Griesinger weiter folgen, wollen wir einen älteren Schriftsteller kennen lernen, der als Vorläufer gelten kann; doch war es richtiger, ihm erst nach Benutzung vorstehenden Weges näher zu treten, weil dann seine intuitive Art der Forschung deutlicher und leichter zu verfolgen ist.

3. Jessens Theorie der Nervenkreise nach Bell.

Einleitend stelle ich folgenden Satz Haesers her:

„Die wichtigste von allen Entdeckungen des 19. Jahrhunderts auf dem Gebiete der Nervenphysiologie, ja die größte von allen jemals gemachten physiologischen Entdeckungen nächst der des Blutkreislaufes, ist die des getrennten Ursprungs der Bewegungs- und Empfindungsnerven des Rückenmarks durch Charles Bell. — Bell kam, durch Vergleichung des anatomischen Verhaltens des Rückenmarks mit dem des Gehirns, dazu, die durch die Seitenspalten getrennten Vorder- und Hinterstränge des ersteren als Fortsetzungen des großen und kleinen Gehirns zu betrachten. — Die vierte Abhandlung (1826) — durch welche Marshall Hall auf die Reflexbewegungen geführt wurde — erörtert den „Nervenzirkel“, welcher die willkürlichen Muskeln mit dem Gehirn verbindet[1].“

Seine ersten Entdeckungen hatte Bell schon 1811 gemacht, aber erst seit 1821 veröffentlichte er sie; 1830 wurden sie von ihm zusammengestellt[2]. Ihre Wichtigkeit hatte er selbst erkannt, denn 1821 schrieb er „The Idea of a new anatomy of the brain — will here after put me beside Harvey“[3].

Im Jahre 1831 gab Peter Jessen[4], als leitender Arzt der 1820 bei Schleswig gegründeten neuen Irrenanstalt, dem Bells Schriften einige Zeit vorher bekannt geworden waren, seine „Beiträge zur Erkenntnis des psychischen Lebens im gesunden und kranken Zustande“ heraus, in denen er besonders eine Darstellung und weitere Entwicklung der Bellschen Entdeckungen im Gebiete des Nervensystems geben wollte. Dies waren: 1. die Duplizität des Systems der

---

[1] Lehrb. d. Gesch. d. Med. 2. Bd. S. 870. 1881.

[2] Haeser eod. loco, S. 533; teilte auch mit, daß Kaan-Boerhave zwar schon 1745 sagte, Bewegungs- und Empfindungsnerven seien anatomisch voneinander verschieden, aber erst Bell bewies es durch Experimente.

[3] Erich Ebstein, Ärztebriefe aus vier Jahrhunderten. 1920. S. 76.

[4] Vgl. „Deutsche Irrenärzte“. Bd. I. S. 137 ff.

Rückenmarksnerven und 2. die zwischen dem Gehirn und den Muskeln vorhandenen Nervenkreise. Schon im Vorwort erklärte er diese Entdeckungen für so wichtig und folgenreich für die Physiologie des Nervensystems und die Psychologie, daß auch er sie in dieser Beziehung dem von Harvey entdeckten Kreislaufe des Blutes vergleichen möchte. Jessens Buch erregte die Aufmerksamkeit, wie mehrere günstige Rezensionen in Zeitschriften beweisen; Friedreich erinnerte den Verfasser an sein Versprechen, bald einen zweiten Band folgen zu lassen[1]). Jessen hat ihn nicht geschrieben, aber seine Ansicht in späteren anderen Werken weiter entwickelt. Zur Fortbildung und Klärung der Frage bedurfte es auch noch anderer Gesichtspunkte. Noch 1840 sagte Bell selbst: „Ich fürchte, es wird noch lange dauern, bis vereinte Bemühungen die ärztlichen Schriftsteller in den Stand setzen werden, die Nervenkrankheiten zu ordnen und genau zu beschreiben[2]).“ Daher soll hier versucht werden, den Wert der „Nervenkreise“ festzustellen und mit Hilfe neuerer Gesichtspunkte für unsere jetzigen Anschauungen zu verwerten, besonders soweit es sich um psychische Vorgänge handelt.

Jessen, der sich bemüht, den Inhalt der Bellschen Schriften getreu, vollständig und soviel tunlich, mit Bells eigenen Worten wiederzugeben, handelt im neunten Kapitel „von dem Nervenkreise, welcher die willkürlichen Muskeln mit dem Gehirn verbindet“ und sagt S. 141ff.:

„Für die Herrschaft über die Muskeln ist es notwendig, daß ein Bewußtsein von dem Zustande oder Grade der Muskeltätigkeit stattfindet.“ Er fährt in dieser teleologisch gefärbten Auffassung fort: Daher fühlen wir die Ermüdung nach zu großer Anstrengung, werden gepeinigt von Krämpfen, fühlen das Lästige einer beharrenden Stellung. — Auf analoge Weise, wie die Sensibilität des Auges zum Schutze des Augapfels dient, schützt die Empfindung des Drucks den Gesunden durch die häufige Änderung der Stellung beim Sitzen, gegen nachteilige Einwirkung desselben, während die Lage bei Gelähmten oft verändert werden muß, um Brand zu verhüten. — Später heißt es: Die Gesichts- und Augenmuskeln, welche durch den Facialis, Oculomotorius, Abducens und Patheticus (= Trochlearis) mit Nervenzweigen versehen sind, erhalten dennoch alle auch von dem Trigeminus Zweige in reichlicher Menge. Bei den Nerven des Kopfes zeigt es sich daher deutlicher als bei den Spinalnerven, daß wo Nerven von verschiedener Funktion einen getrennten Ursprung und verschiedenen Verlauf haben, zwei Nerven sich in dem Muskel vereinigen müssen, um die Beziehungen zwischen dem Muskel und Gehirn zu vollenden. So gehen auch zu dem Integumente des Kopfes Äste vom 5. und vom 7. Paare; es pflanzen sich aber die Gemütszustände ebenso gut fort auf die Haut, als auf die Muskeln, und die Äste des 7. Nerven sind notwendig zur Bewirkung der Veränderungen in der Gefäßtätigkeit und dem Zustande der Poren bei jeder von innen nach außen gerichteten Affektion. —
Zwischen dem Gehirn und den Muskeln existiert also ein Nervenkreis, ein Nerv führt die Einwirkung von dem Gehirn zu den Muskeln, der andere gibt dem Gehirn die Empfindung von dem Zustande der Muskeln. Ist der Kreis zerrissen durch Trennung des Bewegungsnerven, so hört

---

[1]) Magazin der Seelenheilkunde. H. 9. 1832. S. 127—130.

[2]) F. C. Müller, Geschichte der organischen Naturwissenschaften im 19. Jahrhundert. S. 562.

die Bewegung auf; ist er es durch Trennung des anderen Nerven, so findet kein Bewußtsein von dem Zustande des Muskels statt, folglich auch keine Regulierung seiner Tätigkeit."

Obwohl Jessen das Hypothetische seiner Auffassung ausspricht — die über die Bellsche Ansicht der Nervenkreise weiter hinausgeht und nachzuweisen versucht, daß alle Nerventätigkeit vermittelst eines Kreislaufes zustande komme und alle psychische Tätigkeit an einen entsprechenden Kreislauf gebunden sei — so weiß er seine Ansicht doch in klarer und vielfach überzeugender Weise zu entwickeln. Man wird nicht geneigt sein, besonders nicht auf Grund der jetzigen anatomischen Anschauungen und Kenntnisse, den Spekulationen ins einzelne zu folgen, durch die Jessen dem großen Gehirn einen durch die vorderen und hinteren Stränge des Rückenmarks vermittelten großen Kreislauf der Nerventätigkeit zuschreibt, der das geistige und animalische Leben regelt, während durch das kleine Gehirn und die mittleren Stränge des Rückenmarks ein kleiner Kreislauf der Nerventätigkeit das Gemütsleben mit Gefühlen und Geberden regele; aber es ist von hohem Interesse, die Gründe seiner Ansicht kennen zu lernen und die Wege, die ihn zu ihr führen. Denn er ist dabei der Vorläufer nicht nur der Reflexkettentheorie, sondern auch der Ansichten, die der Neurontheorie vorausgingen und möglicherweise bald wieder zur Geltung kommen.

Im sechsten Kapitel sagt er, die Untersuchungen von Bell über den die Muskeln mit dem Gehirn und Rückenmark verbindenden Nervenkreis, verbunden mit anderen neueren Untersuchungen, namentlich von Prévost und Dumas, über die Endigungen der Nerven, machen es höchst wahrscheinlich, daß die Nerven sich nicht bis ins Unendliche oder über die Grenzen möglicher Sinneswahrnehmungen hinaus, in immer feinere Fäden zerspalten; sondern, daß die Nervenzweige, aus Bündeln einzelner Nervenfäden bestehend, nur durch ein Auseinandergehen dieser ursprünglichen Fäden sich anscheinend teilen, und als solche teils in den Muskeln teils in der Haut oder den Sinnesorganen sich enden. — Die Muskelnerven endigen an ihren peripherischen Enden wahrscheinlich in einem geschlossenen Kreis, indem das letzte Ende eines bewegenden Nervenfadens in das Ende eines sensiblen Nervenfadens unmittelbar übergeht.

Wenn man schon hierbei an das „Elementargitter" (vgl. vorigen Abschnitt) denken möchte, so ist man noch mehr überrascht, wenn man Jessens Ausführungen mit denen Gerlachs aus dem Jahre 1871 vergleicht. Letzterem war es gelungen, an allen Stellen der grauen Substanz ein überaus reiches Geflecht feinster Nervenfasern nachzuweisen, sein „Nervenfasernetz"; er vermutete, daß die Endzweige der Empfindungsfasern in dieses feine Netzwerk eingehen, in welches von der andern Seite her die verzweigten Protoplasmafortsätze der motorischen Nervenzellen einmünden. Gerlachs Anschauungen wurden am entschiedensten von Boll [1]) geteilt, der das von jenem vertretene Schema auch in der Kleinhirnrinde nachzuweisen versuchte, indem er aus den buschigen protoplasmatischen Verästelungen der Purkinjeschen Zellen durch Zusammentreten der Zweigchen neue, rückläufige Nervenfasern ableitete. Villiger [2]) schildert Gerlachs Ansicht wie folgt: „Man kann sich Gerlachs Fasernetz am besten vorstellen, wenn man dasselbe mit dem Kapillarnetz der Blutgefäße vergleicht: die Empfindungsfaser ist die Arterie, die sich in das Kapillarnetz auflöst, die Protoplasmafortsätze der Zellen bilden die Anfänge des venösen Netzes, aus welchem die den Nervenfortsatz der Zelle repräsentierende Vene hervorgeht." Der Unterschied, daß Jessen den dem Kapillarnetz entsprechenden Nervenkreis sich peripherisch schließen läßt, was nach Gerlachs Anschauung zentral stattfindet, bestätigt und verdoppelt die Wahrscheinlichkeit der Annahme eines solchen Nervenkreises.

Wie Villiger weiter ausführt, erfreute sich dieses Gerlachsche Nervenfasernetz lange Zeit einer allgemeinen Zustimmung. Als Golgi dann Anastomosen der Protoplasmafortsätze untereinander leugnete und damit einen Zusammenhang der Zellen unter sich im Sinne Gerlachs, stellte er aber doch etwas Ähnliches auf: denn er trat für die Existenz eines „allgemeinen nervösen Netzwerkes" ein, welches einmal aus den feinen Nebenzweigen der langen Nervenfortsätze und aus den Endaufsplitterungen der Nervenfortsätze der von ihm als sensible Elemente aufgefaßten Zellen hervorgehen, dann auch noch andere Elemente, wie die Endzweige von in die graue Substanz einbiegenden Nervenfasern, aufnehmen soll, ein Netzwerk, das sich durch die ganze graue Substanz des Rückenmarks fortsetzt und auch überall in der grauen Substanz des Gehirns existiert.

Darauf äußerten His und Forel wesentliche Bedenken gegen dieses „nervöse Netzwerk", letzterer entwickelte die Kontakttheorie; als Waldeyer und Ramón-y-Cajal dann die Neurontheorie aufgestellt hatten, schienen die früheren Anschauungen verkehrt und abgetan zu sein. Jetzt wurde aber auch die Neurontheorie wieder scharf angegriffen; Hoche [3]) z. B. sagte in seinem Referat: „Die histologische Einheit des Neurons ist insofern nicht mehr aufrecht zu erhalten, als die neueren Forschungen (Apathy, Bethe) das Vorhandensein eines zusammenhängenden Netzwerkes feinster Fibrillen ergeben haben". Deshalb glaube ich nicht nur berechtigt, sondern verpflichtet zu sein, Jessen in der weiteren Entwicklung seiner Ansicht zu folgen. Dabei wollen wir seinen etwas schematisierenden Ausführungen aus dem Wege gehen, so fesselnd sie geschrieben sind, und uns im wesentlichen seiner Darstellung

---

[1]) Arch. f. Psychiatr. u. Nervenkrankh. Bd. 4. S. 71. 1874.

[2]) Gehirn und Rückenmark. Leipzig 1917. S. 111. Villiger teilt auch die Ansicht von Lenhossek, „Der feinere Bau des Nervensystems". 1895. S. 41 u. 72ff.

[3]) Berl. klin. Wochenschr. 1899. Nr. 19, 25, 26 u. 27 (S. 424).

der Reflexvorgänge zuwenden.   Einige nebeneinander gestellte Sätze
mögen zunächst in seine Gedankenreihen einführen.

Das Auge, das Ohr, die Finger usw. müssen willkürlich und absichtlich auf den
Gegenstand gerichtet werden; es muß ein Besehen, Beriechen, Betasten stattfinden,
dadurch erst wird eine deutliche Wahrnehmung erzeugt. — Durch eine solche,
über die Grenzen des Organismus hinausgehende und wieder zu demselben zurück-
kehrende Tätigkeit wird der Kreis geschlossen und der inmitten liegende Gegenstand
als solcher wahrgenommen.   Daher sind der Nervus opticus und die bewegenden
Nerven des Auges als einem und demselben Nervenpaar angehörig zu betrachten.
— Auf ähnliche Weise gehören wahrscheinlich der Facialis, Acusticus, Glossopharyngeus, Vagus, Hypoglossus und Accessorius zusammen. — Der allen diesen
Nerven angehörende Trigeminus geht wahrscheinlich mit allen Bewegungsnerven
des Kopfes periphere und Zentralverbindungen ein. — Der Vagus ist gewiß kein
bloßer Bewegungsnerv; das Vernehmen von Stimmen in Brust und Magengegend
ist nur ein höherer Grad von Lokalaffektion des Vagus.   Ganz verwandt ist das
sogenannte unwillkürliche Aufsteigen der Gedanken in allen Zuständen von Gemüts-
verstimmung und nach Einwirkung betrübender, den Menschen tief ergreifender
Ereignisse, wobei die Herzgrube von manchen als Ausgangspunkt bezeichnet wird.
Der Gemütsaffekt reflektiert sich durch den Vagus auf das Herz, der psychische
Eindruck wird zu einem organischen und dauert als solcher kürzere oder längere
Zeit fort.   Die Fortdauer desselben Gefühles im Herzen, welches der bestimmte
Gedanke ursprünglich erzeugte, reproduziert, indem es vermittelst des Vagus (oder
Sympathikus) zum Sensorium sich fortpflanzt, denselben Gedanken, welcher in
dem Menschen emporsteigt, und schwer oder gar nicht unterdrückt werden kann,
solange derselbe körperliche Eindruck fortdauert.   Durch ein solches wechsel-
seitiges Reproduzieren des Gedankens und Reflektieren desselben auf einen bestimmten Teil des Nervensystems können psychische Eindrücke Gemütskrank-
heiten erzeugen.   Die Beseitigung solcher unwillkürlich aufsteigender Gedanken
geschieht nur durch absichtliches oder zufälliges Hervorrufen entgegengesetzter
psychischer Eindrücke, und wird besonders begünstigt durch den Schlaf, in welchem
jene Wechselwirkung der Gedanken und Gefühle zessiert. — Wahrscheinlich wird
der körperliche Ausdruck jedes besonderen Gemütszustandes durch einen besonderen Zweig des Facialis vermittelt.   Individuelle Verschiedenheiten dieser, den
besonderen Zweigen angehörenden Nervenfasern dürften die Verschiedenheiten
des Gesichtsausdrucks erklären. — Das Entstehen der Schamröte ist ebenfalls
Folge von der Einwirkung des Fazialis, und zwar eines besonderen Zweigs desselben, auf die Arteria maxillaris externa und deren Verästelungen.

Vorstehende in seinem frühesten Werke niedergelegten Anschauungen finden wir in Jessens späteren Arbeiten weiter entwickelt und
ausgebaut.   In der Abhandlung „Psychologie" (28. Bd des enzyklopäd.
Wörterbuchs der medizinischen Wissenschaften. Berlin 1842) sagte er:
Jeder Nervenkreis hat sein besonderes Zentrum im Rückenmark, steigt
aber zugleich höher hinauf im Rückenmark, so daß in diesem teils mehrere
Nervenkreise gemeinschaftliche Zentralpunkte erhalten, teils alle in der
Med. obl. und dem Hirnstamme sich vereinigen und verschmelzen, um
von hier aus in das große und kleine Gehirn auszustrahlen, und sich mit
den von diesen ausstrahlenden Fasern zu vereinigen.   Durch diese (zum
Teil hypothetisch vorausgesetzte, zum Teil anatomisch nachzuweisende)
Struktur lassen sich alle sogenannten Reflexbewegungen befriedigend
erklären; denn jeder untergeordnete Zentralpunkt des Rückenmarks
reguliert selbständig die Bewegungen der ihm zugehörigen Nervenkreise.

Jessens „Versuch einer wissenschaftlichen Begründung der Psychologie", Berlin 1855, fand viel Zustimmung; in einem Referat nennt Hagen [1] das Kapitel „Von dem Zusammenhange der Seelenkräfte" den Gipfel- und Glanzpunkt des Werkes. Hagen und Jessen nehmen entschieden Partei für Pflügers Behauptung der Selbständigkeit und psychologischen Bedeutung des Rückenmarks.

Einen besonders glücklichen Ausdruck finden seine Anschauungen in dem Vortrage [2] „Über das Verhältnis des Denkens zum Sprechen", wenn er sagt: unsere Seele steht in einem solchen Verhältnis zur Außenwelt, daß wir einerseits das Äußere erinnern, andererseits das Innere äußern. Dies wird vermittelt durch zentripetale und zentrifugale Bewegungen innerhalb des Nervensystems, welche so miteinander verbunden sind, daß die im Zentrum reflektierte Erinnerung eine Äußerung, d. h. ein Wollen im weiteren Sinne des Wortes nach sich zieht, jede in der Peripherie reflektierte Äußerung eine Erinnerung, d. h. ein Wissen zur Folge hat — so erscheint hier der Nervenkreis mit den Reflexen in Peripherie und Zentrum als ein geschlossener.

In einer seiner letzteren größeren Arbeiten: „Gedanken über den Sitz des Gemütes oder die Funktionen des kleinen Gehirns" [3] sagt Jessen S. 52: „Wahrscheinlich steht das kleine Gehirn auch in näherer Beziehung zu dem Fazialis und wird auf diesem Wege die Äußerung der Gemütszustände durch den Gesichtsausdruck vermittelt." Die anatomische Begründung ist zwar, wie wir sehen werden, auch jetzt nicht sicher, aber kann doch soweit als hypothetisch möglich gelten, daß es erlaubt ist, die andern Gründe Jessens zu besprechen, die ihn veranlaßten, den Sitz des Gemüts im kleinen Gehirn zu suchen; besonders soweit sie auch den Gesichtsausdruck betreffen, der ja Affekte, Leidenschaften und Gemütsbewegungen noch reicher als rein geistige Vorgänge und Gedanken wiederspiegelt.

Zunächst ist seine Annahme, daß die Nerven der Eingeweide (vor allem Herz und Magen) vorzugsweise mit dem kleinen Gehirn in Verbindung treten, auch nach heutiger Kenntnis der Bahnen des Vagus gut gesichert; Villiger [4] gibt an, daß aus den sensiblen Endkernen des Vagus und Glossopharyngeus (dem Nucleus alae cinereae) Verbindungsfasern durch den Tractus nucleo-cerebellaris zum Kleinhirn ziehen (wie das auch für den Trigeminus bekannt sei); umgekehrt führten vom Nucleus tecti des Wurmgebiets auch Fasern zu den Endkernen (Deitersschen und Bechterewschen) aus dem Kleinhirn = Tractus cerebellonuclearis. Es handelt sich um eine Kerngruppe in der Seitenwand des

---

[1] Allg. Zeitschr. f. Psychiatr. u. psych.-gerichtl. Med. Bd. 13. S. 641—670. (1856).

[2] Für die Allg. Sitzung der Naturforscherversammlung zu Hannover bestimmt. 1865.

[3] Allg. Zeitschr. f. Psychiatr. u. psych.-gerichtl. Med. 1869. Bd. 26. S. 1—75.

[4] a. a. O. S. 161 (Beschreibung des Tractus thalamo-olivaris) und S. 207.

4. Ventrikels, den Nucleus angularis, mit der auch der Nervus vestibularis in Verbindung steht.

Dieser direkten sensorischen Kleinhirnbahn in der medialen Abteilung des Corpus restiforme sind dann noch Bahnen der Augenmuskelnerven benachbart, so daß das Kleinhirn eine vielseitige Verbindung mit der Peripherie des Körpers hat. Die der Herrschaft des bewußten Willens fast ganz entzogenen Eingeweide stehen nach Jessens Meinung unter dem mächtigen Einfluß des Gemüts; und was in ihnen vorgeht, gelange nur undeutlich zum Bewußtsein, werde nur unvollständig wahrgenommen, wirke aber stark auf das Gemüt ein. Das erfahre jeder Hypochondrist an sich selber, bei dem ein unbedeutender Druck oder ein Gefühl von Spannung im Unterleib die tiefste Depression des Gemüts hervorrufen könne. Wichtig sind ihm einige Fälle, wo bei Verlust einer Hemisphäre des kleinen Gehirns Angst und Furchtsamkeit bestanden.

Unter Berufung auf eine von ihm schon 30—40 Jahre früher ausgesprochene Vermutung, die auch von Schröder van der Kolk angenommen war, daß die Corpora olivaria Zentralorgane für die Regulierung der Sprachbewegungen wären — weil die Wurzeln aller bei der Bildung der Stimme und Sprache in Betracht kommenden Nerven, Hypoglossi, Accessorii, Vagi, Faciales, Acustici rings um die Corpora olivaria gelagert sind — schildert er wie die Betonung der Worte, die Stimme, die Deklamation, der Ausdruck beim Sprechen und Singen hauptsächlich vom Gemüt abhängig sind. Der Vortrag des Sängers, die Deklamation des Schauspielers werden nur dann richtig und befriedigend, wenn das Vorzutragende in dem Vortragenden Empfindungen erweckt, welche mit dem Inhalt desselben harmonieren.

Schließlich findet sich in der Abhandlung noch ein Satz, der unser Interesse in besonderem Maße auf sich zieht. Jessen sagt (S. 62): „Der Geist ist in den Handlungen der Ordinator, das Gemüt der Koordinator (Koeffizient), jener ist das leitende, dieser das treibende Prinzip"; beim Lesen dieses Satzes wird man unwillkürlich vor die Frage gestellt, ob hier eine Beziehung zu der neueren Ansicht gegeben ist, die das Kleinhirn als ein Organ der statischen Koordination ansieht. Bechterew [1]), der die Funktionen des Kleinhirns umfassend untersucht und bespricht, beschränkt die Koordination des Kleinhirns als statische auf einen zusammengesetzten Reflexmechanismus; dieser gewährleistet ein regelrechtes Handinhandgehen der Muskeltätigkeit mit der Lage des Körpers im Sinne vollkommener Stabilität desselben unter allen vorkommenden Verhältnissen. Während der Ruhe wirken der Widerstand der Knochen und Gelenke, und die Spannung der Muskeln; während der Bewegung übernehmen die Muskelkontraktionen und die Muskelspannung die erste Rolle bei der Erfüllung der statischen Koordination. Bechterew schildert als periphere Organe, die dem Kleinhirn be-

---

[1]) Die Funktionen der Nervenzentra. 2. H. 1909.

stimmte zentripetale Impulse zuführen und so als Perzeptionsapparate für Reize erscheinen, die das statische Gefühl bilden:

1. Hautmuskelorgane, die mit dem Muskel- und Druckgefühl zusammenhängen (vermutlich in den Vater-Pacinischen Körperchen der Handflächen, Fußsohlen, Gelenke und Muskelbänder), 2. das Gebiet der dritten Hirnkammer mit seinem zentralen Höhlengrau, das zu den Sehorganen Beziehungen hat, 3. die Labyrinthbogen, die mit dem Gehörorgan in Verbindung stehen.

Bechterew, der den Muskeltonus für unzweifelhaft reflektorischer Natur hält und im wesentlichen abhängig vom Rückenmark, schreibt dem Kleinhirn indessen doch einen stimulierenden Einfluß zu, indem es den sthenischen und tonischen Zustand der Muskeln unterhalte (S. 949); bald betont er aber wieder, daß der Einfluß des Kleinhirns auf Stärke und Spannung der Muskeln doch nur eine Begleiterscheinung seiner Hauptfunktion — der statischen Koordination — sei. Wenn er an einer früheren Stelle (S. 837) es als ein Verdienst Lucianis hervorhob, die Lehre von der Bedeutung des Kleinhirns als Kraft- und Energiequelle ausgebildet zu haben, dann freilich die Ansichten von Probst — der die Funktion des Kleinhirns auf Muskeltonus bei Reflexen ausdehnte, durch Vermittlung des Deitersschen Kernes, Nucleus fastigii, dentatus usw. — nur theoretische Erwägungen nennt, so scheint doch jedenfalls die Eigenschaft des Muskeltonus als Bereitschaft zur Bewegung in mannigfachen Beziehungen zum Kleinhirn zu stehen.

Behält man nun die zahlreichen Verbindungen der Affekte, Leidenschaften und Stimmungen mit den viszeralen, vegetativen, motorischen und sensorischen Bahnen, die zum Kleinhirn führen, im Auge, so würde eine Erweiterung des Begriffs der Koordination über das Ziel der vollkommenen Stabilität der Körperlage hinaus zu einer psychischen Stabilität der Gemütslage führen, die Jessens Hypothese vom Sitz des Gemüts im Kleinhirn unterstützen würde. Wenn sie auch dadurch nicht völlig sicher begründet ist, so sind nicht nur die nachgewiesenen Verbindungen mit der Haut, den Sinnesorganen, Muskeln und Eingeweiden dafür anzuführen, auch sein erstaunlich verwickelter Bau [1] macht es für verwickelte Funktionen so geeignet, daß weitere Untersuchungen zur Feststellung des Wertes seiner Hypothese zu wünschen wären. Schon Bell war aufmerksam auf die Beziehungen zwischen den Hintersträngen und dem Kleinhirn, erkannte die Nervenkreise, besonders auch den für den Gesichtsausdruck, wobei er Fazialis und Trigeminus den Zirkel schließen sah. Jessen hat diese Gedanken in großen Zügen weitergeführt und durch seine Hypothese vielleicht neue Wege gebahnt, wenn es berechtigt ist, eine psychische Koordination des Gemüts neben der statischen im Kleinhirn zu suchen und nachzuweisen.

---

[1] Kölliker, Handb. d. Gewebelehre. 1896. Bd. 2. S. 371.

Bei allen diesen Fragen steht die der Nervenkreise im Mittelpunkt; eine kurze historische Entwicklung der zu ihnen führenden und sie später erweiternden Ansichten wird zur Klärung beitragen.

Bei Darstellung der Physiologie des 17. Jahrhunderts sagt Haeser[1]): Die Unkenntnis der Verschiedenheit der Empfindungs- und Bewegungsnerven vereitelte Fortschritte der Ansichten als die Jatrophysiker und Jatrochemiker gegeneinander standen; denn erstere wollten von „Lebensgeistern“, die noch damals, seit Paracelsus und van Helmont den Mittelpunkt der Anschauungen bildeten, überhaupt nichts wissen; sie führten die den Lebensgeistern zugeschriebenen Erscheinungen auf Schwingungen, Spannungen und Erschlaffungen der Nerven zurück. Die Jatrochemiker dagegen schilderten sie als eine feine, dem Alkohol oder Äther-Dunst ähnliche Erscheinung. Andere freilich, z. B. Willis, verglichen sie mit dem aus den Euphorbiazeen quellenden Safte, und Glisson meinte, die Nerven möchten hohl sein oder nicht, sie enthielten aber eine Flüssigkeit, die im Tode verschwinde, in den Nervenfasern gingen Ströme auf und nieder. Haeser entwickelt dann weiter, daß die Lehre von den „Lebensgeistern“ schon früh mit dem Kreislauf in Verbindung gebracht wurde; da man ihre hauptsächlichste Bildungsstätte im Gehirn suchte, erschien Malpighis Behauptung, daß die Rindensubstanz des Gehirns drüsenartig wirke, eine Absonderung der Lebensgeister zu erklären. Viele glaubten ferner, daß außer dem Gehirn noch andere mit Ausführungsgängen nicht versehene Drüsen, besonders die Milz und die Drüsen des Mesenteriums, zur Bereitung eines den „Nervengeistern“ ähnlichen Fluidums bestimmt seien. Eine wichtige Stütze schien diese Ansicht durch die Entdeckung der Lymphgefäße zu erhalten. Infolge dieser gelangte man dazu, den „Lebensgeistern“, gleich dem Blute, einen Kreislauf zuzuschreiben. Es wurde gelehrt, daß die im Gehirn bereiteten „Lebensgeister“ in die Nerven übergehen und bis zu deren letzten Verzweigungen sich ergießen, daß alsdann die abgenutzten Teile derselben von den Lymphgefäßen aufgenommen und in den Venenstrom zurückgeführt werden. Als entschiedensten Vertreter dieser Lehren nennt Haeser den Hauptbegründer der chemiatrischen Schule: De le Boe Sylvius.

Vergleichen wir diese Spekulationen mit Jessens Theorie, die sich auf dem festen Grunde der Bellschen Entdeckung des Unterschiedes der Bewegungs- und Empfindungsnerven aufbaute, so ist der Fortschritt unverkennbar; vielleicht liegt aber jenen so beharrlich wiederkehrenden Hypothesen auch schon eine Ahnung des Reflexvorganges zugrunde, in dem schließlich die Erklärung liegt.

Die Hypothese vom Kreislauf des Nervenfluidums erhielt durch einen Schüler Malpighis, Antonio Pacchioni[2]) zu Anfang des 18. Jahrhunderts eine wesentliche Stütze; er glaubte in der Dura mater einen aus drei Muskeln und vier Sehnen zusammengesetzten Bewegungsapparat gefunden zu haben, der Bewegungen des Gehirns und der „Nervengeister“ bewirken sollte, die ihm als das vollständige Seitenstück des Herzens und des Blutkreislaufes erschienen. Wenn Haeser dann (S. 325) sagt, nichts war natürlicher, als daß hiernach fast die ganze Pathologie in Krankheiten des Blutes und der Nervengeister zerfiel, erst Haller habe diese Theorien beseitigt, so sieht man wie tief diese Anschauungsweise festgewurzelt war; auch Haller hatte in seinen früheren Werken[3]) einen Nervensaft angenommen, von dem ein Teil verloren gehe, ein anderer durch unsichtbare

---

[1]) Lehrb. d. Gesch. d. Med. 1881. 2. Aufl. S. 323/24.
[2]) Die von ihm „Drüsen“ genannten krankhaften Wucherungen zwischen Pia und Dura mater führen noch seinen Namen.
[3]) Haller, Elemente I S. 168 und IV S. 403—406.

Gefäße resorbiert werde. Noch 1819 teilt Burdach [1]) das mit und meint: bei der Annahme, daß der Nervensaft unablässig im Gehirn erzeugt werde und von da nach den verschiedenen Gebilden ströme, sei man nicht lange in Verlegenheit gewesen wegen der Frage, wo er am Ende hinkomme; entweder sollte er in den Magen oder Darm sich verlieren oder durch Hautwärzchen entweichen; oder sollte von der Peripherie nach dem Gehirn zurückkehren. An anderer Stelle [2]) gibt er an, am allgemeinsten sei die Theorie beliebt gewesen, daß in den Nerven ein Saft enthalten sei, der durch sein Fließen nach dem Zentrum Empfindung, nach der Peripherie aber Bewegung hervorbringe; auf 2 Folioseiten macht er 30 Autoren dafür namhaft; er selbst steht der Ansicht auch nahe. Denkt man daran, wie hartnäckig sich Jahrunderte lang die Meinung hielt, daß Schleim durch das Siebbein aus dem Gehirn fließe — erst 1660 bewies Schneider, daß er aus der Nasenhöhle stamme — so ist die Beseitigung der Theorie des Nervensaftes durch die der reflektorischen Vorgänge in den Nervenkreisen vielleicht ebenso beharrlichem Widerstand begegnet.

Doch große Gedanken haben oft ihre Vorläufer; erst später erkennt man ihre Bedeutung. So hat Descartes schon: „eine exakte Definition der beim Menschen ohne Eingreifen des Willens stattfindenden Vorgänge gegeben, die wir auch heute mit ihm als Reflexaktionen bezeichnen, mit einem Bilde, welches ausdrücken soll, daß der Nervenimpuls, der vom Sinnesorgan dem Zentralnervensystem zugeleitet wurde, wie ein vom Spiegel zurückgeworfener Lichtstrahl, d. h. nach einem feststehenden Gesetze zur Peripherie zurückkehre und daselbst das Erfolgsorgan in Tätigkeit versetze. Daß hin- und rückwärts stets getrennte Bahnen benutzt werden, diese Erkenntnis — blieb einer weit späteren Zeit aufgespart; das Beispiel indessen, an welchem bereits Descartes den Reflex exemplifiziert, nämlich der reflektorische Lidschlag auf Lichteinfall ins Auge, bietet den Vorteil, in den betreffenden Hirnnerven makroskopisch getrennte Bahnen zu demonstrieren [3])“. Es scheint indessen nicht, daß Descartes Annahme vom Sitz der Seele in der Zirbeldrüse Beziehungen zu den späteren Ansichten vom Kreislauf der Nervengeister fand.

Einen weiteren Schritt auf dem Wege der Erkenntnis der Reflexvorgänge vor Bell hat dann Haller getan; Max Neuburger [4]) sieht als sein größtes Verdienst die Schöpfung der biologischen Forschung an durch den erfahrungsgemäßen Nachweis der Irritabilität und Sensibilität als zweier, an bestimmte Gewebsarten, Muskeln und Nerven gebundener Lebensphänomene. Als die Physiologie dann die hohe Bedeutung der Nerventätigkeit für die Muskelaktion aufdeckte, habe Unzer die Seele, Platner den Nervengeist, Cullen die Nervenkraft als letzte organische Triebkraft gefordert; hierbei sei die Muskelirritabilität der Nervensensibilität wieder untergeordnet worden. Dadurch kam die „Lebenskraft“ späterer Autoren zur Herrschaft und mit ihr die Spekulation, bis auch dieser Gedanke das Mystische verlor und nur ein Ausdruck für das Verhältnis von Mischung und Form wurde [5]).

Als Zeichen für die weite Verbreitung des Interesses für diese Fragen möge noch eine Stelle aus unseres Schillers „Akademischer Streitschrift über den Zu-

---

[1]) Burdach, Vom Baue und Leben des Gehirns. 1819. Bd. 1. S. 194.

[2]) c. l. S. 179/180.

[3]) Boruttau, Geschichte der Physiologie in ihrer Anwendung auf die Medizin bis zum Ende des 19. Jahrhunderts, in Neuburger und Pagels Handb. d. Gesch. d. Med. 1903. Bd. 2. S. 346.

[4]) 1. Historische Entwicklung der experimentellen Gehirn- und Rückenmarks-physiologie vor Flourens 1897 (wo bis S. 39 die Fortschritte von Willis, Steno bis Haller anschaulich geschildert sind) und 2. in seinem und Pagels Handb. d. Gesch. d. Med. 1903. Bd. 2. S. 85/86.

[5]) Vgl. Neuburger ead. loco. S. 91; Ausführungen über Reil.

sammenhang der thierischen Natur des Menschen mit seiner geistigen“ dienen,
die er 1780 als junger Arzt verfaßte: „— daß die Bewegungen des Nervensystems
auf die Seele zurückwirken und die geistigen Empfindungen verstärken; die ver-
stärkten Empfindungen des Geistes verstärken und vermehren wiederum die Bewegungen der Nerven. Also ist es ein Zirkel“.

Erst langsam entwickelte sich aus solchen oft noch unklaren Spekulationen über den Kreislauf der Nervengeister die Hypothese der Nervenkreise zur umfassenden Reflexkettentheorie, seitdem sie durch die immer
klarer erkannten Reflexaktionen gestützt wurden.

Die Idee des Nervenkreislaufes, welche Jessen auf den Bellschen Nervenkreisen aufbaute, wurde schon 1834 in der Jenaschen
Literaturzeitung von einem Referenten als scharfsinnig und frucht-
bringend bezeichnet. Wenn man absieht von seiner Hypothese eines
großen Kreislaufes durch das große Gehirn und eines kleinen durch
das kleine Gehirn, so liegt in seiner Annahme immer noch die Anregung
den Vergleich mit dem Kreislauf des Blutes im Auge zu behalten. Es
handelt sich natürlich nicht darum, den Wert beider Entdeckungen
gegeneinander abzuwägen, was den Vergleich zunächst hervorrief,
sondern um Ähnlichkeiten und Verschiedenheiten. „Der Kernpunkt
beim Blutkreislauf ist, daß alles Blut in einer gewissen Zeit durch das
Herz fließe, und aus den peripherischen Arterien in die Venen, in diesen
also von den Zweigen in die Stämme übertrete“, worauf Harvey bei
Begründung seiner Lehre die höchste Sorgfalt legte [1]). Im Nervenkreislauf ist kein dem Blut entsprechender Stoff zu suchen — die früheren
Fluida usw. sind immer nur hypothetisch gewesen — aber in dem von
Querschnitt zu Querschnitt fortschreitenden dissimilatorischen Protoplasmazerfall sahen wir räumlich einen Vorgang, dem Blutkreislauf entsprechend, in den Nervenkreisen vor sich gehen. Wie das Blut im Austausch mit Stoffwechselprodukten in anderen Geweben das Leben des
Körpers regelt, so geschieht das analog auch durch Vorgänge im Nervenkreislauf; dabei unterstützen sich die Vorgänge im Blut- und Nervensystem in mannigfachster Weise, wobei die größere Schnelligkeit des
Nervenkreislaufes oft ausschlaggebend ist. Während aber der Kreislauf des Blutes im ganzen ununterbrochen vor sich geht, ist der Protoplasmazerfall teilweise oder zeitweilig unterbrochen, auch nach jeweiliger
Inanspruchnahme der Funktion von verschiedenster Stärke. Überhaupt
ist die Selbständigkeit einzelner Nervenkreise so groß, daß sie beim
Ausschalten oder Fehlen großer benachbarter Kreise weiterfunktionieren
können; während im Blutkreislauf der Zusammenhang mit dem Herzen
Bedingung ist, findet man bei der Nerventätigkeit keine so fest geschlossenen großen Kreis; denn nicht, wie man fragen könnte, auf das Gehirn
als Zentrum der Nerventätigkeit beschränkt, und von ihm allein abhängig, erscheint der Nervenkreislauf, sondern für das Nervensystem
kann in jedem Teil seiner ganzen zentralen Achse der Ort der wichtigsten

---

[1]) Vgl. Haeser, a. a. O. 1881. Bd. 2. S. 260.

Teilfunktionen sein. Dafür ist aber die Geschlossenheit einzelner Nervenkreise um so größer, wenigstens für die Funktion; wie wir schon früher sahen, vollenden sich bei den Nerven des Kopfes die Beziehungen zwischen Muskel und Hirn durch ihre Vereinigung. Bell selbst sagte (Rombergs Übersetzung): „Ein Nerv führt die Einwirkung vom Gehirn zu den Muskeln, der andere gibt dem Gehirn die Empfindung von dem Zustande der Muskeln; ist der Kreis zerrissen durch Trennung der Bewegungsnerven, so hört die Bewegung auf; ist er es durch Trennung des anderen Nerven, so findet kein Bewußtsein von dem Zustande des Muskels statt, folglich auch keine Regulierung seiner Tätigkeit." — Die Zusammengehörigkeit solcher Nervenkreise wird, auch für die Kopfnerven, als eine gruppenweise verständlicher durch Kenntnis der entwicklungsgeschichtlichen Entstehung aus Metameren (cf. S. 9), während bei den Spinalnervenkreisen ihre Vereinigung aus sensibeln und motorischen Zweigen schon dauernd anatomisch erkennbar ist. Ein Vergleich der Bedeutung der Nervenplexus mit der der Gefäßanastomosen zeigt durch die Regelmäßigkeit der ersteren und die Geschlossenheit ihrer Funktion ihre größere Bedeutung.

In späteren Arbeiten (Psychologie 1842, Physiologie des Denkens 1872) hat Jessen den Gedanken des Nervenkreislaufes zu einem Ideenkreislauf erweitert; auch hier nimmt er einen großen und einen kleinen Kreislauf an, aber so, daß nicht nur beide auch selbständig für sich existieren, sondern ein jeder aus einer Menge von untergeordneten Kreisen besteht, denen ungeachtet ihrer Unterordnung unter das Ganze zugleich eine relative Selbständigkeit zukomme. Die anatomischen und physiologischen Grundlagen von Jessens Hypothesen genügten und genügen nicht sie zu begründen, obwohl manches für sie spricht; so sagte schon 1834 einer seiner Referenten:

„Diese Ansichten werden vom Verfasser auf eine überraschende Weise durch die anatomische Betrachtung des Zusammenhanges des Rückenmarks mit dem großen und kleinen Gehirn, sowie durch den Verlauf und den Zusammenhang der Sinnesnerven mit dem großen, und der übrigen Gehirnnerven mit dem kleinen Gehirn und verlängerten Mark belegt. Nicht minder interessant ist die Bemerkung, daß die geistige Tätigkeit des Menschen auf dieselbe Weise in ein Wahrnehmen und Wollen zerfällt, wie das große Gehirn sich fortsetzt in die vorderen und hinteren Stränge des Rückenmarks, während in der Gemütstätigkeit das Fühlen und Begehren zwar sich unterscheiden läßt, doch auf ähnliche Weise zusammenfällt, wie die mittleren Stränge des Rückenmarks in eine Masse zusammenfließen, die nur an ihren entgegengesetzten Seiten, vorn und hinten, entgegengesetzte Tätigkeit, subjektives Wahrnehmen und subjektives Wollen, Fühlen und Begehren, an den Tag legen."

Wenn wir diese Hypothese jetzt wohl allgemein ablehnen, so möchte ich doch jenem Referenten noch wieder das Wort geben:

„In der Tat, fahren wir auf diese Weise fort, den anatomischen Bau des Nervensystems mit den psychisch-somatischen Tätigkeiten und Verrichtungen desselben zu vergleichen, so werden wir immer tiefer in diese geheimnisvolle Werkstatt der Psyche eindringen und über die Verhältnisse des Seelenlebens größere Aufschlüsse erlangen".

Ob die Bellschen Gesetze, im Sinne Jessens erweitert, weitere Bedeutung gewinnen werden, ist zweifelhaft. Daß der Gedanke der Nervenkreise damals allseitig gewirkt hat, zeigt eine Bemerkung Feuchterslebens[1]): „Marshal Hall und J. Müller setzten im Verfolge mannigfacher Untersuchungen die Ansicht fest, daß im Nervensystem so gut wie im Gefäßsystem eine Art von geschlossenem Kreislauf statthabe." Auch scheint es mir einstweilen möglich unter Benutzung der Nervenkreise und der Reflexkettentheorie das gesunde und darum auch das kranke geistige Leben in Gruppen zu untersuchen; eine besonders wichtige ist die folgende.

4. Sprache und Ausdrucksbewegungen.

Die Reflexkettentheorie gipfelt in der Bedeutung der Sprache für die Ausdrucksbewegungen. Kassowitz weist (a. a. O. S. 344) die ausgiebige Beteiligung des sympathischen Gebiets für Schmerzempfindungen nach, überhaupt jedes lust- oder unlustbetonten Gemeingefühls in Verbindung mit den Auslösungen in den Sprachorganen beim Menschen; bei allen Ausdrucksbewegungen finden wir innige Beziehungen zu vasomotorischen, sprachlichen und mimischen Funktionen. Die Bahnen für diese Gebiete verlaufen anatomisch nahe benachbart. Zunächst beschäftigt uns die Beziehung der Sprache zu den Ausdrucksbewegungen in psychologischer Hinsicht.

Seit Platos Äußerung, das Denken sei ein innerliches Sprechen mit sich selber, kehren ähnliche Betrachtungen immer wieder; diese Definition hält Jessen [2]) nur richtig für das Nachdenken, welches ihm als ein zentrifugaler Vorgang erscheint, bei dem die Gedanken den Worten vorausgehen, die innerlich gesprochen werden. Er sagt im Vorwort, daß er die Entdeckung „Gedankenerzeugung und Darstellung der Gedanken in innerlichen Worten seien zwei gesonderte Akte" dem Studium der Aphasie verdanke [3]); Gedankenbildung und Wortbildung seien selbständige und bei Sprachstörungen als unabhängig voneinander erkennbare Vorgänge. Da er im Begreifen einen zentripetalen Vorgang sieht, wird aus der Verbindung beider Vorgänge für ihn ein Kreislauf, dessen Unterbrechung in den verschiedenen Formen der Aphasie die Unabhängigkeit der Gedankenbildung von der Wortbildung und umgekehrt beweist.

Auch beim gesunden Menschen zeigt er diese Unabhängigkeit: wenn wir über etwas nachdenken, so finden wir nicht immer gleich die Worte, welche unsere Gedanken richtig und vollständig ausdrücken. Wir verwerfen oft die zuerst sich darbietenden Worte und suchen andere; wir durchstreichen niedergeschriebene Sätze vielleicht mehrere Male, um sie mit unseren Gedanken in Einklang zu bringen;

---

[1]) Lehrb. d. Seelenkunde. 1845. S. 117.

[2]) Physiologie des Denkens. 1872. S. 4 u. 139 ff.

[3]) Vgl. auch Liepmann über „Apraxie" in Curschmanns Lehrb. d. Nervenkrankheiten. 1909. S. 487 ff.

wir sagen beim Disputieren nicht selten etwas ganz anderes als was wir sagen wollten und geben dadurch zu neuem Streit und Mißverständnissen Anlaß. Sind dagegen die entstehenden Worte unseren Gedanken vollkommen entsprechend, so erkennen wir dies auf der Stelle und sind dadurch befriedigt: wir haben gefunden, was wir suchten, einen angemessenen Ausdruck für einen schon vor den Worten in uns vorhandenen Gedanken. Dies wäre unmöglich, wenn die Gedanken erst gleichzeitig mit den Worten in uns entständen. Auch in folgenden Sätzen zeigt er diese Selbständigkeit von Gedanken und Worten: die Gedanken erscheinen vorzugsweise in der artikulierten Sprache des Menschen. Sinnlose Worte, wie sie bei momentaner Verwirrung, Delirien, krankhaften Sprachstörungen (Aphasie) vorkommen, sind keine Gedanken. Sinneswahrnehmungen werden uns in Bildern (oder Ideen) zugeführt, die in Worte umgewandelt werden.

So sind ihm Sprache und Denken nicht ganz dasselbe, wie es Max Müller [1]) darstellt. Dieser bemüht sich, es als Fundamentalsatz zu erweisen, daß Sprache und Denken unzertrennbar sind; er führt zahlreiche Autoren an, aber ohne recht zu überzeugen, besonders wohl, weil er inneres und äußeres Sprechen nicht immer auseinanderhält. Bei Taubstummen findet er keine Schwierigkeit, weil sie an Stelle der Worte nur andere Zeichen setzen für Begriffe, die sie von denen gelernt haben, die sich der Worte bedienen. Jessen fand, daß die Taubstummen die Fingersprache ebenso benutzen wie wir die innerliche Sprache; Bewegungsreize in den Fingern vertreten bei ihnen die Bewegungsreize in unseren Sprachmuskeln; diese sekundären Reflexbogen (s. S. 72) kannte man früher nicht; erst durch sie wird der Unterschied der äußeren und inneren Sprache in vollem Umfange deutlich.

Wenn wir nun zugeben werden, daß Denken ohne Teilnahme der Sprachwerkzeuge vorkommt, so ist es die Regel, daß sie sich beteiligen. Daß sich dadurch die Deutlichkeit des Vorstellens steigert, ist für uns besonders wichtig; in noch höherem Maß steigert sich die Deutlichkeit, wenn Ohr und Auge zu Hilfe genommen werden. Jessen [2]) führt das in folgenden Sätzen aus:

„Aus demselben Grunde ist lautes Lesen ein Hilfsmittel, sowohl zum leichteren Verstehen, als zum Behalten des Gelesenen, und lautes Aussprechen der eigenen Gedanken ein Hilfsmittel zum Verstehen und Beurteilen derselben. Wenn wir zweifelhaft sind, ob wir einen Gedanken gehörig gefaßt und entwickelt haben, so können wir uns davon am besten dadurch überzeugen, daß wir ihn zu Papier bringen, und uns selbst das Geschriebene laut und langsam vorlesen. Die Gedanken müssen mit einer gewissen Langsamkeit vorgestellt werden, wenn sie sich dem Bewußtsein bestimmt einprägen sollen, und je mehr sie sich zu gleicher Zeit auf verschiedenen Wegen nach innen fortbewegen, desto klarer und deutlicher treten sie im Bewußtsein hervor. Bei innerlichem Denken ohne alle Beteiligung der Sprechwerkzeuge geschieht dies nur auf einem Wege, innerhalb des Gehirnes; bei unhörbarem Aussprechen des Gedachten auf zweifachem Wege, indem die Gedanken zugleich vermittelst der sensiblen Nerven der Sprechwerkzeuge zum Gehirn zurückkehren, und als gesprochene Worte vorgestellt werden. Bei lautem Aussprechen der Worte

---

[1]) Das Denken im Lichte der Sprache. 1888. Kap. I: „Die Grundelemente des Denkens".

[2]) Versuch einer wissenschaftlichen Begründung der Psychologie. Berlin 1855. S. 222.

kehren sie zugleich vermittelst des Ohres zum Gehirn zurück, bei gleichzeitigem
Lesen endlich auch noch vermittelst des Auges, so daß die Fortbewegung der Gedanken nach innen, wodurch sie dem Bewußtsein zugeführt werden, zu einer und
derselben Zeit auf vier verschiedenen Wegen vor sich geht."

Jessen hat im vorstehenden sehr deutlich Reflexkettenvorgänge
geschildert; Gedanken kommen durch Bewegungen zum Ausdruck,
dabei helfen besonders die Sprechmuskeln, die Fingerbewegungen beim
Schreiben, Gebärden und Mienenspiel, die sich unter Umständen auf das
Vielseitigste verstärken. Alle diese Vorgänge fühlen wir in uns, einzelne
sehen und hören wir außerdem; sie entstehen aus peripheren Reizen
im Körper, beim Hören und Sehen werden sie subjektiv verstärkt; nur
beim Schreiben und Lesen wirken diese verstärkenden Reize ektoperipher, auch der Taubstumme sieht aber und fühlt das Fingerspiel,
das seine Gedanken begleitet.

Einer bei der Frage des Ursprungs der Halluzinationen oft erörterten
Annahme, daß dabei in denselben Nerven zentrifugale und zentripetale Vorgänge ablaufen, müssen wir, soweit sie die Sinnestäuschungen,
besonders Gehörstäuschungen bei Sprache und Ausdrucksbewegungen
betrifft, hier jetzt näher treten.

Johannes Müller[1]) baute auf dem Grunde seiner Theorie der
spezifischen Sinnesenergie eine solche der phantastischen Gesichtserscheinungen auf, die im dunkeln Sehfeld bei geschlossenen Augen als
Reflexe von Zuständen anderer Organe entstehen, und zwar als Produkte
der Phantasie leuchtend und farbig unter allmählichem Hellerwerden
des Sehfeldes. Den Ort der phantastischen Erscheinungen verlegte er
in zentrale Hirngebiete, weil er sie auch bei peripher Erblindeten auftreten sah; im Gegensatz zu Blendungsbildern der Netzhaut wechseln
sie ihren Ort nicht bei Bewegungen der Augen; phantastische Bilder
und Traumbilder stehen fest. Hagen[2]) hat die gleiche Auffassung
in bezug auf die Sinnestäuschungen eingehend weiter entwickelt; er
spricht dabei auch von einem Krampf in den sensiblen Nerven,
wie man ja auch von Lähmung derselben spreche; niemand bezweifle,
daß die Leitung in ihnen nicht bloß zentripetal, sondern auch zentrifugal und überhaupt in allen Nerven in zweisinniger Richtung geschehe.
Es ist für ihn dann möglich, daß lebhafte Vorstellungen momentan zu
subjektiven Empfindungen werden. In ähnlicher Weise nahm Kahl-
baum[3]) eine „Reperzeption" an, einen zentrifugalen Weg vom Zentrum

---

[1]) Über die phantastischen Gesichtserscheinungen. 1826, und Handb. d. Physiol.
1840, sowie zur vergleichenden Physiologie des Gesichtssinnes des Menschen und
der Tiere. 1826.

[2]) Die Sinnestäuschungen in bezug auf Psychologie, Heilkunde und Rechts-
pflege. 1837, sowie Zur Theorie der Halluzination. Allg. Zeitschr. f. Psychiatr. u.
psych.-gerichtl. Med. 1868. Bd. 25.

[3]) Die Sinnesdelirien. Allg. Zeitschr. f. Psychiatr. u. psych.-gerichtl. Med.
1866. Bd. 23.

zur Peripherie. Später hat Kandinsky[1]) diese Ansichten scharf angegriffen, weil die gleichzeitige zentripetale von der zentrifugalen Erregung gestört werden müsse. Nach Landois[2]) ist die doppelsinnige Leitung" beschränkt auf periphere Nerven, wobei die gegebene anatomische Verknüpfung mit einem „Erregungs-" und einem „Erfolgsorgan" es mit sich bringe, daß immer nur die Leitung vom ersteren zum letzteren, d. h. im motorischen Nerven zentrifugal, im sensibeln zentripetal, eine erkennbare Wirkung zu entfalten vermöge. Ausdrücklich sagte er dann: „Im Zentralnervensystem werden dagegen die Reize immer nur in einer Richtung geleitet."

Die Tatsache, daß Halluzinationen vom Zentrum beeinflußt werden, fordert daher eine besondere Erklärung, welche neuere anatomische Forschungen auch geben. Nach Wundt[3]) unterscheidet man motorische von zentrifugal-sensorischen Bahnen, die er nach Ramón-y-Cajal für Riech-, Hör- und Sehnerven genauer schildert; aus den zentrifugalen sensorischen Mittelhirnbahnen z. B. gehen einzelne Optikusfasern ohne die Zellen der Ganglienzellenschicht der Retina zu berühren, in die Schicht der horizontalen und der äußeren bipolaren Zellen der Netzhaut; durch diese treten sie mit den Stäbchen und Zapfen in Verbindung. Hier haben wir also im Optikus zentrifugale Bahnen neben zentripetalen; eine doppelsinnige Leitung ist das nicht, da nicht dieselbe Faser den beiden Erregungen dient. Es ist wieder ein Reflexvorgang, der sich vor uns aufbaut, denn die Stäbchen und Zapfen haben hierbei eine ähnliche Stellung wie Muskelfibrillen, die reflektorisch gereizt werden; man hat diese zentrifugalen Bahnen im Optikus daher auch „retinomotorische" genannt.

Diese Auffassung ist auch von Kassowitz[4]) so überzeugend entwickelt, daß wir uns auch hier noch einmal wieder seinen Ausführungen zuwenden wollen, weil sie uns auch zum weiteren Verständnis der Beziehung zwischen Sprache, Ausdrucksbewegungen und Reflexkettenvorgängen führen, die die einwandfreieste Erklärung für die anscheinend so verwickelten Vorgänge gibt. Nach übereinstimmenden Angaben verschiedener Beobachter stellte er fest, daß unter dem direkten Einfluß von Hell und Dunkel sowie von weißem und farbigem Licht in den Retinaelementen verschiedene Bewegungen und Gestaltsveränderungen ablaufen; es sind besonders stark an den Zapfen hervortretende Verlängerungen und Verkürzungen bei Verdunkelung oder Belichtung, die auch an dem anderen nicht direkt beeinflußten Auge, also reflektorisch

---

[1]) Kritische und klinische Betrachtungen im Gebiete der Sinnestäuschungen. 1885.

[2]) Lehrb. d. Physiol. 11. Aufl. 1905. S. 653/4.

[3]) Grundzüge der physiologischen Psychologie. Leipzig 1902. 5. Aufl. Bd. 1. S. 147, 179, 182. S. 184—187 wird Ramón-y-Cajal zitiert: „Die Struktur des Chiasma opticum". Deutsch von Bresler. 1899, und Wundt S. 427 ff.

[4]) a. a. O. S. 184 ff. u. 191.

sich zeigen. Ähnliche Gestaltsveränderungen sah man an den Innengliedern der Stäbchen. Diese kontraktilen Innenglieder werden „myoide" genannt, sie zeigen eine Längsstreifung, so daß Kassowitz ihre Bewegungen wie diejenigen der Muskelfasern vor sich gehend denkt. Da diese beweglichen Netzhautelemente, wie wir oben sahen, von zahlreichen Elementarnervenfäserchen umgeben sind, ist ein reflektorischer Vorgang von ihnen und zu ihnen durch den Nervus opticus in seinen zentripetalen und zentrifugalen Fasern von der Netzhaut aus verständlich; und zwar nicht nur von einem andern Auge, sondern auch in demselben Auge. Aber auch sämtliche ins Zentrum tretenden Vorgänge, von sämtlichen Sinnesgebieten und Körperteilen aus, können so als Reflexe in Zuständen der myoiden Innenglieder der Zapfen und Stäbchen enden, die nun Bewegungsreize sind, ebenso wie solche beim inneren Sprechen in den betreffenden Muskeln auftreten und wirken. Und ebenso wie hier beim stillen Sprechen bis zur Unmerklichkeit gehemmte Muskelbewegungen als Reizkomplexe zur Auslösung von Reflexketten ausreichen, werden auch die Gestaltsveränderungen der Retinaelemente es tun.

Diese für die Reflexkettentheorie so wichtige Parallele zwischen Vorgängen im Vorstellungsgebiet des Gesichts und Gehörs — eine Parallele, die auch im Gebiete des Getastes und Geruchs von Kassowitz entwickelt wird — ist für uns deshalb so bedeutungsvoll, weil sie im Mittelpunkte aller dieser Vorgänge das innere Sprechen zeigt, welches wir fast jeden Denkvorgang begleiten sehen. Dadurch fällt auch ein helles Licht auf den Zusammenhang der inneren Sprache mit allen Ausdrucksbewegungen, weil wir hier einen anatomischen Zusammenhang auf dem Wege der Reflexe für sämtliche Lebensvorgänge im Körper, und die durch die Sinne auf ihn vermittelten Reize, vor uns haben. Dabei fallen dann auch automatische Vorgänge fort, denn es gibt nur reflektorische [1]), die den Zentren von der Peripherie zugeführt werden.

In den „Studien über die Sprachvorstellungen" berichtet Stricker [2]) außer über die mit Vorstellungen eines Lautes in den Artikulationsorganen verknüpften Gefühle in den Sprachwerkzeugen oder im Kehlkopf, auch über Gefühle in den Händen beim musikalischen Denken von Klavier- und Streichinstrumentenspielern, oder in den Lippen von Blasinstrumentenspielern. Daß viele dieser Gefühle den Gesichtsausdruck beeinflussen können, ist klar, wenn sie in denselben Muskeln vor sich gehen. Stricker schildert sie als Initialgefühle, daher wird der Ausdruck auch nur angedeutet; er ist ein sehr flüchtiger und bedarf immer wieder neuer Bewegungsreize, auch die Initialgefühle schwinden, wenn sie nicht immer wieder neu angeregt werden. Andererseits genügt eine geringe Zunahme des Impulses, die Bewegung wirklich in Szene zu setzen; so sieht man Menschen auf der Straße hinreden, geringe Mengen Alkohol lösen wirkliches Sprechen aus. Stricker sagt noch:

---

[1]) Vgl. auch hierzu Kassowitz, a. a. O. S. 215 ff.
[2]) Wien 1880. S. 30 u. 40 besonders.

Lesen oder das Anhören einer Rede lösen die Wortgefühle leichter aus als innere Erregungen; daher werden Ausdrucksbewegungen leichter unterdrückt bei selbständigen Affekten als beim Ansturm von gelesenen oder gehörten Eindrücken.

Überall finden wir die innige Verbindung von Denken, innerer Sprache und Ausdruck. So hat Klages, der in seinen Arbeiten [1]) besonders die Schrift in ihren Beziehungen zum Ausdruck untersucht, manches Licht dabei auf Probleme der allgemeinen Mimik und des Gesichtsausdrucks geworfen; er empfiehlt statt des Studiums der Nerven des Menschen das seiner Oberfläche. Die Physiognomik, meint er, setzt ein festes Band zwischen seelischen und körperlichen Vorgängen voraus, es bestehe ein allgemeiner Parallelismus. Er behauptet, daß jede Handlung Ausdruckszüge zeigt, weil die treibende Kraft für jede lebendige Bewegung ausnahmslos unwillkürlich sei, auch wenn das Steuer des Willens hinzutritt. Daß bei Zuständen starker Gefühle das Ich empfangend, passiv ist, wird ihm durch das Urteil dreier Sprachen bewiesen in den Wörtern: Pathos, Passion und Leidenschaft. Schon ein Ebenmerkliches reiche hin, um den Ausdruck von Grund aus umzuwandeln; an der Hand verschwindender und wirklich oft nicht mehr nachweislicher Änderungen bemerken wir zumal in einem bekannten Gesicht den schwachen Schatten einer ihrem Träger kaum noch bewußten Verstimmung, den kräuselnden Stoßwind der allermindesten Gereiztheit, das aus der Ferne aufsteigende Wölkchen noch schimmernder Besorgnis. Die Zartheit der dem Ausdruck zugrunde liegenden Muskelinnervationen ist immer wieder zu beachten.

Eine Verbindung zwischen seelischen und körperlichen Vorgängen wird durch einen Parallelismus derselben als hergestellt angesehen. Auch frühere Anhänger dieser Lehre wurden besonders durch die Beziehungen zwischen Sprache und Denken schwankend. Dies die Psychologen schon lange beschäftigende Problem ist in sehr mannigfaltiger und geistreicher Weise auch von Fritz Mauthner [2]) erörtert; die Hauptschwierigkeit sieht er darin, daß unsere Sprache nur auf äußere und nicht auf innere Beobachtungen eingerichtet sei, daher nur die Außenseite der Dinge, nicht ihre parallele Innenseite erfassen könne, wobei er das bekannte Beispiel des Kreises heranzieht. Auch Leibnitzs Lehre von der prästabilisierten Harmonie, und das Uhrengleichnis können Mauthner den Parallelismus der Vorgänge in Leib und Seele nicht begründen, denn sie werden dabei getrennt; aber erst wenn ihre Vereinigung angenommen werde, gelingt es bei dem Denken und Sprechen

---

[1]) Die Probleme der Graphologie. Entwurf einer Psychodiagnostik. Leipzig 1910. — Prinzipien der Charakterologie, ebendaselbst. S. 15. — Die Ausdrucksbewegung und ihre diagnostische Verwertung. Zeitschr. f. Psych. und Psycho-Pathologie. Bd. 2. 1913. S. 262, 279, 323.

[2]) Beiträge zu einer Kritik der Sprache. 1906. Bd. 1. Zur Sprache und zur Psychologie. S. 279 ff.

zu einem besseren Verständnis zu gelangen, in dem Sinne, daß das Denken die Innenseite, die Sprache die Außenseite der Dinge verfolgt. Dann fällt allerdings der Parallelismus fort, aber der beständige gegenseitige Einfluß physischer und psychischer Vorgänge sei möglich, weil sie überhaupt nicht getrennt vor sich gehen.

Auch bei dem Problem des Parallelismus finden wir in der Reflexkettentheorie eine gute Lösung. In dem Kapitel „über psychophysische Relation" sagt Kassowitz: „Es ist eine durch exakte Versuche völlig sichergestellte Tatsache, daß kein Bewußtseinsakt, keine bewußt werdende Empfindung, keine Gedankenarbeit und keine Willenshandlung ohne die Beteiligung zahlreicher Reflexapparate, namentlich in den Sprachorganen, dann auch in den Gesichts- und Augenmuskeln, in den Rumpf- und Extremitätenmuskeln und besonders in den so ungeheuer ausgedehnten vasomotorischen und sonstigen sympathischen Gebieten zustande kommen können."

b) Beziehungen des Gesichtsausdrucks zur gruppenweisen Einteilung psychischer Krankheiten. Psychischer Tonus (Griesinger).

Gibt es besondere Gesichtsausdrucksformen bei psychischen Krankheiten, die es möglich machen, den Geisteskranken und die besondere Art seiner Erkrankung zu unterscheiden? Oft hört man ja die Behauptung: dem sieht man es am Gesicht, an der Nase, den Augen, dem Mund an, daß er krank ist. Diese Frage und Antwort, denen wir schon wiederholt im Laufe unserer Betrachtungen begegneten, müssen hier geklärt werden.

Die Anwort ist im wesentlichen darin enthalten, daß Krankheit nur aus der gesunden Grundlage des Körpers und seiner physiologischen Funktionen zu verstehen ist, nicht etwas Neues, Hinzutretendes ist; unsere ganze Untersuchung, die ja vom Gesichtsausdruck des Gesunden ausgegangen ist, hat diesen Weg gezeigt. Die Frage muß also lauten: wie erklärt sich der kranke aus dem gesunden Ausdruck?

Der Gesichtsausdruck des Gesunden — abgesehen von den festen physiognomischen Gesichtszügen — bewegt sich um eine mittlere Lage, die im wesentlichen aus einem Tonus der Gesichtsmuskeln hervorgeht, aber, wie wir noch sehen werden, auch der Nerven. Dies ist noch deutlich der Fall bei den Geisteskrankheiten im engeren Sinne, in denen der Gesichtsmuskeltonus abhängig ist von bestimmten gleichartigen Spannungsverhältnissen biochemischer Natur in den dazu gehörigen Nerven und Zentralgebieten. Schon in physiologischer Breite erkennbare Schwankungen um diesen mittleren Tonus treten in gesteigerter dauernder Spannung oder leichterer beweglicher Lösung bei Krankheiten auf. Diese Einflüsse sind entweder rein psychologische oder von anderen Organgebieten ausgelöste; aber immer handelt es sich um ultramikroskopische biochemische Veränderungen, besonders im Nervensystem. Dieser Hauptgruppe von psychischen Vorgängen stehen zwei andere zur Seite, welche zwar auch beim Kranken, wie beim Gesunden, von dem mittleren Tonus ausgehen, aber durch Hinzutreten von mikroskopischen oder schon mit bloßem Auge sichtbaren Veränderungen im Gewebe sich unterscheiden; in der einen Gruppe sind diese Veränderungen diffuser Art, in der anderen herdartig.

In allen drei Gruppen bewegt sich aber wie beim Gesunden der mimische Gesichtsausdruck (das Mienenspiel) um eine mittlere physiologische Breite, während die gesunden wie kranken physiognomischen Grundlagen (die Gesichtszüge) im gegebenen Moment davon unberührt bleiben, obwohl sie im Laufe der Zeit Veränderungen erleiden können. Dadurch wird das Problem in jedem Falle sehr verwickelt; wir sollen nicht nur wissen, was ist die mittlere normale Breite, sondern auch, was ist als physiognomische unbewegliche Grundlage abzuziehen. Letzteres ist ja besonders in den extremen Fällen möglich, aber die Schwierigkeit ist doch oft noch sehr groß. Indessen bleibt es Tatsache, daß der Laie nicht nur fast immer ein rasches Urteil darüber hat, sondern daß dies sehr oft auch richtig ist. Der Arzt ist aber wiederum in manchen zweifelhaften Fällen imstande, mehr und richtiger zu sehen, weil er die Art und den Verlauf der krankhaften Veränderungen kennt.

Vielleicht ist es nützlich, schon hier kurz anzudeuten, wodurch ihm dies gelingt. Er vergleicht nicht nur den Ausdruck aus gesunden Tagen mit dem der Erkrankungszeit, sondern er sucht die verschiedenen Ausdrucksformen während des weiteren Verlaufs der Krankheit festzustellen. Am leichtesten wird ihm dies bei organischen Krankheiten; hier belehren ihn halbseitige Gesichtsveränderungen sowie solche oberer und unterer Gesichtsabschnitte oder noch begrenzterer Gebiete über innere Vorgänge und Erkrankungen des Nervensystems. Bei den durch diffuse Gewebserkrankungen bedingten hilft ihm seine Kenntnis des Einflusses toxischer und infektiöser Stoffe auf den ganzen Körper, sowie der sensibeln und motorischen Veränderungen bei Allgemeinerkrankungen. Bei der Hauptgruppe, der durch Steigerung oder Verminderung der Spannungsverhältnisse hervorgerufenen psychischen Krankheiten bleibt ihm nur die Beobachtung der aus der gesteigerten oder verminderten Anspannung sich ergebenden Lösungsverhältnisse; bei längerem Bestehen ergibt sich dabei die mehr oder minder völlige Auflösung auch des normalen gesunden mittleren Tonus, ein weites Feld für die klinische, besonders prognostische, anatomische und psychologische Verwertung.

Das der Untersuchung eigentlich die Richtung gebende Thema, der Gesichtsausdruck beim Geisteskranken, schien mir eine Zeitlang nach dem ganzen damaligen Verlauf meiner Arbeit zu verlangen, daß man erst einzelne Formen der geistigen Störungen vornimmt und bei ihnen den Gesichtsausdruck in seine einzelnen Bestandteile zu zerlegen, ihn zu analysieren versuchte. Dieser Weg der Analyse wäre der zweifellos gegebene, wenn zweifellos deutliche Gruppen von Psychosen zur Verfügung stünden. Trotz aller Fortschritte, die unsere Wissenschaft zur Aufstellung einer ganzen Reihe fest umrissener Krankheitsformen geführt hat, sind aber andere so wenig allgemein anerkannt, so undeutlich gezeichnet, daß darüber keine Einheit und Einigkeit unter den Psychiatern erreicht ist. Ich glaubte dann, daß es sich zunächst mehr empfehle, auch auf dem Wege der Synthese zu versuchen, Teilerscheinungen des Gesichtsausdrucks zu einem Ganzen in bestimmten Formen zusammenzustellen, die uns dann vielleicht zu Gruppen führten, aus denen sich alte oder neue Formen geistiger Störungen erkennen ließen. Wenn ich sage, daß dies Vorgehen ein synthetisches sein sollte, so war dadurch die Benutzung der bisher so überwiegend benutzten Analyse nebenher gewiß nicht ausgeschlossen; in der Tat drängte sich die Synthese immer mehr wieder dazwischen, so daß beide Wege benutzt werden mußten.

Ehe wir nun die Entwicklung der Aufstellung der Gruppen weiter vorzunehmen versuchen, müssen noch einige der früheren Ansichten über die Verwertung des Gesichtsausdrucks besprochen werden. Oppenheim [1]) gab 1844 „Beiträge zum Studium des Gesichtsausdrucks der Geisteskranken" heraus; wenn seine Beobachtungen auch nur ein Jahr lang gemacht waren, so enthalten sie doch, namentlich unter einem allgemeinen Gesichtspunkt, manche sehr bemerkenswerte Beobachtungen und Ansichten. Er glaubt, daß abnorme Physiognomien ohne geistige Abnormitäten vererbt werden. Im gesellschaftlichen Leben geistig Gesunder führen mimische Verpflichtungen oft zu einer Monotonie des Ausdrucks, z. B. zum Verbindlichkeitslächeln, das aber dem Kranken vielfach abhanden gekommen ist; während gedämpfte Affekte länger bei ihm verharren. Wenn die Harmonie der mimischen Bewegungen aufgehoben ist, werden oft nur Ausdrucksbruchstücke bewahrt. An Stelle des gesunden Lachens, das eine Bewegung ist, sieht man zuweilen ein erstarrtes Gelächter. Er spricht von einer Polymorphie des Gesichtsausdrucks, wenn der Wechsel der Vorstellungen so beschleunigt wird, daß der motorische Apparat nicht gleichen Schritt zu halten imstande ist. Eine Inkongruenz zwischen Vorstellungsinhalt und Mienenspiel durch Verhüllung oder Erheuchelung von Seelenzustand, die der Geisteskranke oft übe, werde bei Kranken zwar in diesem Sinne seltener beobachtet, aber habituell gewordene mimische Bewegungen, hervorgerufen durch die einfachsten Eindrücke bei geistigen Schwächezuständen, in denen alles neu wirkt. Grinsen nennt er ein auf seiner mimischen Höhe fixiertes Lachen; Lächeln ein Lachen mit verbundenen Lippen. Beim zögernden Lächeln bewegen sich abwechselnd die beiden Mundwinkel nach außen und kehren in ihre Lage wieder zurück, als ob der Mund in dem Entschlusse schwanke, ob er lächeln soll oder nicht.

---

[1]) Allg. Zeitschr. f. Psychiatr. u. psych.-gerichtl. Med. Bd. 40. S. 840—863; nach einem 1883 im Berliner psychiatr. Verein gehaltenen Vortrag, ohne Diskussion.

Außer diesen kurzen zutreffenden Sätzen, die Oppenheim übrigens eingehend begründet, bietet uns ein Hauptinteresse seine Zusammensetzung des Gesamtausdrucks aus Ausdrucksbruchstücken; nachdem er den Satz vorausgeschickt hat, daß zum Aufbau der verschiedenen Ausdrucksformen nicht nur das harmonische Zusammenwirken der beiderseitigen homologen Gesichtsmuskeln gehört, sondern alle die Mimik vermittelnden Muskeln und Muskelgruppen in bestimmter, gesetzmäßiger Weise miteinander wirken müssen, geht er über auf die Zusammensetzung aus den verschiedenen Gesichtsteilen. Bei demselben Verhalten der oberen Gesichtshälfte können durch Modifikationen in der Mundstellung ganz verschiedene seelische Zustände zum Ausdruck gebracht werden; er zitiert dabei mehrere Beobachtungen Darwins. Oft fand er Blick und Mienen in einem Ausdrucksgegensatz, der den gesamten Gesichtsausdruck zu einem pathologischen stempelte. Wenn er nun die obere oder untere Gesichtshälfte verdeckte, fand er, daß er zu diesem Blicke nimmermehr diesen Ausdruck des Mundes, und umgekehrt zu dieser Mimik des Mundes nimmermehr eine solche Augenstellung erwartet hatte. Dieser Kontrast im Ausdruck sei übrigens schon lange bei der Bulbärparalyse bekannt, in deren späteren Stadien die starre untere Gesichtshälfte im Gegensatz zu der erhaltenen Beweglichkeit der Augen stehe, und der sie umgebenden Muskulatur. Was er dann über Ausdrucksunterschiede der oberen und unteren Hälfte des Gesichtes auf den Tafeln von Esquirol und Morison beobachtet haben will, ist mir auf diesen Tafeln zwar nicht recht einleuchtend, doch sind diese Unterschiede sonst zweifellos vorhanden, am meisten wohl in den Verblödungszuständen; aber auch bei Geistesgesunden können solche zunächst immer ungewöhnliche Verhältnisse vorliegen.

Bei Verwirrten, Halluzinanten und besonders bei Paralytischen fand er die motorische Tätigkeit der Bulbusmuskulatur nicht sistiert; aber die starre Ruhe des übrigen Gesichtes, die glatte regungslose Stirn lehrt dann, daß das Individuum die erhaltenen Eindrücke nicht zu verwerten vermag. Er beschreibt darauf den stechenden suchenden Blick des Verfolgten, im Gegensatz zu dem unbewegten staunenden des Paralytikers, betont aber, daß die Bewegung der Augen allein nicht genügt, einen seelischen Zustand zum Ausdruck zu bringen. Mit Recht ist diese Analyse der Gesichtszüge als eine wichtige Untersuchungsmethode anzusehen, die auch wir im einzelnen noch weiter benutzen werden. Was Oppenheim sonst noch über Entstellung der Gesichtszüge, besonders über deren Spuren in Falten der Gesichtshaut sagt, halte ich für zu weitgehend; tiefe und zahlreiche Furchen sind nicht allein Folgen starker Affekttätigkeit, sondern noch weit abhängiger von Ernährung, anderen körperlichen Krankheiten, auch vom Beruf.

In einer Abhandlung von Anton[1] „Über den Ausdruck der Gemütsbewegungen beim gesunden und kranken Menschen" lesen wir die

---

[1] Psychiatr.-neurol. Wochenschr. 1900. Nr. 17. S. 165—169.

Bemerkung, daß automatische unbewußte Bewegungen viel weniger ermüden als bewußte Bewegungsimpulse; erkünstelte Mienen tragen meistens das Gepräge des Unwahren. Die Hemmung des Ausdrucks ist eine schwerere Leistung als seine freie Entfaltung. Anton, an Meynert sich anschließend, erinnert an die getrennten Willkür- und Affektbahnen; letztere seien beim Kinde früher als erstere hergestellt, das Kind vollführe vom ersten Augenblick an mimische Ausdrucksbewegungen. Wenn er vom Psychiater eine neue Physiognomik verlangt, so möchte ich dem aber nicht zustimmen. Sehr hoch schätzt er Nachahmung und Mitempfindung, die bei andern Menschen Ausdrucksbewegungen erregen; deshalb solle man in vielen Fällen Nervöse aus der Umgebung herausbringen, denn oft sei es allein die Miene des Mitleids seitens dieser Umgebung, welche bei solchen Kranken wirkliche Leiden erzeuge.

Sehr weit in der Bewertung des Gesichtsausdrucks geht Fuhrmann[1]): „Die mimischen und physiognomischen Ausdrucksmittel der Geisteskranken unterscheiden sich meist stark von denen der Geistesgesunden. — Fast alle Geisteskranken und fast jede Form der Geisteskrankheit hat ihren besonderen visus, der diagnostisch verwertbar ist, und uns geradezu gestattet, die Gedanken von dem Gesichte der Kranken abzulesen."

Für das Verhältnis von Seele und Körper wird ein dualistischer Standpunkt sehr scharf hervorgehoben von Jaspers[2]): „Wenn wir von den motorischen Erscheinungen der Geisteskranken auf der einen Seite die sicher rein neurologischen, auf der anderen Seite die sicher als Ausdruck seelischer Vorgänge (bei normalen außerbewußten Mechanismen) verständlichen Bewegungen abziehen, so bleibt noch eine sehr große Menge erstaunlicher und grotesker Phänomene übrig, die wir zur Zeit nur beschreiben, registrieren und dann nur hypothetisch in mehr oder minder plausibler Weise interpretieren können." Den Ansichten von Isserlin und Kleist über die Beurteilung der Bewegungsstörungen bei Geisteskranken scheint er nicht zu folgen. Alle Arten des Grimassierens, Fratzen erinnern ihn an alberne Ausdrucksspielereien der Kinder. Wiederholt versucht Jaspers nun den Ausdruck des Seelischen ganz von seinen körperlichen Begleiterscheinungen zu trennen: man registriere z. B. einfach den Zusammenhang zwischen Angst und Pupillenerweiterung, und wisse ihn dann; wir reden aber immer dann vom Ausdruck des Seelischen, wenn wir eine Beziehung zwischen körperlicher Erscheinung und dem darin zum Ausdruck kommenden Seelischen verstehen, z. B. wenn wir im Lachen unmittelbar die Heiterkeit, in der ablehnenden Gebärde den Sinn verstehen. Durch diese Gegenüberstellung scheint Jaspers mir für manche Fälle das

---

[1]) Diagnostik und Prognostik der Geisteskrankheiten. 1903. S. 6.
[2]) Allgemeine Psychopathologie. Berlin 1913. S. 113.

Verständnis zu verwickeln; wenn die Mechanismen des Ausdrucks krankhaft verändert sind, bleibt es trotzdem unsere Aufgabe festzustellen, ob und wieviel sich hinter diesem Vorhang ungestört abspielt. Die psychologische Untersuchung will die Vorgänge nun möglichst unmittelbar verstehen und aufklären. Für Jaspers sind Amimie, Paramimie, Pseudoparalyse neurologische Störungen außerbewußter Mechanismen, so daß technische Hilfsmittel wie Photographie, Kinematographie unsere Kenntnis des Seelischen nicht bereichern. In graphologischen Studien glaubt er indessen eine psychologische Erweiterung für unser Verständnis zu finden. Aber ist die Handschrift wirklich unmittelbares Ausdrucksmittel? Ist nicht bei ihr auch etwas Registriertes, wie bei der Photographie? Einer einheitlichen Untersuchung seelischer und körperlicher Vorgänge können wir doch nicht ganz aus dem Wege gehen.

Die weiteren Auseinandersetzungen Jaspers[1]) über „Mimik und Physiognomik" grenzen seine Gebiete in sehr sorgfältiger und fesselnder Weise weiter gegeneinander ab. Er zählt eine Reihe von körperlichen Prozessen auf, denen er keine Bedeutung für den Ausdruck zuspricht; er nennt Myxödem, choreatische Bewegungen, Lähmungen, Zittern, den körperlichen Habitus bei erschöpfenden Psychosen u. dgl. Dann heißt es: „Ziehen wir von dem ersten intuitiven Gesamteindruck des körperlichen Menschen diese zweifellos dem Ausdruck ganz heterogenen körperlichen Zeichen ab, so bleibt noch eine Reihe von Erscheinungen übrig, die wir in drei Gruppen ordnen können: 1. Die uns schon bekannten einfachen Folgeerscheinungen seelischer Vorgänge, besonders von Affekten, das Erröten und Erblassen, das Wanken der Knie, die Lähmung bis zur Ohnmacht usw. 2. Die Bewegungen, die wir die mimischen nennen, wie das Lachen, die Weise, wie einer mich ansieht, mir die Hand gibt usw. 3. Die sogenannten pantomimischen Bewegungen." Dabei beschränkt er aber die Mimik durchaus nicht auf das Gesicht; auch die Handschrift zieht er weiter hinein. Wenn er dem auf das Gesicht beschränkten Mienenspiel auch nur eine geringe Bedeutung beilegt, so gibt er doch eine längere wertvolle Aufzählung darüber.

Wir wollen jetzt übergehen zu dem Versuch einer gruppenweisen Einteilung der psychischen Krankheiten. Um dabei die schon mehrfach erörterte Auffassung der Reflexvorgänge möglichst auch hier durchführen zu können, ist für uns die Ansicht Kahlbaums besonders wichtig, die er bei Einführung des Begriffs der Katatonie entwickelt hat[2]). Er nannte bekanntlich diese klinische Form psychischer Krankheit auch „Spannungsirresein" unter Hinweis auf die mannigfachen und wechselnden spastischen Symptome, denen er für seine neue Krankheitsart eine ähnliche Bedeutung bei der Aussonderung als Krankheits-

---

[1]) a. a. O. S. 134. § 1.
[2]) Berlin 1874. S. 23, 50/51, 88.

gruppe zuerkannte, wie den paralytischen Symptomen für die Gruppe
der paralytischen Seelenstörung. Von diesem Symptom werde man
daher auch am besten die Benennung der Krankheitsform hernehmen,
und da in jedem Falle eine Abänderung in dem Spannungszustande
der Muskulatur „oder vielmehr der betreffenden Nerven" vorausgesetzt werden dürfe, so nenne er diese Krankheit das Spannungsirresein.
Obwohl er dann ausdrücklich sagt, daß mit dieser Benennung über die
Natur des Symptoms und der Krankheit eine bestimmte Ansicht nicht
präsumiert werden solle, so muß ich doch den größten Wert darauf
legen, daß es sich für ihn wesentlich um den Spannungszustand in
den Nerven handelt. Später spricht er eingehend von der krankhaften Innervation der motorischen Nerven und von Schwächungen
der Sensibilität. Wichtig für uns ist ferner seine Feststellung eines
zyklischen typischen Wechsels der Symptome; auch schildert er
mehrfach die Unterbrechung krampfhafter Erscheinungen durch völlige
Hemmung.

In diesem Zusammenhange ist daran zu erinnern, daß Griesinger [1]
schon vorher (zuletzt 1867) von Bewegungs- und Spannungsverhältnissen im Vorstellen sprach, den Begriff Spannung also auch auf
Vorgänge im Vorstellungsorgan ausdehnt. Überhaupt finden wir neuerdings den Begriff Spannung nicht nur für Muskeln, sondern auch für
Nerven; so spricht Weber [2] von einem Tonus vasomotorischer
Nerven nach Untersuchungen Freys. Schade [3] beschreibt bei der
antagonistischen Doppelversorgung der Organe mit vegetativen Nerven
das Überwiegen des Nerventonus des antagonistischen Systems;
die Einzelsymptome entsprechen teils dem Bilde der Sympathiko-
tonie, teils dem der Vagotonie. Jetzt wird auch der Begriff des normalen Tonus benutzt, um einen gewissen mittleren Spannungszustand
des Körperhaushaltes zu bezeichnen, den die Organisation des Körpers
erstrebt: Spannung ist Bereitschaft und Leben; tonisierende Mittel
schaffen neue vitale Spannung, erhalten nervöse und chemische Spannung
und gleichen sie aus [4]. Der schon 1856 von Pflüger geschilderte
Elektrotonus der Nerven muß hier erwähnt werden. Der Begriff
eines Nerventonus ist aber immer weiter ausgedehnt, so daß Bickel [5]
von einer Spannungs- und Lösungspsychose handelt, ohne indessen
diese Frage zu entscheiden.

---

[1] Vortrag zur Eröffnung der psychiatrischen Klinik in Berlin. Arch. f. Psychiatr.
u. Nervenkrankh. Bd. 1. S. 143.

[2] Über die Selbständigkeit des Gehirns in der Regulierung seiner Blutver-
sorgung. S. 487.

[3] Beiträge zur Umgrenzung und Klärung einer Lehre von der Erkältung.
Zeitschr. f. d. ges. exp. Med. Bd. 7. S. 359. 1919.

[4] Roland, Morphinismus. 1919.

[5] a) Die wechselseitigen Beziehungen zwischen psychischem Geschehen und
Blutkreislauf. Leipzig 1916. S. 200. — b) Über die Umbahnung nervöser Impulse. Münch. med. Wochenschr. 1920. S. 775.

Die Kahlbaumsche Auffassung kommt also schon einer Einteilung der Psychosen nach dem Spannungszustande in den Nerven entgegen. Aber auch Griesingers [1]) Ansichten lassen sich weitgehend damit vereinigen. So beschreibt er den Wechsel von Vorstellen und Streben in seinem ungestörten Verlauf folgendermaßen:

„Dieses gewohnte ruhige Verhältnis ist aber keine absolute Ruhe oder Untätigkeit, sondern es ist das Resultat einer mäßigen mittleren Tätigkeit, welches zugleich das erworbene mittlere Maß psychischer Kraft und die gewohnte Richtung des psychischen Lebens repräsentiert; man kann sagen: es ist der psychische Tonus.

Der Rückenmarkstonus, der sich in den Muskeln, dem Zellgewebe usw. als ein mittlerer, gewohnter Grad von Kontraktion, auf seiten der Empfindung als ein mittlerer Grad von Schmerzempfindlichkeit und Reizbarkeit ausspricht, ist das Produkt nicht der einzelnen Empfindung und Bewegung, sondern der in die Einheit und Allgemeinheit eines mittleren Reizzustandes untergegangenen Totalität der Empfindungen und Bewegungsimpulse; er beruht auf einem mittleren Fazit von Erregung, das aus all diesen einzelnen zentralen Nerventätigkeiten zusammen herausgekommen ist. Dieser mittlere Zustand scheinbarer Ruhe wird als Ganzes nicht von jeder Empfindung und Bewegung unterbrochen und gestört, aber er wird es durch alle starken plötzlichen Empfindungen und Bewegungen (Ermüdung, Schmerz usw.). Auf beiden Gebieten ist der Tonus natürlich das einemal schwankender und variabler, als zu anderen Zeiten, je nach dem Zustande des Organes; zuweilen kann jeder klinische Reiz Ermüdung, Schmerz, Konvulsionen machen usw."

Griesinger verweist bei dieser Entwicklung des psychischen Tonus selbst auf seinen Aufsatz über psychische Reflexaktionen [2]). Er steht darin dem Standpunkte Kahlbaums nahe, was einen mittleren Spannungszustand der Muskeln und Nerven betrifft. Aber auch der Vergleich mit dem durch die statische Funktion des Kleinhirns bedingten Muskeltonus, seiner Koordination und mit dem oben (S. 85) entwickelten psychischen Gleichgewichtszustand der Gemütslage drängt sich auf; überall schieben sich in die psychischen Vorgänge Reflexaktionen ein, die sich mit Schwankungen der Spannungszustände im gesamten Nervensystem verbinden. Verwandten Anschauungen begegnen wir fast gleichzeitig bei Ideler in seiner 1846 erschienenen „allgemeinen Diätetik für Gebildete", einem lebendig wirkenden, noch jetzt lesenswerten Buche; das Gemüt, welches Wort er von Mut ableidet, ist ihm das Streben, die praktisch notwendigen Lebenszwecke durch die Tat zu verwirklichen, daher keine Tat ohne Beteiligung des Gemüts entsteht. Er sagt (S. 273): „Im geregelten Geleise beharren die körperlichen Lebenserscheinungen in der gewöhnlichen Spannung der wachen Tätigkeit. — Ein tätiges Gemüt erhält die Körperkräfte in einer regen Spannung."

Der Griesingerschen Auffassung sind einige Arbeiten vorausgegangen, die das Thema indessen in viel engerem Rahmen darzustellen

---

[1]) Die Pathologie und Therapie der psychischen Krankheiten; zitiert nach der 4. Aufl. Braunschweig 1876. S. 54.
[2]) Arch. f. physiol. Heilk. 2. Jahrg. 1843. S. 76—113.

versuchten. So spricht z. B. Klökhof [1]) von Spannkraft der Fäserchen,
deren niedrigeren Grad er den geschwächten Ton nennt, aber eine
weitere Aufklärung findet man nicht. Viel schärfer sind die Ansichten
Unzers [2]) entwickelt, die Griesinger kannte. Unzer selbst sah es
als seine wichtigste Festsetzung an, daß er die bewegende Kraft des
äußeren sinnlichen Eindrucks, welche Haller, unter dem Namen der
Reizbarkeit, der Muskelfaser beigelegt, den Nerven aber abgesprochen
habe, aus den letzteren ursprünglich herleitete, und daß er die Dekli-
nation und Reflexion der sinnlichen Eindrücke in den Nerven erwiesen habe. Er hielt es für wahrscheinlich, daß von der Menge von
Nervenfaden, woraus jeder einzelne Nerv besteht, nur einige dazu dienen,
den äußeren sinnlichen Eindruck, der in der Spitze der Nerven gemacht
wird, nur aufwärts nach dem Gehirn zu senden, dahingegen andere
nur bestimmt sind, den sinnlichen Eindruck im Gehirn, nur niederwärts
vom Gehirn ab, nach den Spitzen der Nerven zu führen. Wie es zweierlei
Blutgefäße für solche entgegengesetzte Wirkungen gebe, so treibe das
Gehirn, das die Lebensgeister erzeuge, dieselben herab in die Spitzen
seiner Nervenzweige zu den Empfindungswärzchen, wo sie die Spitzen
anderer Fasern in sich aufnehmen, und zum Gehirn, als zum Herzen,
zurückführen. Hier sehen wir also als Hypothese die so viel später von
Bell beschriebenen Nervenkreise deutlich gezeichnet, und auch
Jessens darauf entwickelte Annahme eines Kreislaufs im Nervensystem angedeutet. Jedenfalls hat Prochaska [3]) die Frage über die
verschiedenartige Funktion der vorderen und hinteren Rückenmarkswurzeln erst später als Unzer aufgeworfen.

Stahls noch älterer (1708) Motus tonico-vitalis hat mit dem
Griesingerschen psychischen Tonus nichts Gemeinsames, er vertritt
nur ein teleologisches moralisches Prinzip. Dem Begriff der Reflexaktion nahestehend sahen wir Descartes (S. 87). Griesinger war
es vorbehalten, in seiner Arbeit über psychische Reflexaktionen Klarheit zu bringen; sie hatte den Untertitel: „mit einem Blick auf das
Wesen der psychischen Krankheiten". Dabei wollte er die Begriffe und Gesetze zur Anwendung bringen, welche die neuere Physiologie für eine Anzahl anderer Phänomene an der organisierten Materie
geschaffen und entwickelt habe, sich aber auch der Leuchte der em-
pirischen Psychologie bedienen.

Den Begriff der Reflexaktion meint er bei Reil in dessen Rhap-
sodien (1818) ausgesprochen vorgefunden zu haben; vermutlich handelt
es sich um folgende Sätze im § 12, S. 111 ff., wo Reil in seiner plastischen
Sprache sagt:

---

[1]) Abhandlung über die Krankheiten des menschlichen Verstandes, welche von
dem geschwächten Hirnmark entstehen. 1753.

[2]) Erste Gründe der eigentlichen thierischen Natur thierischer Körper. Leipzig
1771. Vorwort. — Vgl. „Deutsche Irrenärzte" Bd. I. S. 13. Berlin 1921,
Julius Springer.

[3]) Neuburger, Wien. med. Wochenschr. 1909. Nr. 37.

„Das Nervengebäude ist eine höchst zusammengesetzte Maschine und von einer solchen Ausdehnung, daß, wenn man dasselbe aus dem Menschen herausheben könnte, es als Nervenmensch in gleichem Umrisse dastehen und den Rückstand als ein Caput mortuum zurücklassen würde. Seine peripherische Grenze ist gleich einem entfalteten Fächer gegen die Welt gerichtet. Von derselben kehrt es sich selbst zurück, und sammelt sich wie ein umgekehrter Kegel in dem Brennpunkt des Gehirns. Außer den Geschäften, die ihm als Bewegungs-, Gefühls- und Sinneswerkzeug eigentümlich sind, hat die Natur es zum Bande bestimmt, in welchem die zum Bau eines organischen Körpers nötige Mannigfaltigkeit von Instrumenten zur Einheit eines Individuums verschlungen sind. Es reiht die zerstreuten Organe des Körpers an seine Äste auf, verbindet sie durch untergeordnete Herde zu eigenen Getrieben, und sammelt diese endlich alle in seinem großen Mittelherd auf.

Außer den Kräften, die das Nervensystem von seiner beharrlichen Materie hat, wirkt in demselben höchst wahrscheinlich noch ein animalischer Lebensstrom, der nach einer gedoppelten Modifikation seine Einflüsse umtauscht. Er ebbet und flutet, häuft sich an und zerstreut sich wieder, wogt von Pol zu Pol, bewegt sich in Zügen und Kreisen, wozu ihm der Mechanismus des Nervensystems, dessen Knoten und Geflechte und seine kleinen und großen Zirkel behilflich sind."

Man vergesse nicht, daß Reil dies ohne Kenntnis der Bellschen Gesetze von den Nervenkreisen schrieb und ohne Kenntnis der Reflexvorgänge. Auch seine Schilderung des Nervengebäudes als Verbindung untergeordneter Herde zu eigenen Getrieben eilt den neuesten Anschauungen Kraepelins, über den Aufbau auf phylogenetischer Grundlage vorgebildeter Einrichtungen, voraus.

Ein Vorläufer der Ansichten über psychische Reflexe war auch Gall, wie Möbius[1]) nachgewiesen hat, und dabei seine eigene Meinung entwickelte, indem er sagte:

„Die Physiologie ist dahin gelangt, in jedem Lebensvorgange den Reflex wiederzufinden: Reiz, bzw. Reizbarkeit und Reaktion. Ein einfacher Winkel ist das Schema des Lebens. Dem, der mit der „monistischen" Auffassung Ernst macht, muß es einleuchten, daß so, wie Äußeres und Inneres überhaupt einander entsprechen, dem von Außen als Reflex erscheinenden Vorgange ein Innerliches entsprechen müsse. Reiz, Reaktion dort, Empfinden, Wollen hier. Der aufsteigende Schenkel des Winkels heißt Wahrnehmung, der Scheitel Lust-Unlust, der absteigende Schenkel Wollen-Nichtwollen. Das sind die seelischen Elemente, und es kann kein seelisches Geschehen geben, in dem sie nicht alle vorhanden wären. — — wo Leben ist, da ist auch Bewußtsein, wo Bewußtsein ist, da erscheint es in der Form des seelischen Reflexes; — — das seelische Leben mag sich steigern, vervielfachen, verwickeln, wie es will, immer handelt es sich nur um die Vervielfachung und Verflechtung der psychischen Reflexe."

Während Griesinger es als das Verdienst von Marshal Hall und Johannes Müller bezeichnet, den Begriff der Reflexaktion empirisch begründet und nachgewiesen zu haben, gibt er es als seinen Hauptzweck an, die Parallelen zu ziehen zwischen den Aktionen des Rückenmarks (und der Medulla oblongata) mit denen des Gehirns, sofern es Organ der psychischen Erscheinungen im engeren Sinne sei. Stromeyer hatte den Begriff der Reflexaktion in dem Sinne erweitert, daß er ihm Ausdehnung gleichsam in umgekehrter Richtung gab durch Auf-

---

[1]) Franz Joseph Gall. Leipzig 1905. S. 163 ff.

stellung des sog. motorisch-sensitiven Reflexgesetzes, wie Griesinger mitteilt. Dieser entwickelt dann die Schwankungen des Reflex-
begriffes, bezeichnet die Annahme einer Rückenmarksseele zur Vermittlung der Gegensätze als nicht hinreichend, und untersucht endlich
die Verbindung der Reflexaktion mit Vorstellungen, auf die es am
Ende ankomme:

„Betrachten wir die Übergänge zentripetaler in zentrifugale Aktion — in der
Reihenfolge, daß wir erst allmählich zu den mit „Willkühr“ und mit „Bewußtsein“
auf psychischem Gebiete vor sich gehenden, aufsteigen, so finden wir als erste Stufe,
gleichsam in der Sonnenferne des Bewußtseins — den Tonus der Muskeln, des
Zellgewebs und der Gefäße. — — So unabhängig diese Erscheinungen von unserem
direkten Willen sind, und so wenig sie uns unmittelbar ins Bewußtsein fallen, so
findet man doch bei näherer Betrachtung alsbald ihre große Abhängigkeit von dem
Inhalt der Vorstellungen.“ Wir sehen ja, wie traurige Vorstellungen den Tonus
der Muskeln erschlaffen, den Turgor der Gefäße (bei Schamröte) modifizieren;
Griesinger erkennt darin eine Förderung oder Hemmung, die nicht von dem
Inhalt einzelner Vorstellungen ausgehen, sondern es scheint ihm der durch sie im
Vorstellungsorgan hervorgerufene Zustand als Ganzes eine entsprechende Stimmung im Rückenmark, eine Erhöhung oder Verminderung des Tonus zu veranlassen. Dieser Zustand bilde sich offenbar nur aus den zentripetalen Eindrücken
der sensitiven Nerven. „Ein Teil der Zustände der sensitiven Fasern (von der
Haut und den Sinnesorganen) wird uns in der Form der Empfindung bewußt,
ein anderer gewiß ebenso großer Teil (aus dem ganzen übrigen Körper)
fällt gar nicht direkt ins Bewußtsein. Beide Arten von Eindrücken, welche indessen nicht scharf getrennt sind, geben zusammen die Summe aller Erregungen
des Zentralorganes; der ganze Inhalt der sensitiven Seite des letzteren ist gleich
dem Inhalte aller zentripetalen Eindrücke [1].“

Zu diesen kommen hinzu alle die auf dem Wege der Reflexketten sich bildenden Eindrücke, ist ein Satz, den ich hier ein-
schiebe, wo die Griesingersche Reflexaktion auf dem Sprung ist,
denselben Schritt zu tun. Er fährt fort:

„Das Zentralorgan hält aber diese Eindrücke nicht in ihrer den einzelnen
Fasern entsprechenden Sonderung fest, sondern in ihm, als Ganzen bildet sich in
jedem Moment ein aus allen zusammen herausgekommenes mittleres Fazit der
Erregung, und eben dieser mittlere Zustand scheinbarer Ruhe ist es, der
den Tonus unterhält und reguliert.“

In den folgenden Sätzen finde ich wieder die Reflexkettenvorgänge anschaulich geschildert:

„Offenbar müssen also die sensitiven Eindrücke im Zentralorgan einem Prozesse
unterworfen sein, durch welchen ihre Besonderheit zum größten Teile aufgehoben
wird, sie unter sich zusammengeleitet, vermischt, unendlich vielfach
kombiniert und in dem ganzen Organ so verbreitet werden, daß eben ein Zustand
des Ganzen als Fazit daraus hervorgeht.“ Diesen ersten Vorgang nennt er Zerstreuung der zentripetalen Eindrücke; einen zweiten Akt findet er in der
motorischen Anregung, sowohl für den Tonus wie für die Bewegung der Muskeln.
Als Beispiel für den Muskeltonus dient ihm die besondere Beziehung, die einzelne
Partien (wie Wangenhaut, Tränendrüse, Dickdarm usw.) zu einzelnen Empfin-
dungs- und Vorstellungszuständen zeigen; es sind dies zum Teil solche Vorgänge
und Zustände, die den mimischen Gesichtsausdruck bedingen, wie wir Abschnitt A II sahen.

---

[1] Gesammelte Abhandlungen. Bd. 1. S. 12, von mir die Worte gesperrt.

Auch hier deutet Griesinger an, daß die Vorstellungen ihre Quelle ebenfalls in zentripetalen Eindrücken haben, und daß diese es wieder sind, auch bei Bewegung infolge von Vorstellung, von denen in letzter Instanz die motorischen Antriebe abhängen. Innerhalb des Gehirns wiederhole sich also wieder derselbe Vorgang der Zerstreuung und der Bildung eines mittleren Zustandes scheinbarer Ruhe, es bilde sich ein Tonus des Vorstellungsorganes. Beobachtungen, besonders an Kindern gemacht, veranlassen ihn einige Betrachtungen über die Zeit einzuschieben, die oft zwischen dem erhaltenen Sinneseindruck und der reflektierten Ausführung liege; in dieser Zeit denkt er sich das Abspielen des Vorstellungsvorganges; ähnlich sieht er den Ablauf eines Teils der physiognomischen Bewegungen und die Sprache an. Er wirft noch die interessante Frage auf, ob die verschiedenen Wurzeln der Sinnesnerven nicht den Zweck der Zerstreuung haben, z. B. der Sehnerv mit seinen Beziehungen zum Thalamus opticus, den Corpp. genicul.; doch will er das Gebiet erlaubter Hypothesen nicht überschreiten und fragt nicht, ob dem Vorstellen selbst und dem Streben getrennte Faserungen entsprechen, wie Empfinden und Bewegen im Rückenmark an zwei gesonderte Nervengruppen geknüpft seien.

Indem er dann das Gebiet der bewußten Vorstellungen betritt, betrachtet er das Bewußtsein nicht als etwas zu den Vorstellungen Hinzutretendes, sondern es beruhe eben auf der Intensität, Stärke und Klarheit der einzelnen Vorstellung. In Anlehnung an ein Beispiel von Johannes Müller entwickelt er in anschaulicher Weise die Vorgänge beim Anblick eines Kunstwerks, wobei die Reflexkettenvorgänge deutlich aneinander gereiht werden, aus unentwickelten Gegensätzen Gefühle von Lust und Unlust entstehen, die sich wieder in einzelne Vorstellungen trennen, sich mit früher vorhandenen kombinieren und die Kreise des vorhandenen geistigen Vorrats durchlaufen. Es folgt dann die im Lehrbuch kürzer von ihm gegebene Ausführung seiner Ansicht des psychischen Tonus zusammenfassend mit folgenden Worten:

„Wie aber aus der Zerstreuung der zentripetalen Eindrücke im Rückenmark für dieses Organ als Ganzes ein Zustand hervorgeht, welcher die mittlere motorische Tätigkeit, den Tonus reguliert, geradeso bildet sich im (großen?) Gehirn aus der ganzen Masse der zerstreuten und unter sich kombinierten Vorstellungen ein Zustand scheinbarer Ruhe, welcher die Kraft und die Gewohnheit der Richtung der psychischen Bewegung, der Bestrebung reguliert. Dies Verhältnis der Summe aller Vorstellungen als eines Ganzen, zu der Kraft, Leichtigkeit und Richtung der möglichen Bestrebungen, dieser psychische Tonus wird zum Teil mit den Worten Gemüth und Charakter bezeichnet." In einer Anmerkung fügt er hinzu: „Gemüth nennt man meistens den oben bemerkten Zustand, insofern man sich ihn als ruhenden oder rezeptiven denkt, Charakter insofern er gerade auf eine Strebung regulierend wirkt." Auch beim geistigen Tun beruht ihm alles Streben und Schaffen auf organischer Nötigung, ganz wie im Rückenmark die Reflexaktion auf organischem Zwang und Drang; die im Kreise der bewußten Vorstellungen aufgenommenen Eindrücke werden zu motorischen Anregungen.

In seiner Geschichte der Medizin (1863) hat Leupoldt (in § 94) einen eingehenden Abschnitt über die Geschichte der Psychiatrie gegeben, in dem er auch die Frage der Reflexe berührt. Er sieht in Gefühlsstimmungen = Gemüt eine Art Ausgleichung zwischen zentripetaler und zentrifugaler Leitung. Die gleichzeitigen Schritte Jessens, die in „der Luft schwebende Psychologie mit der Physiologie in nähere Verbindung zu bringen", sowie Idelers und Griesingers Arbeiten kennt er; mit letzterem besonders stimmt er nicht ganz überein, doch folgt er seinen Ausführungen über den Einfluß der Gemütsbewegungen auf den Ablauf der Vorstellungen, namentlich auch der durch vegetative und spinale Wege bedingten.

Welchen großen Wert Griesinger selbst auf die Vergleichung von Empfindungs- und Bewegungsphänomenen im Rückenmark mit psychischen legte, beweisen die im nächsten Jahre (1844) ebenfalls im Archiv für physiol. Heilkunde erschienenen: „Neuen Beiträge zur Physiologie und Pathologie des Gehirns". In der Einleitung sagt er:

„Wie sich Goethes Idee und Okens Nachweis gemeinschaftlicher Bildungsgesetze für die Wirbel- und Kopfknochen höchst fruchtbar für das Verständnis des Schädelbaues erwies, so dürfen wir hoffen, daß auch aus der Vergleichung zwischen den Lebenstätigkeiten des Rückenmarks und des Gehirns sich gewisse fördernde Gesichtspunkte für die richtige Auffassung der psychischen Erscheinungen ergeben werden." In seinen frühesten, wie in seinen letzten, 20 Jahre späteren Arbeiten hält er diesen Gedanken unter gewissen Einschränkungen und Erweiterungen fest. So gibt er diesem Vergleich einmal [1]) die feste breite Unterlage normaler physiologischer Vorgänge: „Wie in der sog. Muskelempfindung das Zentralorgan von dem Zustand des motorischen Nervensystems wieder Notiz nimmt, so werden auch diese Zustände der motorischen Seite des psychischen Lebens wieder bewußt; die krankhaft psychische Mattigkeit, die Willenlosigkeit, das einseitige Festgehaltensein und die konvulsivischen Erschütterungen des Strebens werden rückwärts als eine Art motorischen Schmerzes perzipiert, der die Summe des vorhandenen peinlichen Zustandes noch vermehrt." Auf das rückwärts sei besonders hingewiesen. — „Ich habe darauf aufmerksam gemacht, daß Vieles beim Irresein auf Störungen in den normalen psychischen Reflexen beruht." Aus dem Streben und seiner freien Entäußerung erklärt er die Lust, aus der Hemmung der Bewegung des Wollens das Leid; körperliche und geistige Förderung und Hemmung des Strebens stehen nebeneinander. An anderer Stelle [2]) bespricht er die innige Verbindung psychisch-anomaler Zustände mit anderen Nervenkrankheiten. Wie eine Neuralgie Mitempfindungen an andern Körperstellen hervorrufen könne, so rufe sie auch Mitvorstellungen krankhafter Art hervor. Daß dies auf dem Wege der Reflexkreise geschieht, möchte ich einschieben. Einen ähnlichen Gang geht dann folgende Auseinandersetzung: „Bei einer Menge von Nervenkrankheiten haben wir ja solche Zustände vor uns, wo zahlreiche Mitempfindungen, Mit- und Reflexbewegungen in Nervenpartien, die im geringsten nicht der Sitz der ursprünglichen Reizung sind, die Haupterscheinungen ausmachen. So gibt es auch in den psychischen Störungen einen pathologischen Mechanismus, den man als eine erhöhte Zerstreuung, als eine Ausbreitung

---

[1]) Pathol. u. Therap. d. psych. Krankh. 1861. S. 37 ff.

[2]) Vortrag zur Eröffnung der Klinik für Nerven- und Geisteskrankheiten in der Königl. Charité in Berlin 1866 im Arch. f. physiol. Heilk. S. 338.

der Erschütterungskreise bezeichnen kann; andere ganz entfernte Gebiete, welche bei gesunder Hirntätigkeit von dieser ersten Funktionierung ganz unberührt geblieben wären, klingen mit, es werden zahlreiche Mitvorstellungen und Reflexe in den Strebungen bald von anderen Vorstellungen, bald von bloßen Sensationen angeregt."

In demselben Vortrag finden wir dann noch eine Ausdehnung des Begriffs der Aura bei Epilepsie auf psychische Zustände, die mir von ganz besonderer Wichtigkeit zu sein scheint. In einer Menge von Fällen leite die Aura den epileptischen Anfall ein, der in Krämpfen explodiere; es gäbe aber Fälle permanenter, nicht explosiver Aura, wo diese nichts anderes als eine Geistesstörung setze. Er führt dann Fälle von Präkordialangst an, in denen die Sensation zuweilen sehr ausgesprochen den strömenden Charakter wie eine wirkliche, nur eben nicht explosive Aura zeige. Dann erwähnt er einen Geisteskranken, bei dem die Aura explodierte, nicht in einem epileptischen Anfall, sondern in einer schrecklichen Gewalttat. Ich möchte diesen Ausdruck Explosion, der die klinischen Vorgänge treffend bezeichnet, in Beziehung setzen zu Kassowitzs Auffassung von der Reizleitung in den Nervenfasern (s. oben S. 69); das die Bahn erfüllende reizbare Protoplasma wird an einer Stelle durch einen Reiz zum oxydativen Zerfall gebracht; der Protoplasmazerfall pflanzt sich von einem Querschnitt zum andern in der Weise fort, daß die Zerfallsprodukte als neue Reize wirken; diesen Vorgang verglich Kassowitz an anderen Stellen mit einem weitmaschigen Netzwerk leichtverbrennlicher Fäden in einer Röhre, oder mit eingepreßtem Werg ausgefüllt; hier erscheint auch die mehr oder weniger explosive Wirkung physiologisch begründet, die manchen Vorgängen in den Nerven entspricht. Exner hatte die begünstigende Wirkung vorhergehender Reize auf die Erregbarkeit zentraler Nervenbahnen als „Bahnung" zusammengefaßt; Kassowitz erklärt diese Bahnung daraus, daß im gereizten Nerven ein Teil der festen Bestandteile in dem protoplasmatischen Netzwerk der Elementarfibrillen eingebüßt sei, mehr flüssige [1]) Teile als im ungereizten Nerven da seien, daher eine Widerstandsverminderung eintrete, während eine Untererregbarkeit des Nerven von einer zu dichten und einer zu lockeren Netzstruktur des leitenden Protoplasmas abhänge (S. 40 u. 43). Daß hierbei explosive Vorgänge und Wirkungen eintreten können, erscheint verständlich; aber auch der Ablauf aller psychischen und Nerven-Vorgänge wird in diesem Rahmen des Zerfalls und Aufbaus protoplasmatischer Substanzen deutlicher.

Es ist nicht nötig für unsern Zweck den verschiedenen Wandlungen von Griesingers Einteilung der psychischen Störungen hier zu folgen. Der Weg führte ihn von der Zellerschen Einheitspsychose aus zu der später weiter ausgeführten Annahme, daß Abweichungen in der Zerstreuung der Vorstellungen, und ihres Überganges in Bestre-

---

[1]) Vgl. hierzu Schaffers Hyaloplasma in Zeitschr. f. d. ges. Neurol. u. Psychiatrie, Bd. 21 (1914). S. 49—76.

bungen, erhöht und erleichtert, oder erschwert und gehemmt seien; besonders der meistens dabei hervorgerufene Zustand psychischer Unlust erscheint ihm als Ausgangspunkt für die ganze Reihe der Veränderungen. Immer aber behält er den Vergleich der psychischen Vorgänge mit den Reflexvorgängen auch im Rückenmark und in der Med. obl. im Auge. Schwermut, Tobsucht, Wahnsinn — Depression, negative Stimmungen und Affekte, bis zu expansiven, affirmativen Affekten — sympathische Reizung von anderen Organen aus, können zusammen durch motorisch-sensitive Reflexe den Vorstellungstonus ändern. Diesen primären Vorgängen im Gehirn folgt der Vergleich sekundärer mit entsprechenden im Rückenmark; wie in diesem übermäßige motorische Reaktion (Kontraktion) sekundäre Abnormitäten in den Empfindungen (Neuralgie) zur Folge haben, so währe es bei Schwermut und Tobsucht nicht lange, bis die ursprünglichen Strebungen dauernde Veränderungen in den Vorstellungen hinterlassen. Bis in Einzelheiten findet er einen Parallelismus zwischen den Lebensäußerungen des Rückenmarks, Empfinden und Bewegen, und zwischen denen des Gehirns, Vorstellen und Streben.

In den „Neuen Beiträgen" (S. 70 ff.) fordert er, daß die Analogie zwischen den krankhaften psychischen und zwischen den abnormen Rückenmarkserscheinungen im Einzelnen durchzuführen sei; die Krankheitsformen beider Organe müssen sich demgemäß entsprechen, daß man sogar verlangen könne auch in der Bezeichnung dieser Zustände für diese innere Identität einen Ausdruck zu finden. Wie seit Bells Entdeckung ein Verständnis der Rückenmarkssymptome möglich sei, so würden auch beim Gehirn nur aus einer Lokalisierung seiner einzelnen Lebensakte die Vorgänge des psychischen Lebens, auch seine Abweichungen begriffen werden können. Der Spinalirritation des Rückenmarks stellt er eine Zerebralirritation gegenüber; direkt und primär aufs Gehirn oder Rückenmark einwirkende Stöße, Schläge, Commotionen, Überanstrengung einzelner Organe oder des Geistes werden verglichen. Wie an der neuralgischen Wange in vielen Fällen jede Berührung den Schmerz hervorruft, so ruft im Schwermutszustande jeder psychische Anspruch einen schmerzlichen Seelenzustand hervor.

Wir finden auch den Satz: „Alle psychischen Neurosen haben mit den übrigen das gemein, daß die Heftigkeit der Aktion mehr im Verhältnis zur vorhandenen Disposition, als zur einwirkenden Ursache steht." Die hier angenommenen inneren Ursachen haben wir als im Stoffwechselprozeß der Nervengebiete entstehend anzusehen, da ein großer Teil dieser Dispositionen durch schon im Keime sich entwickelnde Stoffwechselvorgänge als erblich erworben anzusehen ist. Besonders für die motorische Seite führt Griesinger die Vergleiche noch schärfer fort durch Betonung der den Kontrakturen ähnlichen tonischen und krampfhaften Zustände bei der Schwermut, die rückwärts wieder zu neuen schmerzhaften Vorstellungen führen; wie in Stromeyers

Fällen die Kontraktur zur Neuralgie Anlaß gab. Wie unwillkürliche konvulsivische Bewegungen, Exzesse der motorischen Aktionen, Zittern, verbreitete Zuckungen mitunter die Neuralgien begleiten, und zwar besonders ihre höheren Grade, so begleiten konvulsivische Strebungen die geistige Angst. Häufig geschehe dies als Übergang zu dem im engeren Sinne konvulsivischen Gehirnzustand, der Manie. Diese psychische Konvulsion in der Manie erinnert ihn an die psychische Epilepsie, wobei die Stoffwechselvorgänge explosiver Art sein werden nach der wiederholt gegebenen Auffassung. In beiden Zuständen — Schwermut und Tobsucht — tritt die Stimmung oft unvermittelt hervor, der Kranke sagt: „Ich habe Furcht!" — gefragt wovor? — „Ich weiß es nicht, aber ich fürchte mich." Unwiderstehlich wird der Maniakalische zu seinem Tun und Treiben genötigt; einen Grund dafür kann er nicht angeben. Am deutlichsten zeige sich dieses, wenn aus dem neuen Einfluß überspannter Empfindungen und Vorstellungen wieder rückwärts neuer Anlaß zu abnormen Strebungen, ein Circulus vitiosus sich entwickle. Er schildert dann zirkuläre Zustände, deren Entstehung, wie die des manisch-depressiven Irreseins, immer klarer sich als Reflexkettenvorgang, auf Zerfall und Aufbau im Stoffwechsel des Nervenprotoplasmas begründet, für uns entwickelt.

Den weiteren Vergleichen Griesingers zu folgen lohnt sich nicht, weil er bei ihnen nur Andeutungen gibt, die sich, wie z. B. der Vergleich der Moria (Narrheit) mit Paralysis agitans nicht durchführen lassen; aber noch im Mai 1868, bei Eröffnung der psychiatrischen Klinik in Berlin, zeigte er, wie ihn diese Gedankenreihen bis zum Ende seines Lebens bewegten mit den Worten: „Wie gewisse Krampfformen gewissen Neuropathien, z. B. der Hysterie, der Epilepsie eigentümlich sind, so kommen eben auch gewisse bestimmte Weisen, sich im Handeln zu verhalten, als Symptome diesen beiden zu." In seinen „Neuen Beiträgen" hatte er es noch abgelehnt zwischen den verschiedenen Formen der Zerebralirritation diagnostische Unterschiede auf pathologisch-anatomischer Grundlage aufzustellen, obwohl er prinzipiell an der Möglichkeit festhielt es zu tun, wie beim Rückenmark zwischen chronischer Spinalirritation und Meningomyelitis.

Es folgte nun der wichtige Satz: „So beweist uns also bis jetzt weit weniger die pathologische Anatomie, daß das Gehirn im Wahnsinn erkrankt ist, als die Physiologie"; und es hieß weiter: „— ganz ebenso, wie wir bei der Spinalirritation, welche ja des anatomischen Charakters entbehrt, nur durch physiologische Erfahrungen und Schlüsse den Sitz der Störungen kennen lernten". Indem Griesinger dann den Ausdruck „reizbarer Schwäche" von Zuständen des Rückenmarks auf das Gehirn überträgt, sprach er auch hier wieder von dem Tonus der psychischen Gehirnaktion: „— während man sich diesen Tonus schon im normalen Zustande, zwar als einen stets mobilen, aber doch innerhalb einer gewissen Breite, bei Mangel stärkerer Reize,

durch Gewohnheit beharrenden zu denken hat, so ergeben sich bei
der genannten Disposition leicht die in mannigfaltiger Äußerung her-
vortretenden Gemütsbewegungen, Affekte und Stimmungen des
Wahnsinns. Wirklich ist es die Gemütsstimmung, der Tonus des Gehirns als psychischen Organs im ganzen, was zuerst im Wahnsinn verändert erscheint."

Diese bestimmte Hervorhebung der Physiologie gegenüber der
pathologischen Anatomie ist, soviel ich sehe, nicht besonders beachtet
worden; Meynert [1]) tritt vielleicht sogar in einen gewissen Gegensatz
dazu, wenn er diese Ansichten Griesingers zwar als „noch heute lesens-
wert" bezeichnet, weil dadurch wohl zuerst der richtige Weg zur Betrachtung aller Bewegungsvorgänge eingeschlagen sei; dann aber den von
Griesinger gebrauchten Ausdruck „triebartig" bekämpft, weil er die
maniakalischen Bewegungen nicht von reflektorischen unterscheide; er
weist auch auf die von Spielmann [2]) dafür eingeführte „krankhafte
Spontaneität" hin. Heutzutage sind ja manche von Griesingers
Lehren überholt, aber abgesehen davon, daß er seinerzeit führend war
und der Entwicklung der Psychiatrie noch lange ihre Richtung gegeben
hat, so sehe ich gerade in der Hervorhebung physiologischer Forschungs-
wege seine Bedeutung sich für unsere Zeit wieder erneuern; seine Gedanken über psychische Reflexaktionen und psychischen Tonus
treffen wieder zusammen mit den im Vorstehenden entwickelten For-
schungsergebnissen über Reflexvorgänge und Nervenkreise. Ich
glaube die moderne Psychiatrie, die so große Fortschritte im ganzen
und im einzelnen gemacht hat, wird ihre ätiologischen, pathologisch-
anatomischen und klinischen Wege wieder mehr auf den breiten Weg
der Physiologie zusammenleiten, den Griesinger geführt hat. Krankheit ist dann immer nur eine Störung normaler physiologischer Vorgänge; bei psychischen Krankheiten bedingt durch Veränderungen der
Stoffwechselvorgänge in den Reflexkreisen des ganzen Zentralnervensystems, auch wenn diese durch äußere Ursachen hervorgerufen wurden.
Wo pathologisch-anatomische Erkrankungen des Gewebes hinzukommen,
diffus oder herdartig, verändern sie die physiologischen Vorgänge in bestimmter Art; doch nicht so sehr klinische Einzelbilder als das nur veränderte physiologische Gesamtbild gilt es zu erkennen. Die Gefahr,
immer wieder neue klinische Formen zu suchen und zu finden, die es
uns jetzt so schwer macht, allgemein gültige Ansichten in der Psychiatrie
zu erwerben, wird durch die Betrachtung nur weniger großer Gruppen
verringert, die einer Zusammenfassung statt einer Trennung in viele

---

[1]) Beiträge zur Theorie der maniakalischen Bewegungserscheinungen nach dem
Gange und Sitze ihres Zustandekommens. Arch. f. Psychiatr. u. Nervenkrankh.
1868. Bd. 2. S. 622ff.

[2]) Diagnostik der Geisteskrankheiten. 1855. — Übrigens hat Jessen schon
1838 (Berl. Enzyklopäd. Wörterbuch S. 513 im Artikel „Insania") diesen Begriff
„Spontaneität".

Einzelformen zustreben. Vielleicht werden dann auch viele der neuen Namen unnötig, die jetzt neben den alten verwirren und daran hindern, die oft so wichtigen neuen Anschauungen zu erkennen und zu benutzen; denn es ist voll anzuerkennen, daß die Einführung mancher neuer Namen zu richtigeren Anschauungen geführt hat, andererseits lassen sich aber die dabei gewonnenen Begriffe auch in das einfachere Schema einführen: so deuten z. B. Diaschisis und Schizophrenie auf Abspaltung von Reflexkreisen aus größeren Reflexkettenvorgängen. Ich hoffe durch Untersuchungen des Gesichtsausdrucks im Sinne dieser Anschauungen das Verständnis psychischer Krankheiten zu erleichtern; dazu dienten besonders die bis hierher geführten Erörterungen über Reflexvorgänge.

Um nun die Grundlagen für die beabsichtigte Einteilung in Gruppen psychischer Krankheiten zu sichern, muß ich vor allem noch den Begriff des Tonus schärfer zu fassen suchen. Im Verlaufe der vorstehenden Untersuchungen ist dieser Begriff uns unter so vielen Wandlungen begegnet, daß er eine schärfere übersichtliche Zusammenfassung verlangt. Schon die Begriffe Muskeltonus und Nerventonus verlangen eine solche, insofern die dem Muskeltonus zugrunde liegende Quellung des Gewebes nicht ohne weiteres den Spannungszuständen im Nerven an die Seite gesetzt werden kann. Zur Aufklärung hilft uns nun die physikalische Chemie, deren Bedeutung für die innere Medizin immer mehr hervortritt. In seinem umfassenden Werke darüber entwickelt Schade [1]) unter dem Namen Isotonie einen Tonus des osmotischen Blutdrucks und der Gewebsflüssigkeiten, welcher uns dazu führt, diesen osmotischen Tonus mit dem Muskel- und Nerventonus zu einer großen gemeinsamen Gruppe zu stellen, für die dann die Bezeichnung des Biotonus nach dem Vorgange von Verworn [2]) nahe liegt.

Schade nennt (S. 141) Isotonie = Konstanterhaltung des osmotischen Drucks auf der dem menschlichen Serum spezifischen Höhe; diese Konstanterhaltung geschieht vom Körper mit einer derartigen Exaktheit, daß selbst bei Krankheiten nur selten geringe Abweichungen zur Ausbildung kommen; erst verfeinerte Untersuchungsmethoden ermöglichen den Nachweis. Es scheint mir nun denkbar, daß die bei dieser Serumuntersuchung [3]) für die Gruppen der Ionen, des osmotischen Drucks und der Kolloide gefundenen Ergebnisse auch für das Nervensystem die Richtung geben, da hier verwandte Störungen im Stoffwechsel und seinem Ausgleich in Frage kommen. Vielleicht sind schon im Hygroplasma der Nervensubstanz Schwankungen des osmotischen Drucks anzunehmen; Bindegewebsflüssigkeit umspült das Nervengewebe fast überall, daher ist eine regulatorische Wirkung hier wohl ebenso vorhanden, wie Schade

---

[1]) Schade, Die physikalische Chemie in der inneren Medizin. 1921. Steinkopff. S. 71, 90, 95—97, 141, 163—174, 307, 309, 313, 371—373, 429—431.

[2]) Max Verworn, Allgemeine Physiologie. 1909. 5. Aufl. S. 578ff.

[3]) Zum Serum rechnet Schade Blutserum, Lymphe und Gewebsflüssigkeiten.

sie für die Konzentration des Blutes annimmt als Isotonie. Diese definiert er so:

„Die Konstanz des osmotischen Drucks bedeutet, daß die Summenzahl im Blutserum gelöst enthaltener Ionen + Moleküle, abgesehen von einer minimalen physiologischen Schwankungsbreite, zu jeder Zeit und unter allen Bedingungen äußerer und innerer Beeinflussungen in einer ganz bestimmten Höhe gefunden wird."

Mutatis mutandis wird dies auch für das Nervenhygroplasma und den Gewebsflüssigkeitsstrom um die Nervensubstanzen gelten. Im Anschluß an die von Kassowitz angenommenen oxydativen Zerfallsprozesse lag mir dies so nahe, daß ich Herrn Kollegen Schade bat, meine Auffassung zu prüfen; er schrieb mir dann (Nov. 1920):

„Die Oxydationsvorgänge in den Nervenzellen lösen sicher osmotische Änderungen aus, da mit der Oxydation im Protoplasma die Summe der in Lösung vorhandenen Substanzen sich vermehrt und somit local eine Tendenz zum Anstieg des osmotischen Drucks gegeben ist. Die Fähigkeit des Körpers, überall durch Gefäßausgleich die osmotische Isotonie aufrecht zu erhalten, läßt indessen diese Anstiege sozusagen schon im Keime wieder vergehen. Aber immerhin sind sie schon im normalen physiologischen Zellstoffwechsel bei der Funktion der Organzellen groß genug, um physikochemisch meßbar zu werden und damit auch groß genug, um Nervenerregungen auslösen zu können. — Der Begriff Tonus wird in der Literatur in zweifacher Bedeutung gebraucht. Einmal zur Charakterisierung eines vitalen Spannungszustandes des Muskels und Nervens; der begriffliche Inhalt dieser Art Tonus scheint mir ein verschwommener zu sein und, soweit ich sehe, sowohl die kolloide Quellung als auch eine durch Nerven vermittelte „Spannung" zu umfassen. Demgegenüber ist die zweite Art Tonus, der osmotische Tonus, scharf definiert: es ist einzig und allein jene Spannung, die in einem von einer semipermeablen Membran umschlossenen Raum durch die Verhältnisse des osmotischen Drucks innen und außen bedingt ist. Es mag einen Teil jenes Tonus im ersteren Sinn bedeuten, ist aber keinesfalls mit ihm zu identifizieren. Um ein Mißverständnis zu vermeiden, darf ich daher die von Ihnen gestellte Frage etwas modifizieren. Ich will ihr eine Form geben, in der ich den Satz für unbedingt richtig halte. Auch ich glaube, daß die oxydativen Zerfallsprozesse im Nervenprotoplasma zu osmotischen Veränderungen localer und schnell wieder vergänglicher Art führen und daß durch diese Veränderungen regulatorische, auf die Wiederherstellung der osmotischen Isotonie gerichtete Vorgänge in Tätigkeit gesetzt werden mit dem Erfolg des baldigen Ausgleichs. Hierbei ist es wahrscheinlich, daß local bedingte — „Allgemeingefühle, vielleicht auch reflektorisch sezernierte Hormone mitwirken."

Diese Auseinandersetzungen Schades lassen es mir berechtigt erscheinen, unter Hinweis auf seine Besprechung bio-elektrischer Ströme um die kolloiden Grenzflächen der Zellen (S. 409ff.), die unten folgende Gruppierung zu machen. Ohne auf die interessanten und wichtigen neuen Gesichtspunkte der physikalischen Chemie hier näher eingehen zu können, verweise ich noch auf das Kapitel 12 bei Schade „aus dem Gebiet der Nervenkrankheiten", wo u. a. folgender Satz steht: „— ist eine weitgehende Abhängigkeit der Vorgänge der Nervenerregung vom Ionengehalt des umspülenden Milieus gut verständlich." Dadurch werden auch die Zustände immerwährender mittlerer Bereitschaft im Nerventonus vermittelt, so daß seine Einreihung in die große Gruppe der biotonischen Bereitschaft sich ergibt. Ich stelle also zunächst als Gruppierung auf:

Physiologischer Biotonus = Bereitschaft der gesamten Spannung im Körper zur Lösung der Vorgänge durch Hemmung oder Förderung.

1. Muskeltonus,
2. Nerventonus,
3. osmotischer Tonus (resp. Serum-Tonus).

Dabei folge ich besonders Verworn[1]), dessen Lehren denen der physikalischen Chemie verwandt sind. Aufbau und Zerfall, Werden und Vergehen, in der Zelle, wo er den Ort des Lebensvorganges feststellt, bedeuten den Stoffwechsel des Biogens; dieses ist ein hypothetisches lebendiges Eiweiß, eine chemische Verbindung, im Gegensatz zu dem morphologischen Begriff des Protoplasmas. Die lebendige Substanz der Zelle enthält Stoffe, die der toten fehlen; sie sind von ungemeiner Labilität, Zerfallsprodukte von einer gewissen Ähnlichkeit mit explosiblen Körpern, wie diese von sehr labilem Gleichgewichtszustand ihrer Atome bei sehr lockerer chemischer Konstitution. Beim Zerfall der Biogene bleiben Biogenreste, die als „Satelliten" durch Enzyme zum Aufbau verwandt werden. Die Biogene sind die eigentlichen Träger des Lebens. Ob die Labilität des Biogenmoleküls nur wesentlich bedingt ist durch intramolekulare Einfügung des Sauerstoffs oder ob die Rolle des Sauerstoffs lediglich darin besteht, daß er erst sekundär die aus dem Zerfall hervorgehenden Verbindungen oxydiert, ist nicht entschieden, doch scheinen die Anschauungen sich nicht gegenseitig auszuschließen.

Verworn nennt nun die Gesamtheit aller derjenigen Umsetzungen, die zum Aufbau der Moleküle führen Assimilation, während die Dissimilation alle diejenigen Umsetzungen umfaßt, die vom Zerfall des Biogens bis zur fertigen Bildung der ausgeschiedenen Produkte reichen. Das Verhältnis von Assimilation zu Dissimilation nennt er Biotonus; Stoffwechselgleichgewicht besteht, wenn $\frac{A}{D} = \frac{\text{Assimilation}}{\text{Dissimilation}} = 1$ ist, die Schwankungen in der Größe des Bruchs bringen allen Wechsel in den Lebensäußerungen eines jeden Organismus hervor. Das Gleichgewicht wird erhalten durch eine innere Selbststeuerung des Stoffwechsels der lebendigen Substanz. Es folgt später eine tiefgehende Erörterung über die Wirkung von Reizen auf die Biogene; er bespricht die Interferenz von Reizwirkungen bei Assimilation und Dissimilation, als den Gliedern des Biotonus. Als Paradigma der Hemmung wird die der antagonistischen Muskeln untersucht; eine Übereinstimmung mit Reflexkettenwirkungen liegt nahe. Verworn weist auch sensorische Hemmungsvorgänge nach.

---

[1]) Allgemeine Physiologie. Ein Grundriß der Lehre vom Leben. 5. Aufl. 1909. Kap. VI. „Vom Mechanismus des Lebens." S. 572 ff.

Der Begriff des Biotonus wird von Müller [1]) etwas anders formuliert, als Änderung der allgemeinen Erregungsfähigkeit, die sich vom Gehirn auch auf das verlängerte Mark und die graue Substanz des Rückenmarks erstreckt; durch verschiedene Stimmungen wird der ganze Biotonus und die Leistungsfähigkeit geändert, wobei das vegetative Nervensystem eine Hauptrolle spielt, Müller braucht den Begriff Tonus nicht für osmotische Vorgänge, aber in ausgedehntem Sinne für Vorgänge in Muskeln und Nerven.

Grundlegend ist folgendes (S. 50); es handelt sich im vegetativen Nervensystem nicht wie im zerebrospinalen um den Wechsel von Ruhezuständen und plötzlicher Innervation, sondern um Tonusschwankungen; die vegetative Innervation ist eine antagonistische, aus dem sympathischen Teil (Grenzstrang) und dem parasympathischen (Vagusgebiet) zusammengesetzt; aus ersterem stammende Tonuserhöhung wird begleitet von einem Tonusnachlaß im zweiten; ist der Tonus dauernd in einem der beiden Teilsysteme stärker, so spricht man ja von Sympathikotonikern oder Vagotonikern. In einem labilen Nervensystem sind starke Schwankungen in beiden Teilsystemen häufig (Pupillenschwankungen, Blässe und Röte des Gesichts).

Der Tonus des vegetativen Nervensystems wird in den verschiedensten Beziehungen zu den inneren Organen, der Haut und den Muskeln erörtert; von besonderer Wichtigkeit ist der Abschnitt „Vegetatives Nervensystem und quergestreifte Muskulatur", wo es heißt:

„Die Lehre, daß die glatte Muskulatur vom vegetativen, die quergestreifte aber ausschließlich vom zerebrospinalen System versorgt werde, kannte nur eine Ausnahme und diese betraf die Innervation des Herzens. — 1904 sprach Mosso die Vermutung aus, daß zwar die raschen Zuckungen der quergestreiften Muskeln durch spinale Nerven ausgelöst werden, daß aber die langsamen tonischen Kontraktionen vom Sympatlikus angeregt würden. — Für solche Vermutungen wurden nun von Boeke in Leiden (1909 u. 1913) die histologischen Grundlagen geschafft. Dieser Autor wies nach, daß neben dem markhaltigen Nerven, der zur motorischen Endplatte des Muskels zieht, jedesmal eine feine marklose „akzessorische" Faser zum Muskel gelangt, und daß deren Endorgan von dem des markhaltigen Nerven unabhängig ist und meist nur eine einfache „Endöse" darstellt. Damit gleicht die Endigung der marklosen Faser durchaus den Formen, welche die Nervenendorgane in den glatten Muskeln darstellen. — Boeke hielt diese marklosen Fasern für sympathische autonomer Natur. — de Boer will sowohl für den Frosch wie für die Katze festgestellt haben, daß der Tonus der quergestreiften Muskulatur nach Durchschneidung oder nach Ausreißung des zugehörigen Teiles des Grenzstranges nachläßt."

Nun hält Müller das aber doch noch nicht für genügend begründet, weil die Abnahme des Tonus keine dauernde sei, also auch eine vasomotorische Lähmungserscheinung sein könne. Auch macht er den Einwand, sollte wirklich der Tonus der quergestreiften Muskulatur vom vegetativen Nervensystem unterhalten werden, dann müßte auch das

---

[1]) L. R. Müller, Das vegetative Nervensystem. Berlin 1920. Julius Springer. S. 59.

Kleinhirn mit diesem Nervensystem in Verbindung stehen, denn daß dieses den Muskeltonus beeinflusse, stehe fest. Wenn er dann fortfährt: für die Annahme einer solchen Verbindung fehlen aber einstweilen alle Anhaltspunkte, so erinnere ich an die oben (S. 83) gemachten Auseinandersetzungen über das Kleinhirn als hypothetisches Gemütsorgan. Jedenfalls ist aber die anatomische Feststellung, daß regelmäßig sympathische Fasern neben den markhaltigen auch zu quergestreiften Muskeln ziehen, kaum anders zu verstehen, als daß in ihnen tatsächlich die langsamen tonischen Kontraktionen vom vegetativen, die raschen Zuckungen von spinalen Nerven ausgelöst werden. Bei dem oben besprochenen Spiel der antagonistisch wirkenden beiden sympathischen Teilgruppen, halten vermutlich die Innervationen der glatten Muskeln sich wie die beiden Schalen einer Wage das Gleichgewicht (Müller, a. a. O., S. 49); der Tonus der quergestreiften Muskulatur kann nicht im Gleichgewicht der vegetativen und spinalen Einflüsse stehen, weil die letzteren stark überwiegen. Aber die Bereitschaft zu Tonusschwankungen wird eine gesteigerte sein; so kommen die so unendlich zahlreichen Einflüsse aus Vorgängen zur Geltung, die auch aus den Stimmungen entstehen, welche von den inneren Organen auf das vegetative Nervensystem ausstrahlen.

Aus der Entwicklungsgeschichte bringt Müller Beweise, für die auch klinische und experimentelle Erfahrungen sprechen, daß der Sympathikus neben efferenten auch afferente Bahnen führe; somit gelte auch für das vegetative Nervensystem das Bellsche Gesetz. Auch findet er ein besonderes wichtiges Zentrum für Reflexe im Thalamus opticus und Höhlengrau des 3. Ventrikels, wo lebhafte sensible Reize und durch Stimmungen bedingte Veränderungen auf vasomotorische Bahnen überspringen[1]); da auch alle schmerzleidenden Fasern über den Thalamus opticus[2]) gehen, so ist es ihm wohl verständlich[3]), daß von dort nach dem nahegelegenen Höhlengrau die Schmerzreize irradiieren. Nach einer privaten Mitteilung Nißls an Müller haben die Ganglienzellen des Höhlengraus Ähnlichkeit mit den Ganglienzellen des viszeralen Vaguskerns und den sympathischen Ganglienzellen der Seitenhörner ins Rückenmark. Nur diese entwicklungsgeschichtlich alten Teile im Zwischenhirn scheinen für die vegetativen Funktionen in Betracht zu kommen (S. 45), nicht der Hirnmantel; denn zu bewußten Schmerzempfindungen braucht es nicht zu kommen. Schmerzreflexe können auch im Rückenmark geschlossen werden, weil sie auch nach Durchschneidung des Mittelhirns (der Katze) auftreten (S. 54). Da nicht alle sensibeln Nerven durch intraspinale Fasern mit allen vegetativen Bahnen verbunden sein werden, vermutet Müller, daß durch lebhafte sensible Reize eine allgemeine Verände-

---

[1]) a. a. O. S. 85.
[2]) S. 274, durch das ventro-mediale Kernlager.
[3]) S. 51.

rung der Bioelektrizität des Rückenmarks erfolgt, die ihrerseits dann (über die Rami communicantes) einen Einfluß auf die viszeralen Nerven ausübt. Jedenfalls hält er kortikale Zentren für vegetative Funktionen nicht für wahrscheinlich. Dagegen hält er es für
eine unbestrittene Tatsache, daß die doch schließlich im Gehirn auf
Grund von Assoziationen zustande kommenden Stimmungen und
Gemütsbewegungen sehr wohl imstande sind, die Tätigkeit der
inneren Organe anzuregen oder zu hemmen; es gebe wohl kein vom
vegetativen Nervensystem versorgtes Organ, das nicht durch diese oder
jene Stimmungsart in seiner Funktion beeinflußt würde. Sehr übersichtlich und lebendig werden die vegetativen Wege und Vorgänge geschildert beim Entstehen des Ausdrucks der Wehmut, Verlegenheit,
Freude, Kummer, Scham und Schrecken. Am stärksten treten diese
Dinge hervor im vasomotorischen Gebiet, wobei kein dominierendes
Gefäßzentrum, sondern eine Reihe lokaler zu wirken scheinen. Aber
auch vegetative Funktionen der Haut, unter ihnen besonders die
Innervation der Hautgefäße und der glatten Muskeln der Haarbälge,
sind von gewissen inneren Bedingungen abhängig, von einem Tonus
der Muskel und Nerven, der von affektiven Vorgängen bestimmt wird.
Hat sich in uns eine gewisse unlustbetonte affektive Spannung angesammelt, so kann auf irgend einen beliebigen geringen Reiz eine Entladung, ein Affektausbruch erfolgen, der fast gesetzmäßig auch zu Änderungen in der Innervierung der vegetativen Organe in der Haut führt [1]).
Der Herrschaft des Willens entzogen, können diese durch vegetative
Hautinnervationen entstandenen Ausdrucksbewegungen, besonders
im Gesicht, sehr peinlich werden; wenn die oberflächliche und die tiefe
Gefäßschicht blutleer sind, kann völlige Blässe des ganzen Gesichts
auftreten, wobei ein völliger Spasmus aller Kapillaren vorliegen kann,
wie beim Schrecken, Angst und schweren akuten inneren Krankheiten.
Bei psychischen Erregungen, Muskelanstrengungen, beim Fieber beteiligen sich die Gefäße des Wangenrots auffallend lebhaft, während die
der Nase und dem Mund naheliegenden Hautgebiete, manchmal auch
das Kinn sich dabei passiv verhalten oder sogar abblassen können
(S. 224). Zierl fährt dann fort: „Mit diesen gröberen Farbänderungen
ist jedoch die vegetative Physiognomik keineswegs erschöpft.
Oft beobachtet man Änderungen des Hautturgors, feinfleckige, livide,
rötliche oder anämische Verfärbung des Gesichts, die im einzelnen
schwer zu schildern sind, in ihrer jeweiligen Zusammenstellung dem
Gesicht, dem Ausdruck, dem Blick eine nicht zu verkennende Eigenart
verleihen; solche Alterationen finden wir bei körperlichen und bei geistigen
Ermüdungszuständen, bei Affektausbrüchen (Zorn, Freude, Trauer,
Scham). Die vasomotorischen Erscheinungen zusammen mit der
mimischen Gestaltung der vom Fazialis versorgten Muskulatur lassen

---

[1]) Zierl, bei Müller, a. a. O. S. 218ff.

das Gesicht als das Spiegelbild des körperlichen und geistigen Befindens erscheinen.“

Im Vorwort sagte Müller: „Auch über manche reflektorische Vorgänge im vegetativen Nervensystem, vor allem über diejenigen, die von sensorischen Bahnen auf solche des viszeralen Systems überspringen, können wir uns jetzt annähernd eine Vorstellung machen.“ Dann S. 47: „So wird bei dem diagnostisch so wichtigen Pupillenreflex die durch Licht bedingte Erregung der Netzhaut über den Optikus nach dem Mittelhirn geleitet, dort springt der Reiz auf den Okulomotorius über.“ Ähnliche Vorgänge, von sensibeln Fasern der Konjunktiva und denen der Haut ausgehend, führt er auf vegetativen und spinalen Bahnen zur Tränendrüse, den Schweißdrüsen und Hautgefäßen. Neben solchen Reflexen, welche von sensiblen spinalen Bahnen auf das vegetative System überspringen, gibt es Reflexe, welche im Gehirn oder im Rückenmarke durch Reize des Bluts ausgelöst werden, und solche, die ausschließlich im peripheren Teil des vegetativen Systems ablaufen, im muralen Nervensystem der inneren Organe[1]). Wenn Müller sich vorstellt, daß verschiedene Stimmungen auch verschiedene Gruppen von viszeralen Ganglienzellen im Zwischenhirn, im verlängerten Mark oder im Rückenmark zum Anklingen bringen, so möchte ich diese Auffassung dahin erweitern, daß die Bahnen des vegetativen Nervensystems durch Reflexkettenvorgänge in den gesamten nervösen Kreislauf eingeschaltet sind; und wenn er meint, daß ebenso wie beim Lachen die Ganglienzellen einer Anzahl von Muskelgruppen, wie die des Zwerchfelles, der Stimmbänder, der Gesichtsmuskulatur zur Tätigkeit angeregt werden, ohne daß es ein Lachzentrum gibt, so denke ich auch hier wieder an Reflexketten, insonderheit an einen respiratorischen Reflexkreis, in dem auch der Vagus eine Rolle spielt, wie sich im nächsten Abschnitt über die Bellschen Nervenkreise zeigen wird. Wenn er aber sagt — in der Vorrede —, daß beim Studium dieser wunderbaren Steuerung der Funktionen die Unzulänglichkeit des menschlichen Geistes noch keinen tieferen Einblick erlaube, und daß von der Natur für die Innervation der inneren Organe in morphologischer Hinsicht ganz andere Gesetze geschrieben seien, als sie für das zerebrospinale System gelten, so glaube ich doch, es wird die Einfügung des vegetativen mit dem zerebrospinalen Nervensystem in ein gemeinsames Wissensgebiet eine Forderung bleiben müssen. Die Möglichkeit dafür zeigt auch die anatomische Anordnung des Vagus, welche Reflexkettenvorgänge zwischen seinen motorischen und sensiblen, wie vegetativen Aufgaben erleichtert: nach Müller (Abb. 12) unterscheidet sich der Vagus von allen Nerven dadurch, daß er große innere Organe versorgt. Dies geschieht teil-

---

[1]) S. 48 u. S. 2. Das murale System bilden die an und in den Wandungen der Hohlorgane befindlichen Nervenplexus und Ganglienzellen.

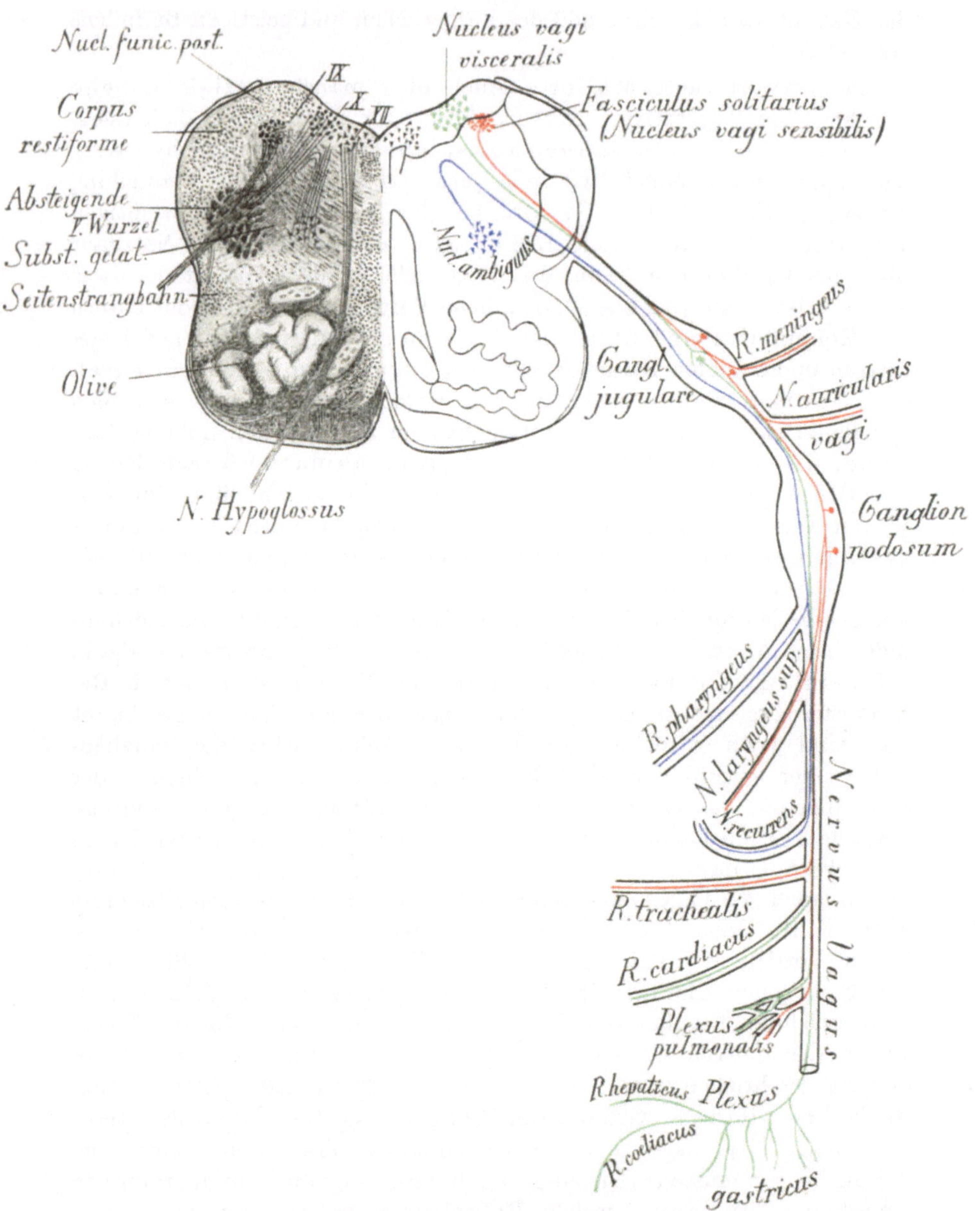

Abb. 12. Ganglion jugulare und nodosum (nach Müller).

weise durch Vermittlung in den Wandungen all dieser Organe ein-
gelagerter Ganglienzellen, besonders aber durch seine beiden größeren
zwischengeschalteten Ganglien, das Ganglion jugulare und das

nodosum, ersteres noch in der Schädelhöhle liegend. Vermutlich ist
diese ausnahmsweise Versorgung mit zwei Knoten als Beweis phylogenetischer Entstehung aus zwei Nerven anzusehen; im Jugular-
knoten mischen sich spinale und vegetative Ganglienzellen. Im verlängerten Mark wird der motorische Nucleus ambiguus für die quergestreifte Muskulatur des Schlundes und Kehlkopfes, der dorsale für
die motorische Innervation viszeraler Organe in Anspruch genommen;
der sensible Vaguskern soll auch mit dem Nucleus ambiguus für
Reflexe verbunden sein; die sensibeln Bahnen haben ihr trophisches
Zentrum in beiden Ganglien, dann gehen sie zur medialen Schleife
und zum Gehirn.

Das Bemühen, allen unsern Betrachtungen eine möglichst gemein-
same Grundlage zu verschaffen, auf der dann die Einteilung der psychischen Erkrankungen zu einfachen Gruppen erstrebt wird, veranlaßt
mich zu einem kurzen Halt mit Rückblick auf die (S. 115) gegebene
Gruppierung des Biotonus. Der uns jetzt geläufiger gewordene Begriff
des osmotischen Tonus will sich neben dem anatomisch begründeten
Muskel- und dem Nerventonus nicht recht einfügen; diese gehören zum
Muskel- resp. Nervensystem, während zunächst der osmotische
Vorgang räumlich nicht allgemein ausgedrückt werden kann. Wie wir
oben gesehen haben, spielen die osmotischen Vorgänge sich in Blutserum, Lymphe und Gewebsflüssigkeiten ab; ich möchte für diese
zusammen nun den Begriff des Serumsystems vorschlagen; dann ergibt sich leicht die Anwendung des Begriffs eines Serumtonus, der
eine einheitliche Gruppierung von Muskel-, Nerven- und Serumtonus
unter dem Begriff des Biotonus ermöglicht. Daß diese drei Arten
auf das vielseitigste und innigste im Körper miteinander verschlungen
auftreten; Muskel und Nerven umspült von den flüssigen Teilen, die
osmotischen Austausch und Reflexe anregen und auslösen; daß dabei
das Nervensystem in der Mitte stehend den Biotonus physisch und
psychisch hauptsächlich regelt und erhält, aber alle drei Systeme notwendig dafür sind, das verschafft uns eine klare einheitliche Anschauung.
Die Reflexkreise im Gebiete des Nervensystems regeln den Nerventonus, erhoben zum psychischen Tonus, und beherrschen in den benachbarten Muskel- und Serumsystemen auch den Muskel- und Serumtonus.

Über dies Ziel hinaus hat Kraepelin jetzt einen glücklichen Wurf
getan, der die Aussicht auf neue Wege eröffnet, auf denen es gelingen
wird, auch die psychischen Funktionen einheitlich einzuordnen und die
Gruppierung psychischer Krankheiten zu vereinfachen für ihre klinische
Untersuchung und ihr Verständnis. Es geschieht dies durch Scheidung
phylogenetisch früher von später auftretenden Systemen
und Schichten im Nervensystem, die auch für die Ausdrucksbewegungen im Gesicht Bedeutung erlangen werden. In weitausgreifender
Betrachtung über „Die Erscheinungsformen des Irreseins" er-

örtert Kraepelin [1]) auch unser Thema berührende Fragen in folgenden
Sätzen. Er sucht „neue Ziele und Wege für die klinische Arbeit zu gewinnen und richtet den Blick von der rein ordnenden Tätigkeit einer
Abgrenzung und Gruppierung von Krankheitsformen der ohne Zweifel
höheren und befriedigenderen Aufgabe zu, ein Verständnis für das Wesen
und den inneren Zusammenhang der Krankheitsvorgänge zu gewinnen.‘‘
Er stellt sich die Aufgabe, Einblick zu erlangen in die innere Entwicklungsgeschichte, den „Aufbau‘‘ eines Krankheitsfalles, ohne hierbei gleichzeitig die körperlichen Grundlagen der Geisteskrankheiten zu erforschen.
Die Vielgestaltigkeit der klinischen Krankheitsbilder erklärt sich in
hohem Grade dadurch, daß ein Organ befallen ist, das eine unendlich
reichhaltige persönliche und stammesgeschichtliche Entwicklung hinter
sich hat. Die im Erkrankten gegebenen Vorbedingungen beeinflussen die
Ausdrucksformen gemütlicher Regungen und Stimmungen; die Gestaltung seiner Handlungen und Bewegungen werde durch die vorgebildeten
Einrichtungen bestimmt, die sich als Werkzeuge unseres Willens heraus-
entwickelt haben. Dann macht Kraepelin die für uns besonders wichtige Bemerkung: „Die Ausdrucksbewegungen und Willenshandlungen,
denen wir ja letzten Endes alle unsere Kenntnis fremder Seelenvorgänge
verdanken, sind vielleicht besonders geeignet, uns Rückschlüsse auf die
inneren Entstehungsbedingungen der klinischen Krankheitsbilder zu
gestatten.‘‘ Gerade für die Ausdrucksbewegungen des Gesichts kann
dieser neue Weg uns noch wertvoll werden.

Kraepelin werden die Hilfsmittel, einen tieferen Einblick in die
Abhängigkeit der Krankheitserscheinungen von den in der Person des
Erkrankten liegenden Vorbedingungen zu gewinnen, von der vergleichenden Psychiatrie geliefert; sie soll nach möglichst fester
Umgrenzung gleichartiger Krankheitsformen die allgemeinen Eigenschaften des Menschen, bedingt durch Geschlecht, Lebensalter, Volks-
art, Beruf und Klima, abgrenzen von der persönlichen Veranlagung,
vor allem den Erbeinflüssen und den persönlichen Lebensverhältnissen;
die modelnde Einwirkung der zuletzt angeführten Umstände klarzulegen
ist die Aufgabe. Besonders weit zurückliegende Erbanlagen sollen
verfolgt werden, die vielleicht manche Abweichungen der Krankheitsbilder erklären. Es müsse der Versuch gemacht werden, uns einen
Einblick in diejenigen Äußerungsformen des Irreseins zu verschaffen,
die wir auf das Spiel vorgebildeter Einrichtungen unseres Organismus
zurückzuführen berechtigt sind. Auf dem Boden der Entwicklungslehre
stellen die dem Erwachsenen zu Gebote stehenden seelischen Werkzeuge
den Niederschlag von unzähligen Stufen fortschreitender Vervollkommnung dar. Ohne Zweifel seien zahlreiche Überbleibsel aus dieser Entwicklung erhalten, „die sich durch krankhafte Reize zu ihren sonst
längst unterdrückten Leistungen wieder anregen lassen. Auf der anderen

---

[1]) Zeitschr. f. d. ges. Neurol. u. Psychiatr., Bd. 62. 1920.

Seite können durch Zerstörung und Lähmung übergeordneter Einrichtungen urwüchsige Werkzeuge, die für gewöhnlich beim Gesunden durch jene beherrscht und geleitet wurden, eine unerwünschte Selbständigkeit erhalten und das Krankheitsbild weitgehend beeinflussen."

Unter den Äußerungsformen des Irreseins, die Kraepelin dann eingehend bespricht, wollen wir zunächst diejenigen ins Auge fassen, bei denen der Gesichtsausdruck eine besondere Rolle spielt. Er sagt: „Wohl die am weitesten verbreiteten Erscheinungsformen des Irreseins bilden die krankhaften Gefühlsäußerungen; — ihre seelischen Ausstrahlungen und Entladungen bewegen sich in vorgebildeten Bahnen und kehren daher überall in gleicher Weise wieder, ganz unabhängig von der Ursache, aus der die gemütliche Reizung hervorgegangen ist. So kommt es zunächst zu den bekannten Ausdrucksbewegungen in Haltung, Gesichtszügen und Gebärden, wie sie Kummer und Sorge, Angst, Zorn, Freude und Übermut mit sich bringen." Seine weitere Ausführung der emotionellen Äußerungsformen leitet zu den hysterischen, bei denen vom vegetativen Nervensystem vorwiegend abhängige Erscheinungen hervortreten, besonders aber auch Entladungsformen der Gemütsbewegungen, von Kraepelin als Überbleibsel urwüchsiger Schutz- und Verteidigungseinrichtungen angesehen, die einer überwundenen Entwicklungsstufe angehören. Wenn es dann heißt, ebenfalls in eine tiefere Schicht der Willensentwicklung führt uns die Gruppe der triebhaften Äußerungsformen des Irreseins zurück, so sind damit im Laufe der Stammesentwicklung entstandene Triebe gemeint, die unterdrückt waren und nun auf krankhaftem Gebiet als dunkle Triebregungen neue Macht gewinnen.

Diese tiefere Schicht ist also nicht so sehr räumlich als zeitlich aufzufassen; insofern die früher entstandenen Hirnteile des Stammhirns im Laufe der Entwicklung von den später aufgetretenen Mantelteilen des Gehirns in ihren Funktionen weniger von ihrer räumlichen Lage zueinander abhängig sind als von dem funktionellen Überwiegen der ursprünglichen Anlage. Dabei tritt eine bewußte Regelung hervor; denn der Gegensatz zwischen bewußten, willkürlichen und unbewußten, unwillkürlichen Funktionen ist es, der schon hier die Lage beherrscht. Der im Laufe unserer Untersuchungen wiederholt auftretende Gegensatz von willkürlichem und unwillkürlichem Gesichtsausdruck zeigt sich, für den auch getrennte Bahnen — Willkür- und Affektbahnen — nachzuweisen sind; gerade sie scheinen die Unterschiede stammesgeschichtlich jüngerer und älterer Schichten zu wiederholen, wobei räumliche und zeitliche Schichten sich vielleicht oft annähernd decken.

Kraepelin macht drei große Gruppen; in die erste stellt er außer den emotionellen, hysterischen und triebhaften Äußerungsformen noch delirante und paranoide; in allen diesen Formen — in den beiden letzten wohl mehr durch Bewußtseinsvorgänge getrübt oder verändert — scheinen nach Kraepelin die Überbleibsel früherer Entwicklungs-

stufen stärker hervorzutreten, weil sie ungenügend durch vollkommenere
Einrichtungen beherrscht werden. Wenn aber durch Zerstörung
höherer Leistungen niedere Werkzeuge des Seelenlebens eine verhäng-
nisvolle Selbständigkeit erhalten, kommt es zu den Störungen, die Kraepelin als zweite Gruppe umfaßt: die schizophrene und sprach-
halluzinatorische Form. Eine durch Verrichtung des zielbewußten
Willens entstehende Steuerlosigkeit tritt besonders deutlich hervor in
stereotypen Manieren und Reden; auch Kraepelin betont, daß Ausdrucksbewegungen, Worte, Gebärden, Schriftstücke, Zeichnungen, Mimik das in der mannigfachsten Weise zeigen; ebenfalls ist eine zügellose
Neubildung von Ausdrucksmitteln zu bemerken. Neben diese beiden
Gruppen stellt er noch eine dritte, welche enzephalopathische,
oligophrene und spasmodische Äußerungsformen umfaßt. Dieser
letzten Gruppe gehören die in ausgedehnterem Maße zerstörenden
Krankheitsvorgänge an, wobei die örtliche Ausbreitung von größter
Bedeutung ist; doch scheint ihm festzustehen, daß ein Teil der Krankheitserscheinungen bei ausgedehnteren Hirnrindenzerstörungen nicht unmittelbar durch diese selbst hervorgerufen wird, sondern dem führerlos
gewordenen Getriebe untergeordneter Seelenwerkzeuge seine Entstehung
verdanke; das weise vielfach auf eine noch weiter zurückliegende Entwicklungsstufe hin als bei den schizophrenen Erscheinungen und greife
tiefer in den schichtmäßigen Aufbau der Seelengrundlagen hinab. Bei
den oligophrenen Äußerungsformen haben die zerstörenden Einwirkungen
das noch unausgebildete Gehirn befallen und dessen Anlagen verkümmern
lassen; hier habe das Spiel untergeordneter Einrichtungen noch auf-
fallender die Möglichkeit sich selbständig zu betätigen. Die spasmodische
Äußerungsform, die auch die epileptoiden Krampferscheinungen enthält,
hat in milderen Fällen Ähnlichkeit mit den durch Gemütsbewegungen
ausgelösten hysterischen Äußerungsformen; ihren gegenseitigen Ab-
grenzungen wendet Kraepelin besondere Sorgfalt zu.

Gemeinsam ist allen drei Gruppen die Mitwirkung stammesgeschichtlich — oder im persönlichen Erbgange — entstandener Anlagen, die im
Getriebe des seelischen Aufbaus in verschiedenem Grade beteiligt sind.
Dabei scheint mir von weittragendster Bedeutung das von Kraepelin
nachgewiesene Zusammenwirken übergeordneter mit untergeordneten
„Seelenwerkzeugen"; daß nach Fortfall des Einflusses der Hirnrinde
diese der Führung beraubten tieferen (zeitlich und örtlich?) Schichten
vorwiegen.

Vielleicht kommt aber dieser noch von vielen anderen Einflüssen abhängige Vorgang auch dadurch in wechselnder Weise zur Geltung, daß
eine Wanderung der Funktionen bei ihrer phylogenetischen Entwicklung
stattgefunden hat, so daß die Überbleibsel verschieden stark zur Wirkung
kommen können. Diese Gedanken hat Monakow[1]) in einem Vortrag

---

[1]) Monakow, Vortrag 1910 in Königsberg. Journ. f. Psychol. u. Neurol.
Bd. 17. S. 186ff. 1910/11.

ausgesprochen, der die Lokalisation der Hirnfunktionen betrifft. Er
sagt: „Die phylogenetisch jungen Anlagen entwickeln sich aus den alten
unter fortgesetzter Ortsveränderung der neu hinzugekommenen Struk-
turen, und so kommt es zur Wanderung der Funktion, und zwar
nach dem Kopfende. — Die Funktionen bewegen sich aber nicht nur
im Räumlichen, sondern auch im Zeitlichen, d. h. hintereinander. —
Lokalisation der Symptome und Lokalisation der Funktionen sind
grundverschiedene Dinge. — Die manuellen Fertigkeiten, die feineren
Ausdrucksbewegungen (Sprache, Mimik), besitzen in der sog. Kopf-
extremitätenzone der Rinde eine eigene, individuell ausgebaute Re-
präsentation von Muskelsynergien, die nach Körperabschnitten gegliedert
sind [1]); mit anderen Worten, es finden sich hier teilweise noch im Cortex
motorische Leistungen direkt vertreten, die bei niederen Tieren (Frosch)
im Mittelhirn — und Metamerensystem ihren Sitz haben." Dann bespricht er noch die Reflexe und kommt in diesem Zusammenhange
zu der Auffassung ihrer grundlegenden Wichtigkeit für alle nervösen
Vorgänge, deren Ordnung und Beharrlichkeit in allen stammesgeschichtlichen und persönlichen Entwicklungsphasen immer durch sie
beherrscht wird. Er betont, daß am Aufbau und der Realisation der einfachsten synchron ablaufenden Reflexe sich stets mehrere Neuronen-
ordnungen beteiligen, die sowohl dem Ganglion-, dem Metameren-,
dem Mittelhirn- als dem cortikosomatischen System angehören und
daß sie alle mit richtig verteilten Rollen und kombiniert in
Wirksamkeit treten. — Die Reflexe bilden die Basis auch für alle
übrigen nervösen Funktionen, und die verwickelteren nervösen Leistungen
unterscheiden sich von den Reflexen vorwiegend durch ihren wesentlich
komplizierteren Aufbau. — Bei den höchsten für die Lokalisation in
Frage kommenden Funktionen, die weit mehr durch zeitliche als durch
örtliche Schichten differenziert sind, die während der lange Zeitperioden
umfassenden phylogenetischen und ontogenetischen Entwicklung Schritt
für Schritt sich gebildet haben, läßt sich eine Lokalisation nur im
Sinne von Entwicklungsphasen oder deren Rückbildungs-
phasen aufstellen; diese Lokalisation nennt er eine wandelnde.

Hier steht Monakow der Reflexkettentheorie so nahe, daß wohl
nur der Name fehlt. Die wandelnde Lokalisation wichtigster Funktionen,
phylogenetisch durch zeitliche Schichten gesondert, die dann krankhafte
Vorgänge steuerlos machen können, ist im persönlichen Lebensgange
zeitlich und räumlich bedingt; aber alle werden durch die ordnenden
Reflexe im Zügel gehalten. Man sieht, wie diese Anschauungen sich mit
denen Kraepelins zusammenschließen lassen, so daß auch in den vorgebildeten Einrichtungen ein festes Gefüge und Getriebe zu erkennen
ist. Es drängt seine neue Gruppierung der Erscheinungsformen des

---

[1]) Vgl. meinen Aufsatz „Über trophische Hirnzentren usw." Arch. f. Psychiatr.
u. Nervenkrankh. Bd. 29. S. 888 ff.

Irreseins auch geradezu sie mit den alten noch gebräuchlichen Einteilungen ins Einvernehmen zu setzen, anatomisch-physiologische mit entwicklungsgeschichtlich-physiologischen zu verbinden, um womöglich klinische Krankheitseinheiten zu erkennen; doch das ist die Aufgabe, die Kraepelin selbst noch lösen soll und wird durch weiteren Ausbau der von ihm gezeichneten Grundlinien und darauf von ihm gelegten Grundsteine. Einstweilen ist es nur möglich zu sagen, daß es sich nicht um einen Gegensatz zwischen früheren und jetzigen Anschauungen handelt, sondern um eine innerlich bedingte weitere Entwicklung.

Schon Reil hatte in seinem Bilde von dem „Nervenmenschen" (s. oben S. 105) eine Vorstellung von den hier erörterten Fragen ohne Kenntnis der sie ordnenden Bellschen Gesetze. Daß aber erst die Verbindung derselben mit psychischen Reflexaktionen, wie Griesinger sie zeigte, uns weiter führen kann, sahen wir in vorstehendem. Verwandt ist auch, was Solbrig[1]) in seiner Arbeit „Die Beziehungen des Muskeltonus zur psychischen Erkrankung" durch seine vielseitige und aufklärende Darstellung über die Wechselwirkung von Reflex und Tonus erkennen läßt. Es ist für ihn eine Kardinalfrage, wie die „Bewegungsgefühle" sich zu motorischen Erfolgen verhalten, denen sie vorausgehen; ihre Summe regt die Reflexaktionen an. Mit Virchow nennt er den Muskeltonus „nutritive Spannung" und gibt ausführliche klare Schilderungen seiner Belastung und Entlastung, die als deutliche Gefühle empfunden werden sowie auch als Lagerungsgefühle im Raum; das Bewußtsein dieser nutritiven Spannung des Muskels gibt ein veränderliches Kraftgefühl. Darum sind die deprimierenden oder exaltierenden Wirkungen der Affekte — auch bei mimischen Bewegungen — nicht in jedem Individuum die gleichen, sondern variieren nach der Variabilität des Muskeltonus, auf den sie stoßen; dabei entstehen Hemmungs- und Förderungsgefühle. In folgenden Worten schildert Solbrig dann einen psychischen Tonus:

„Jeder sensible und sensuale Erregungszustand, welcher die Aufmerksamkeit sollizitiert, wird in allen Phasen des dunkleren oder helleren Bewußtseins als Erwartung eines Kommenden, d. h. als Spannung empfunden. Alle solche Spannungsempfindungen sind an sich unfertige, unentschiedene, schwebende psychische Zustände, die ihrem Abschluß entgegenharren, eine Lösung der Spannung erwarten. Solange die erwartete Lösung nicht eintritt, markiert sich der Spannungszustand in der Selbstempfindung als Unbehagen, Unlust- oder Hemmungsgefühl in allen möglichen Abstufungen bis hin zum ausgebildeten psychischen Schmerz, zum Ohnmachts- und Vernichtungsgefühl. Der von der Natur gegebene Mechanismus zur Auslösung dieser Spannungsgefühle ist die Reflexaktion mit ihrer unmittelbaren Folge und Wirkung der Umsetzung der Gefühle des Mißbehagens, der Angst und des Schmerzes in die der Entlastung, der Befreiung, des Behagens bis hin zur übermütig explodierenden Lust und Freude."

Die Bewegung, auch die mimische, nennt er Befreiung von der sensiblen Spannung der Affekte, wobei er das zentrale Bewegungsgefühl

---

[1]) Vgl. Allg. Zeitschr. f. Psychiatr. u. psych.-gerichtl. Med. 1872. Bd. 28. S. 369—389.

neben den peripheren Muskeltonus stellt; das wird von Tobsucht, aktiver und passiver Melancholie überzeugend ausgeführt, besonders unter Entwicklung des Begriffes psychischer Schmerzen. Die Nebeneinanderstellung des Muskelsinnes als gleichberechtigt den übrigen Sinnen gibt ihm dann noch Gelegenheit zu wichtigen Bemerkungen über Muskelillusionen und Muskelhalluzinationen. Schließlich läßt er aus der Muskelspannkraft Mut und Besonnenheit sowie Kleinmut und Koordination entstehen, die er aus Schwindelgefühlen entwickelt.

Sicher hat Solbrig also Ansichten über psychischen Tonus und Reflexkettenvorgänge gehabt, die den (von mir) entwickelten nahe stehen, ohne die Bezeichnungen dafür zu gebrauchen.

So zweifellos es nun erscheint, daß die ordnende Tätigkeit der Reflexkettenvorgänge auch in entwicklungsgeschichtlich aufgestellten, steuerlos gewordenen Gruppen von Erscheinungsformen des Irreseins sich einflußreich zeigen würde, so ist die Abgrenzung der letzteren, wie schon gesagt, noch nicht sicher genug, um sie in die bisherigen gebräuchlichen Krankheitsformen einzubeziehen, so daß auch wir uns hier behelfen wollen mit möglichst einfacher Gruppierung der bisherigen Formen.

Wie Jaspers [1]) in überzeugender historisch-kritischer Art gezeigt hat, ist die Lehre von einer Einheitspsychose als unrichtig erwiesen; aber auch die Lehre von den klinischen Krankheitseinheiten hält er für unsicher, so sehr er dabei Kraepelins Verdienst betont, diesen fruchtbarsten Orientierungspunkt erkennt und zur Wirksamkeit gebracht zu haben. Ob er aber das Recht hat in einzelnen Schilderungen von Krankheitseinheiten tote Gebilde zu sehen, ist zweifelhaft; auch die geschichtliche Erfahrung zeigt, daß in den früheren Anschauungen fast immer der Keim zu weiterer Entwicklung liegt. Ich glaube, daß unser Ziel die Auffindung von Krankheitseinheiten bleibt.

In diesem Abschnitt ist versucht, die Fäden zu sammeln, die in das Gewebe der Ansichten über psychischen Tonus führen; jetzt müssen wir vor der letzten Gruppierung von Einzelformen psychischer Krankheiten noch einmal zu Bells Nervenkreisen zurückkehren, die erst nach Vorstehendem ihre grundlegende Bedeutung in voller Ausdehnung würdigen lassen.

c) Die Bellschen Nervenkreise (Reflexkreise).

Weil bei meiner Einteilung die Bellschen Nervenkreise [2]) eine wichtige Rolle spielen, muß hier noch wieder näher auf die Bellschen Ansichten eingegangen werden. Diese sind uns in der Rombergschen

---

[1]) Allgemeine Psychopathologie. 1913. S. 257 ff.

[2]) Rombergs Übersetzung von Karl Bells physiologischen und pathologischen Untersuchungen des Nervensystems erschien in Berlin 1831 und 1836 (diese neue Ausgabe ist hier benutzt). Vgl. auch Neuburger, Die historische Entwicklung der experimentellen Gehirn- und Rückenmarksphysiologie seit Flourens. Stuttgart 1897. S. 295 ff.

Übersetzung sehr übersichtlich zugänglich gemacht. Bell hat auch unsere Aufgabe, den Gesichtsausdruck und seine Bahnen, scharf ins Auge gefaßt; er sagt S. 137:

„Seitdem man weiß, daß das Durchschneiden des Gesichtsatemnerven [1]) dem Tiere allen Ausdruck, die Verletzung desselben Nerven dem menschlichen Gesicht das ausdrucksvolle Lächeln nimmt, sobald es wahrscheinlich gemacht ist, daß die Convulsionen des Lachens von einem über dieses System sich verbreitenden Einfluß entstehen, wird es gleichsam Pflicht, auf diesem Wege den Gegenstand der Physiognomie weiter zu erforschen, und man kann sich überzeugt halten, daß, was über die gewöhnlichen natürlichen Verrichtungen des Körpers Licht gibt, auch die Symptome der Krankheiten näher aufklären wird.“

Rombergs Vorrede entwickelt die Bellschen Untersuchungen so anschaulich und klar, daß wir uns zunächst an seiner Hand in das Gebiet einführen lassen wollen. Er zeigt, wie der Forscher Bell die Anatomie und Induktion zu Wegweisern erwählte:

„Bell gelangte zur Feststellung des wichtigen Gesetzes, daß die Nerven eines jeden Organs, im Verhältnis zur Mannigfaltigkeit seiner Verrichtungen, kompliziert sind, wodurch die früheren und späteren Annahmen von einer nur gesteigerten Intensität der Nervenkraft durch Versorgung mit mehreren und verschiedenen Nerven, oder von einem Vikariieren der einzelnen Nerven für einander, als grundlos erwiesen werden.

Auf eine der wichtigsten Nervenklassen, fürderhin als eigenes System zu betrachten, sehen wir den Verfasser vorzugsweise die Schärfe seiner Untersuchungen und Induktion verwenden. Es ist die respiratorische, ein Name, der hier, in umfassenderem Sinne als es gewöhnlich geschieht, gedeutet wird; denn auf alle Aktionen wird er bezogen, die mit dem Ein- und Ausatmen der Luft wesentlich in Verbindung stehen, und sich als solche in anatomischer Hinsicht dadurch bekunden, daß sie ihre Nerven aus einem Herde, von derselben Ursprungsstätte erhalten. So kommen nicht allein die Bewegungen der Brust, des Halses, sondern auch des im Gesicht gelegenen Atemapparates in Betracht, und werden auf eine neue, von niemand bis jetzt so geistreich aufgefaßte Weise gewürdigt.“

Bell hatte Widerwillen gegen Vivisektionen, er benutzte sie nur zur Erläuterung der durch Zergliederung und Induktion von ihm gewonnenen Wahrheiten, die er auch durch pathologische Beobachtungen scharfsinnig begründete. Den Gewinn daraus für die Lehre von den Nervenkrankheiten, die damals labyrinthische Wege ging, nennt Romberg erheblich:

„Denn wahrlich, solange man sich nur der symptomatischen oder ätiologischen Methode in der Nosologie dieser Krankheiten bedient hat und bedienen wird, kann niemals etwas Erfreuliches gedeihen. Willkürliches Sondern und Zusammenstellen, Übersehen des Zusammenhanges der Erscheinungen, Beachten von Zufälligkeiten, Ergehen in Subtilitäten, Aufstellen pathologischer Karikaturen, — dies sind die Früchte der symptomatischen Methode, während die ätiologische statt Wahrheit Nebelbilder der Konjektur vorführt, in welchen sich das System der Zeit abspiegelt. So sind wir zum Glück auf die anatomisch-physiologische verwiesen, auf diejenige, die auf dem Unveränderlichen im Tiergeschlecht basierend, über gröbere Schwankungen erhaben ist, und mit allem Guten und Großen in der Wissenschaft den Vorzug teilt, in sich den Keim höherer Vollendung zu tragen.“

---

[1]) Unseres Nervus facialis.

Wie einschneidend und wichtig die Bellschen Ansichten waren, läßt sich erst dann völlig verstehen, wenn man sie mit den damals herrschenden vergleicht. Bell selbst sagt in seiner Vorrede: „Die Hypothese von einer aus dem Gehirn strömenden und durch Nervenröhren fortgeleiteten Nervenflüssigkeit ließ man bei den anatomischen Untersuchungen bestehen, und so zeigte sich nirgends die Aussicht zu einer Verbesserung." Als Beweis für die obwaltende Verwirrung führt er Soemmerings Behauptung an, daß mehrere kleinere Nerven einen größeren ersetzen, und daß dieses der Grund sei, weshalb die Zunge drei Nerven erhalte; ebenso Monros Meinung, daß das Gesicht mit zwei Nerven versorgt sei, damit es bei der zufälligen Verletzung des einen nicht ganz der Nervenkraft beraubt würde. Das seien auch die Autoritäten, worauf sich die Chirurgen stützten, wenn sie mit den Gesichtsnerven im tic douloureux so frei schalteten. Wir begleiten Bell auf diesem Wege seiner Untersuchung: „Die Schenkel des großen Gehirns lassen sich in das vordere, die Schenkel des kleinen Gehirns in das hintere Bündel des Rückenmarks verfolgen. Ich vermutete, daß man hierdurch die Gelegenheit bekommen würde, auf das kleine Gehirn mittels der hintern Partien des Rückenmarks einzuwirken. — — Dies meine Gründe, daß das große und kleine Gehirn verschiedene Funktionen besitzen, und daß jeder Nerv, der eine doppelte Verrichtung hat, diese nur vermöge einer doppelten Wurzel hat. Jetzt begriff ich den Zweck der zweifachen Verbindung der Nerven mit dem Rückenmark, und den Grund der scheinbaren Verwirrung in den Verbindungen jener Nerven, welche nur einen einfachen Ursprung haben.

Die Spinalnerven, deren doppelte Wurzel aus dem Rückenmark hervorkommt, von welchem ein Teil die Fortsetzung des großen, der andere die Fortsetzung des kleinen Gehirns ist, leiten die Kräfte beider großen Abteilungen des Gehirns nach jedem Teile hin, und deshalb ist der Verlauf dieser Nerven einfach, weil ein Nerv seinen bestimmten Teil versorgt. Allein die Nerven, welche unmittelbar vom Gehirn kommen, entspringen aus Hirnteilen, deren Tätigkeit verschieden ist; um nun mannigfaltige Kräfte zu den Teilen gelangen zu lassen, in welche sie sich verbreiten, ist es notwendig, daß zwei oder mehrere Nerven auf ihrem Laufe oder in ihren Endigungen sich vereinigen müssen."

In mehreren Abhandlungen greift er seine Aufgabe von verschiedenen Seiten an, nie sein Ziel aus dem Auge verlierend. Gegen die Hypothese der vom Gehirn abgesonderten Nervenflüssigkeit führt er ferner die Tatsache an, daß es drei- und vierfache Nervengarnituren für ein einziges Organ gebe. Einige Sätze zeigen sein zielbewußtes Streben besonders deutlich:

„Nach meiner Ansicht von den Nerven des menschlichen Körpers gibt es außer den Sinnesnerven des Gesichts, Geruchs und Gehörs vier zu einem Ganzen verbundene Systeme. Ich unterscheide folgende in ihren Verrichtungen gänzlich verschiedene Nerven 1. die Nerven der Empfindung, 2. der willkürlichen Bewegung, 3. der respiratorischen Bewegung und 4. Nerven, welche das sympathische System bilden, und — der Eigenschaften, welche die drei anderen Klassen auszeichnen, ermangelnd — die Funktionen der Ernährung, des Wachstums, des Verbrauchs und alles dessen zu vermitteln scheinen, was zur tierischen Existenz unmittelbar erforderlich ist. Die beiden ersten Systeme sind in ihrem ganzen Verlauf aneinander gebunden; das dritte ist ihnen nur teilweise beigesellt; das vierte ist das unregelmäßigste unter allen."

„Die vordere Säule jeder Seitenhälfte des Rückenmarks ist für Bewegung, die hintere für Empfindung, die mittlere für die Respiration bestimmt."

„Der Widerspruch in der vollkommenen Regelmäßigkeit der Rückenmarksnerven mit der großen Unregelmäßigkeit der Hirnnerven bewog mich die Ursache dieser Verschiedenheit aufzusuchen. Ich urteilte so: wenn die Eigenschaft eines

Nerven von dem Verhältnis seiner Wurzeln zu den Strängen des Rückenmarks und der Hirngrundfläche abhängig ist, so muß das Studium dieser Wurzeln uns die wahren Verschiedenheiten und die Verrichtungen dieser Nerven kennen lehren."

Er verfolgte dann im vorderen Rückenmarksstrang die Abgänge seines 9. Hirnnerven (unseres jetzigen 12.) des Hypoglossus, des Abduzens und Oculomotorius, die als Muskelnerven in einer fortlaufenden Reihe übereinander austreten. Ein Hindernis war für ihn das Dogma, daß Ganglien die Bestimmung hätten, die Leitung der Empfindung zu unterbrechen; er wählte zum Sturz dieser Ansicht zwei Hirnnerven, den fünften, der ein Ganglion, und den siebenten, der keins besitzt: „Bei fortgesetzter Untersuchung ergab sich, daß ein Gangliennerv das einzige Organ des Gefühls am Kopfe und Gesicht ist; Ganglien sind also für die Empfindung kein Hindernis. — Jetzt wurde es auch einleuchtend, warum der dritte, sechste und neunte Hirnnerv nur einfache Wurzeln haben, im Gegensatz zu den Spinalnerven: denn wenn der fünfte Nerv für Kopf, Gesicht und alle dort befindlichen Teile Sensibilität vermittelt, so war für das dritte, sechste und neunte Paar die hintere oder Ganglienwurzel, wenn ich mich so ausdrücken darf, überflüssig."

Mit den respiratorischen Verrichtungen stehen nach Bell in Verbindung der N. accessorius, vagus, glossopharyngeus und die portio dura des siebenten Paares (welches damals unseren Fazialis und Akustikus umfaßte, den Soemmering erst 1791 abtrennte). Die respiratorischen Verbindungen bedingen den Verlauf dieser Nerven: „indem sie an Zuständen respiratorischer Aufregung teilnehmen, werden sie auch Organe des Ausdrucks durch die Bewegungen der Gesichtszüge, der Brust und durch die Töne der Stimme, und kombinieren die Werkzeuge artikulierter Sprache."

„Das Gesicht bietet uns die letzte Gelegenheit dar, die Bestimmung und den Zweck der Nerven für die Funktionen der Teile zu beobachten und die Wahrheit unserer Ansichten zu bestätigen. Im menschlichen Gesicht sehen wir sowohl Atem-, Stimm- und Kauwerkzeuge als die Organe des Gefühls und des Ausdrucks vereinigt. Unserer Untersuchung kommt es sehr zustatten, daß die Nerven, welche in andern Teilen des Körpers, um die Verteilung nach entfernteren Stellen hin zu erleichtern, aneinander gebunden sind, hier gesondert erscheinen, und jeder für sich sowohl durch die Schädelknochen hindurch, als im Gesicht verlaufen, bis sie mit ihren Enden zusammentreffen. Diese Nerven des Gesichts sind: der Trigeminus oder das fünfte Paar des Willis und die Portio dura des siebenten Paares, welcher wir den Namen Gesichtsatemnerv gegeben haben."

Er macht dann darauf aufmerksam, daß der Fazialis beim Menschen in seinem Verhältnis zum Trigeminus stärker entwickelt sei als bei irgendeinem Tiere; schon beim Affen habe das 5. vor dem 7. Paare das Übergewicht; auch hier sei die Ausbreitung des Nerven größer als beim Hunde, im Verhältnis zur größeren Anzahl der Muskeln des Gesichtsausdrucks. Die mimische Funktion des Fazialis beachtet er fortwährend. — Man habe behauptet, daß das Lachen der menschlichen Physiognomie eigentümlich sei, und daß bei keinem anderen Tiere ein solcher Zustand von Behaglichkeit und Freude, welcher jenen das menschliche Gesicht auszeichnenden Zustand hervorbringt, stattfinden könne; aber diesem stehe der Ausdruck der Tiere doch nahe.

Der Unterschied der willkürlichen und unwillkürlichen Tätigkeit des Fazialis entgeht ihm nicht. Immer aber betrachtet er seine Funktion als ein Glied des Respirationsvorganges:

„Es könnte leicht die Frage aufgeworfen werden, warum geht ein Nerv, dem wir den Namen Atemnerv gegeben haben, an Auge und Ohr? In dieser Beziehung liegt es uns zuvörderst ob auszumitteln, ob die Ausdrucksfähigkeit der Leidenschaften zu den Attributen tierischer Körper gehört? Ist man hiermit einverstanden, so gelangt man auch zu der Einsicht, daß wie die Portio dura ein Nerv der Respiration ist, so auch der wichtige Nerv des Gesichtsausdrucks, nicht allein bei den Menschen, sondern auch bei den Tieren. — — Bei den fleischfressenden Tieren wird der Akt des Fressens durch die Sektion des Gesichtsatemnervs mehr beeinträchtigt als bei den grasfressenden. Allein berücksichtigt man die verschiedenen Naturen beider Klassen, so wird man gewahr, daß die Raubthiere sich ihre Nahrung unter dem Einflusse eines blutdürstigen Triebes, in einem Zustande allgemeiner Aufregung verschaffen; sie packen und zerreißen ihre Beute, und lassen, was zumal bei den größeren Tieren dieser Klasse der Fall ist, beim Fressen entsetzende Töne ihrer Lust erklingen, kurz sie verraten einen höchst gereizten Zustand ihrer Atemorgane. Dahingegen bei den Grasfressern die Fütterung eine einfache, leidenschaftlose Tätigkeit der Kauwerkzeuge ist. — — Wir wissen jetzt, daß das Lächeln durch Einwirkung der Atemnerven auf die Gesichtsmuskeln hervorgebracht wird, und daß die laute Lache, welche die Seiten erschüttert, nichts anderes als eine ausgedehntere und konvulsivische Tätigkeit der Muskeln ist, welche durch dieselbe Klasse von Nerven angeregt wird."

Ohne daß Bell den Vorgang der Reflexe und der Reflexketten so benennt, zeigt seine Untersuchung diese uns geläufigen Formen des Ablaufs der Vorgänge und ihrer Wirkungen; obwohl auch er sie einzeln betrachtet, erkennt er sie doch immer nur im Rahmen der vielseitigen Beziehungen zur Respiration, und dadurch zu den anderen Organgruppen des Körpers. Den Ausdruck „Atemnerv des Gesichts" entwickelt er noch einmal so:

„Die Absicht bei einer solchen Benennung besteht gerade darin, daß man die respiratorische Tätigkeit in dem wahren Sinne umfasse, und nicht bloß auf den Einfluß hinsichtlich des Bluts beschränkt, daß man die wunderbare Kombination der Teile erkennen möge und würdigen, durch welche wir Atem, Stimme, Sprache und Ausdruck haben, nächstdem die Fähigkeit zu riechen, niesen, husten, brechen, kurz eine solche Vereinigung von Tätigkeiten besitzen, welche nicht bloß den Lebensakt der Oxygenisation vermitteln, sondern auch den höheren Kräften des Geistes, sowie einer Menge anderer niedrigerer, für unsere Existenz notwendiger Aktionen dienen."

Atmung, Sprache und Ausdruck sind die Kreise, die nebeneinander und durcheinander wirken.

„Wie die Muskeln der Gliedmaßen, so werden die Muskeln der Respiration, obgleich entfernt voneinander gelegen, zu einer gleichzeitigen Aktion verbunden, mit dem Unterschiede, daß dort nur eine Bewegung auf jede Applikation des Reizes erfolgt, hier aber, nachdem die Respiration einmal angefacht ist, eine regelmäßige Sukzession von Bewegungen stattfindet, welche allmählich schwächer werden, bis zum gänzlichen Stillstand."

Die Reflexkettenvorgänge verfolgt er zu verschiedenen Organen, so z. B. zum Magen in folgender Weise:

„Wir müssen den Magen als ebenso innig mit den respiratorischen Muskeln verbunden betrachten, als die Lungen selbst, z. B. in dem Akt des Brechens. Der Magen ist in der Tat, da er am meisten den Störungen der Unregelmäßigkeit der Lebensart ausgesetzt ist, und überhaupt jede Unordnung im Körper zurückspiegelt, die häufigste Quelle nervöser Symptome. Obschon die Atemnerven für die lebenswichtigsten gehalten werden müssen, so werden doch ernsthafte krankhafte Zustände derselben oft von Symptomen nachgeäfft, deren Grund nicht tiefer liegt als in einer Unordnung des Magens."

Er streift Tetanus und Hydrophobie; bei beiden seien Bewußtsein und Willenskraft in voller Tätigkeit, bei ersterem sind die willkürlichen Bewegungen durch den Krampf gehemmt, in der Hydrophobie dagegen das respiratorische System befallen: „Deshalb die Konvulsionen des Schlundes, die Anfälle von Erstickung, die sprachlose Angst, und der Exzeß des Ausdrucks im ganzen Körper, während die willkürlichen Bewegungen frei sind“. Bei der Stellung des Asthmatischen zeigt er das Ergriffensein des respiratorischen Systems; überall knüpft er die Fäden zu diesem.

Noch näher tritt er unserem Thema wieder mit folgenden Sätzen in dem Abschnitt: „Die Atemnerven sind die Organe des Ausdrucks“; noch eine andere Verrichtung kommt den respiratorischen Nerven zu: beim Lächeln, Lachen, Weinen sind sie die Leiter des Einflusses. Das Gesicht ist tot für alle Eindrücke dieser Art, sobald der in ihm verbreitete Nerv des respiratorischen Systems verletzt ist. — Bedenken wir nun, daß alle Atemnerven aus derselben Quelle entspringen, und an denselben Funktionen teilnehmen, daß sie durch Gemütsaffekte besonders in Anspruch genommen werden, so möchte es wohl nicht zu viel behauptet sein, daß, was von einem dieser Nerven (er meint den Fazialis) gilt, von dem ganzen System gelten muß, und daß sie allein Vermittler des Lachens sind. — — Unsere Ansicht erklärt den Subrisus bei vorhandenem Reize in den Baucheingeweiden, die sardonische Verzerrung der Gesichtsmuskeln bei Wunden der Präkordien, zumal des Zwerchfells, desgleichen das sukzessive krampfhafte Heben der Schultern bei Wunden des Zwerchfells.“

Nach einer glänzenden Schilderung des Schreckens braucht er den Ausdruck: „In diesen Wirkungen offenbart sich ein Reflex des Einflusses“, ohne die jetzige Bedeutung desselben; aber gerade in den folgenden Schilderungen läßt sich dann ein Anklang an die Idee der Reflexkettenvorgänge nicht verkennen: „Aller Völker Sprachen und Empfindungen verlegen in das Herz den Sitz der Leidenschaft. Jeder Mensch fühlt diese Wahrheit, und wenn auch nicht im strengen Sinne des Wortes das Herz der Sitz der Leidenschaft ist, so wirkt doch der psychische Affekt darauf hin, und von ihm breitet sich der Einfluß auf die Atemwerkzeuge aus, auf den Hals, auf die Lippen, auf die Backen. Dieses ist der Grund aller jener Bewegungen in der Leidenschaft, welche aus einem direkten Einflusse des Gehirns auf die Gesichtszüge nicht erklärt werden können.“

Die Frage, wie der Ausdruck des Grauens sich bilde, beantwortet er im folgenden: „Für meine Leser bedarf es wohl kaum etwas anderes als der Andeutung, daß die Nerven, von welchen ich bisher gesprochen, auch die Vermittler des Ausdrucks sind, vom ersten Lächeln auf des Kindes Wangen bis zum letzten schweren Lebenskampfe.“ Darauf folgt eine schöne plastische Schilderung des Grams, und er schließt diese Gruppe seiner Abhandlungen mit folgenden Sätzen: „Statt daß gewöhnlich nur ein Nerv, das par vagum, für den Atemnerv gilt, ist er uns nur der Zentralnerv eines weit verbreiteten Systems von Nerven. — — So sehen wir dieses System der Nerven dem Dunkel und der scheinbaren Verwirrung, von welcher es bisher umhüllt war, entrissen; wir finden es als Zugabe zum Apparat der Empfindung und Bewegung, den allgemeinen Attributen tierischer Körper: wir erkennen in ihm den Träger der dem Zustande geistiger Oberherrschaft angemessenen höheren Kräfte, nicht bloß das Werkzeug des Atemholens, sondern auch den Vermittler der natürlichen und artikulierten Sprache und des Ausdrucks der Empfindungen durch Zeichen und Worte, so daß die Brust das Organ der Leidenschaften wird und in demselben Verhältnis zur Entwicklung der Gefühle steht, wie die Sinnesorgane zu den Begriffen des Verstandes."

Aber auch die Sinnesorgane sind ja in Reflexkreise zwischen Gesicht und Zentralorganen eingeschaltet.

Auf die vierte Abhandlung, in der Bell über die Nervenkreise handelt, muß hier noch wieder ausführlicher im Zusammenhange eingegangen werden; sie trägt die Überschrift:

Von dem Nervenzirkel,

welcher die willkürlichen Muskeln mit dem Gehirn in Verbindung setzt. Die Hauptsätze dieses grundlegenden Aufsatzes lauten:

„Die Hirnnerven entspringen einfach und gehen an den Ort ihrer Bestimmung, ohne jene innige Zusammensetzung aus den mit verschiedenen Funktionen versehenen einzelnen Fasern, welche in den Spinalnerven beobachtet wird: daher auch die Anatomie der Hirnnerven genügende Beweise für ihre Verrichtungen zu geben imstande ist. Der Zweck dieses Aufsatzes ist darzutun, daß jeder Muskel mit zwei Nerven von verschiedenen Eigenschaften versehen ist. Hiervon hätte ich mich durch die bloße Untersuchung der Spinalnerven, wegen der genauen Vereinigung aller ihrer Fasern, nicht überzeugen können: ich mußte deshalb zu den Kopfnerven meine Zuflucht nehmen, und auf diesem Wege der Untersuchung bin ich dazu gelangt beweisen zu können, daß überall wo Nerven sich verbreiten, die im Besitz verschiedener Kräfte einen gesonderten Ursprung haben und einen verschiedenen Verlauf nehmen, zwei Nerven in den Muskeln sich vereinigen müssen, um die Beziehungen zwischen dem Gehirne und diesen Muskeln zu vervollständigen.

Eine Zeitlang war ich der Meinung, daß das fünfte Paar, welches der Gefühlsnerv für Kopf und Gesicht ist, nicht in der Substanz des Muskels selbst endigt, sondern nur durch sie hindurch seinen Lauf nach der Haut nimmt, worin ich um so mehr durch die Beobachtung gestärkt wurde, daß Muskelgebilde, wenn sie bei chirurgischen Operationen bloßgelegt werden, keine so außerordentliche Empfindlichkeit verraten, wie jener Reichtum von Gefühlsnerven voraussetzen läßt, oder wie die Haut sie in Wirklichkeit besitzt. Allein ich fand das fünfte Paar reichlicher an den Muskeln als an der Haut verteilt, und beim Anschlag der Muskelnerven überhaupt ergab sich ein größeres Verhältnis für den fünften oder Gefühlsnerven, und ein kleineres für den siebenten oder Bewegungsnerven."

Die Verbindungen der letzten Verzweigungen der innerhalb der Muskeln verlaufenden Nerven untersuchte er außer an den Spinalnerven, namentlich am untern Kiefernerv, der ihm als einfach für sich verlaufender Muskelnerv besonders dafür geeignet erschien:

„Wenn es um die Tätigkeit eines Muskels zu erregen, nichts anderes bedürfte als eines Nerven, der die Kontraktion vermittelt, so würden diese Zweige für sich hinreichen: allein so verhält es sich nicht, sondern nach meinen Untersuchungen werden diese Nerven vor ihrem Eintritt in die verschiedenen Muskeln von Nervenzweigen eingeholt, welche durch das Ganglion Gasseri streifen, und Gefühlsnerven sind. Dasselbe Resultat ergab sich mir, als ich die Bewegungsnerven in die Augenhöhle hinein verfolgte, wo die Gefühlsnerven des fünften Paares ebenfalls an die Muskeln sich verteilen, obgleich die letzteren bereits vom dritten, vierten und sechsten Paar versorgt werden.

Soll nun die Frage erörtert werden, wozu eine so reiche Zugabe von Gefühlsnerven zu den Bewegungsnerven der Muskeln dient, so mache man es sich zuvor klar, ob die Muskeln nicht noch eine andere Bestimmung haben, als sich lediglich auf den Impuls ihrer Bewegungsnerven zusammenzuziehen. Denn besitzen sie einen rückwirkenden Einfluß, wird der Zustand, in welchem sie sich befinden, gefühlt, oder wahrgenommen, so ist es einleuchtend, daß die Bewegungsnerven zu Vermittlern zwischen Muskeln und Sensorium nicht geeignet sind.“

Nach einer klaren Schilderung des Muskelgefühls, doch hier auch ohne diese Bezeichnung, fährt er fort:

„Schon die Vernunft, ohne Erfahrung, führt uns zu dem Schlusse, daß von welcher Art auch die Tätigkeit eines Bewegungsnerven während seiner Aktion sein mag, dieselbe eine Energie voraussetzt, welche vom Gehirn nach dem Muskel hin dringt, und die Tätigkeit dieses Nerven nach der entgegengesetzten Richtung in einem und demselben Augenblicke ausschließt, so daß also unmöglich ein Bewegungsnerv die Entscheidung vom Zustande der Muskeln dem Gehirn mitteilen kann, — — daß also der Muskel einen Nerven als Zugabe zum Bewegungsnerven besitzt, welcher, weil er ebenso notwendig zur Vollkommenheit seiner Funktion ist, mit gleichem Recht den Namen Muskelnerv verdient. Dieser Nerv übt jedoch keinen unmittelbaren Einfluß auf den Muskel aus, sondern nur mittels eines Umlaufs [1]), durch das Gehirn, und so gibt er als Leiter der angeregten Empfindung Anlaß zur Bewegung des Muskels.

Zwischen Gehirn und Muskel besteht also ein Nervenzirkel: der eine Nerv überträgt den Einfluß des Gehirns auf den Muskel: der andere leitet die Empfindung von dem Zustande des Muskels nach dem Gehirn. Wird der Zirkel durch die Trennung des Bewegungsnerven unterbrochen, so hört die Bewegung auf: geschieht es durch Trennung des anderen Nerven, so erlischt die Empfindung vom Zustande des Muskels, und es findet keine Regulierung seiner Tätigkeit mehr statt. — Die Muskelempfindungsnerven verbinden sich auch mit den Gefühlsnerven der Haut, doch sind beide in ihren Eigenschaften wahrscheinlich verschieden (z. B. der Schmerz bei Muskelschnitten ist geringer als bei Hautschnitten).“

In zahlreichen sorgfältigen Krankengeschichten, die im Anhang mitgeteilt werden, wiederholt Bell in Art klinischer Vorträge einen großen Teil obiger Anschauungen. Bei einem Fall von peripherer traumatischer Fazialislähmung sagt er:

„Sie werden zuweilen bei Ihrem Kranken nur dann die Lähmung der Gesichtshälfte bemerken, wenn er lächelt oder lacht, zu anderen Zeiten nicht. Dessen-

---

[1]) Dieser Umlauf ist ein Reflexkettenvorgang. Die Beziehung zum Gleichgewichtsgefühl ist auch Pichot aufgefallen, der 1858 in seinem Werke „Sir Charles Bell, Histoire de sa vie et de ses travaux“, Paris, auf S. 152 sagte, daß der Nervenzirkel zwischen Gehirn und Muskeln die allgemeine Grundlage des instinktiven Bewußtseins der Lage der Muskeln sei, unseres Gleichgewichtsgefühls. Ich erinnere an die Beziehungen zum Kleinhirn.

ungeachtet sind wir nicht berechtigt zu folgern, daß die eine Verrichtung des Nerven eine feinere Organisation erfordert als die andere. Ich glaube vielmehr, daß diese Kraft des Ausdrucks auf einem zarteren Verhältnis zwischen geistigem und körperlichem Zustande beruht, und daher auch durch geringfügige Störungen leichter beteiligt werden kann."

Dies zartere Verhältnis ist also durch psychische Reize bedingt.

Versuchen wir nun Bells Untersuchungen und Ansichten kurz das zu entnehmen, was für unsere Zeit noch gelten kann und unserer Aufgabe entspricht, so sehe ich das besonders enthalten 1. in der Durchführung des anatomisch-physiologischen Systems der Respirationsvorgänge, vor allem in der Verbindung mit Sprache und Ausdruck, sowie 2. in der Aufstellung der Grundsätze der Nervenkreise. Beide Ergebnisse seiner Forschungen stehen auf gleichem Grunde und ergänzen sich gegenseitig. Dabei ergibt sich als besonders wichtig 3. die Betonung des Muskelgefühls als notwendiges Glied in der Kette der Vorgänge.

Zu diesem letzten Punkte sei auch bemerkt, was Johannes Müller [1] auf Grund seiner, die Bellschen Gesetze beweisenden Froschexperimente sagte: „— — beweisen, daß die galvanische Kraft durchaus von der motorischen oder tonischen Kraft oder Spannkraft der Nerven verschieden ist; — daß es Nerven gibt, welche keine motorische oder tonische Kräfte besitzen — daß es dagegen motorische oder tonische Nerven gibt, welche bei jeder unmittelbaren Reizung ihre tonische Kraft in der Spannung der Muskeln äußern, eine Spannkraft, welche immer in der Richtung der Verzweigung, niemals rückwärts wirkt —, daß endlich die vordern Wurzeln der Spinalnerven tonisch, die hintern nicht tonisch sind." Hier scheint „Spannkraft der Nerven" gleichbedeutend mit Muskeltonus, Tonus überhaupt zu sein, nicht anders, wie es auch sonst geschah.

Bells Nervenzirkel zwischen Gehirn und Muskel ist zunächst vom Gehirn ausgehend gedacht; Fasern des Bewegungsnerven, in seinem Beispiel die des unteren Kiefernerven, vereinigen sich im Kaumuskel mit Muskelgefühlsnerven; in diesem Falle stammen beide Fasergruppen aus dem Trigeminus; aber dieselbe Beziehung findet sich auch zwischen motorischen Ästen des Fazialis und Muskelgefühlszweigen des Trigeminus in der mimischen Gesichtsmuskulatur, die ebenso durch eintretende Fazialisäste in ihrem Gewebe mit sensibeln Zweigen des Trigeminus versorgt wird. Dieser Vorgang — Zentrum Peripherie Zentrum — ist im gebräuchlichen Sinn kein Reflex, der immer in einem Winkel Peripherie Zentrum Peripherie laufend gedacht wird; doch ist er der Teil einer Reflexkette, denn entweder hat ein äußerer Eindruck durch den Trigeminus zum Hirn führend die mimische Bewegung des Fazialis ausgelöst, oder es ist diese Empfindung im Muskel, also eine entoperiphere, im Gegensatz zu der ektoperipher entstehenden, die sie auslöst.

---

[1] Anhang II der Rombergschen Übersetzung. S. 384.

Diese Erweiterung des Bellschen Nervenzirkels zu Reflexkreisen [1])
soll jetzt an seinem Beispiel des respiratorischen Systems durchgeführt
werden. Wenn Bell als verschiedene respiratorische Verrichtungen
seiner Portio dura des Fazialis namentlich das Atmen, Sprechen und den
Ausdruck bezeichnete, so können wir respiratorische, sprachliche und
mimische Nervenkreise unterscheiden, die wir besser Reflexkreise nennen,
weil diese Benennung sich unserer Betrachtung von Reflexketten an-
gliedert. Bei allen drei Kreisen sind die sensibeln Äste des Trigeminus

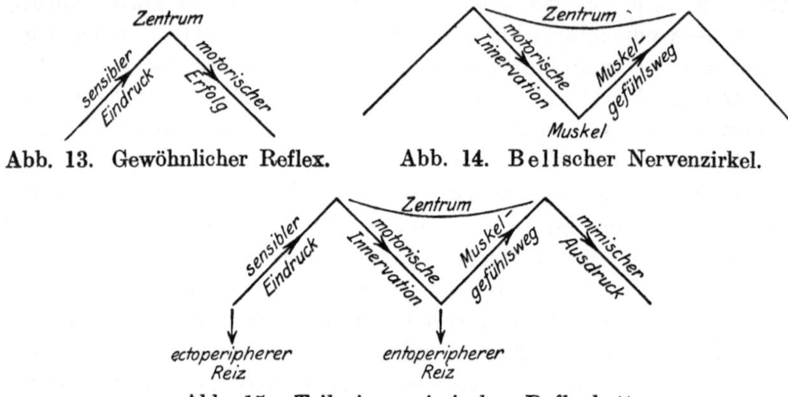

Abb. 13. Gewöhnlicher Reflex.   Abb. 14. Bellscher Nervenzirkel.

Abb. 15. Teil einer mimischen Reflexkette.

beteiligt, so daß die Vorgänge sich in folgendem Schema gruppieren
lassen, soweit sie sich auf Hirnnerven beziehen.

Respiratorische Reflexkreise

Trigeminus 1. u. 2. Ast { Fazialis / Accessorius / Vagus / Glossopharyngeus } Atemmuskelgruppen

Sprachliche Reflexkreise

Trigeminus 1. u. 2. Ast { Fazialis / Glossopharyngeus / Hypoglossus / Trigeminus 3. Ast } Sprechmuskelgruppen

Mimische Reflexkreise

Trigeminus 1. u. 2. Ast { Fazialis / Okulomotorius / Trochlearis / Abduzens } Mimische Muskelgruppen

---

[1]) Magnus sprach 1889 bei Erörterung der „Entstehung reflektorischer Pu-
pillenbewegungen" von einem Reflexring.

Da der Trigeminus Gefühlsnerv für Gesicht und Kopf ist, auch den Geschmackssinn in sich schließt, so können bei Beteiligung der drei übrigen Sinnesnerven, Olfaktorius, Optikus und Akustikus, auch sämtliche Sinnesnerven, also sämtliche Hirnnerven in den Reflexkreisen des respiratorischen Systems in Tätigkeit treten. Aber nicht allein die Hirnnerven, sondern auch alle Spinalnerven und der Sympathikus mit ihren Reflexkreisen können durch Reflexkettenvorgänge in gegenseitige Beziehungen treten, wobei Angliederungen und Abspaltungen, Durchschneidungen und Ausspaltungen möglich sind, die namentlich als Krankheitserscheinungen wichtig werden.

Vielleicht wird es möglich, auf diesem Wege außer dem respiratorischen System noch andere Zusammenstellungen von Gruppen einzelner Reflexkreise zu versuchen; so könnte man der

Einheit 1 aus { mimischen / sprachlichen / Atmungs- } respiratorischen Reflexkreisen

Einheit 2 aus Kreislaufs-
Einheit 3 aus Ernährungs-
Einheit 4 aus Fortpflanzungs- } Reflexkreisen
Einheit 5 aus Extremitäten-

an die Seite stellen, so daß der ganze Körper, mit seinen drei Höhlen und den Extremitäten, systematisch vor uns stände. Wichtiger aber ist es, daß alle anatomisch-physiologischen Wege bei einer Einteilung der psychischen Krankheiten, wie sie hier versucht wird, offen stehen und daß die ätiologischen und symptomatologischen Gruppierungen sich darin einfügen lassen, so daß Rombergs Einwände (S. 128) nicht mehr als maßgebend erscheinen.

Bei der hier wesentlich nur zum Zweck der Deutung des Gesichtsausdrucks ins Auge gefaßten Einteilung steht der mimische Reflexkreis ganz im Vordergrund. Es ist dabei zu betonen, daß er, nicht nur räumlich, auch an der Spitze der körperlichen Funktionen steht, die mehr oder weniger sämtlich in der Fazialismuskulatur zum Ausdruck kommen können, entweder direkt oder auf den Umwegen zahlreicher Reflexkettenvorgänge. Als obersten Reflexkreis erkennen wir den mimischen schließlich noch deutlicher, wenn wir die andern respiratorischen Kreise möglichst von ihm trennen, die bei Steigerungen und Schwächungen der Affekte schärfer hervortreten; es bleiben dann diejenigen mimischen Funktionen des Fazialiskreises zurück, die als affektfreie psychische auch anatomisch in abgetrennten Kernen und Rindenfocis kenntlich sind (vgl. d. Abschnitt über die Bahnen des Gesichtsausdrucks) [1]).

---

[1]) In seinem berühmten klassischen, noch oft benutzten und zitierten Werk: „The Anatomy and Philosophy of Expression as connected with the fine Arts", besonders in der 4., nach seinem Tode 1847 in London herausgegebenen, mit zahlreichen schönen Abbildungen versehenen Auflage hat Bell wiederholt auf die

Die große allgemeine Bedeutung des Bellschen Gesetzes ist von Zeit zu Zeit immer wieder hervorgetreten; in seinem noch jetzt wertvollen Werke, „Die allgemeine Diätetik für Gebildete", tat dies schon 1846 auch Ideler. Die Entdeckung Bells stelle es außer Zweifel, daß das Nervensystem den eigentlichen Mittelpunkt des Lebens bilde; S. 235 sagt er: „In jenen Nervenmittelpunkten werden daher alle Konflikte unter den einzelnen Funktionen, welche sich gegenseitig den Rang streitig zu machen streben, ausgeglichen, in ihnen werden alle jene inneren Wechsel und Schwankungen des Lebens nach verschiedenen Richtungen hin wieder in harmonische Einheit zurückgebracht, ohne welche die einzelnen Kräfte stets im zerstörenden Widerstreit sein, sich zuletzt gegenseitig aufreiben würden."

Die mir gesetzte Aufgabe, einer sichereren Beurteilung und Einteilung psychischer Krankheiten, habe ich auf vorstehendem langen Wege zu lösen gesucht und bis zu einem gewissen Grade zu Ende geführt. Ich will die bestehenden anderen Auffassungen nicht bekämpfen, sondern zeigen, gestützt auf frühere Anschauungen, daß man unter Benutzung historischer Gesichtspunkte noch Gewinn ziehen kann aus den großen Ansichten Bells, weitergeführt von Jessen, im Verein mit der Reflexkettentheorie von Kassowitz; und daneben versuchte ich den Begriff des Tonus früherer Zeiten, auch erweitert durch Griesingers psychischen Tonus, mit den neueren Ansichten über Biotonus ins Einvernehmen zu bringen. Ich bin mir klar, daß erst die Zukunft lehren kann, ob dieser Versuch sich mit den jetzt geltenden und herrschenden Ansichten vereinigen läßt. Mit dem Wunsche, daß dies gelingen werde, verlasse ich diese allgemeinen Betrachtungen, und wende mich mit der nun folgenden Einteilung psychischer Störungen, soweit sie Beziehungen zum Gesichtsausdruck haben, einer nur übersichtlichen Beschreibung im einzelnen zu; daß dieselbe deshalb nicht beansprucht Vollständiges zu geben, darf ich betonen.

d) Der Gesichtsausdruck der einzelnen Gruppen.

Die psychischen Krankheiten,

angesehen als Störungen im gesamten Biotonus und in Reflexkreisen, führen unter besonderer Beziehung zum Gesichtsausdruck zu folgender Einteilung (vgl. m. Grundriß der Psychiatrie, 1899).

---

steigende Entwicklung des mimischen Teils seines respiratorischen Systems in der Tierreihe hingewiesen, wobei sich anatomisch und physiologisch die Stärke und Bedeutung der mimischen Muskeln und Nerven so steigern, daß sie schließlich immer dem Ausdruck durch Sprache und Mimik dienen. Auch in dem Appendix (von seinem Schwager Shaw) wird diese gradweise Steigerung des Wertes des respiratorischen Systems zum Schluß (S. 267) deutlich hervorgehoben. Bells philosophische und künstlerische Gesichtspunkte fußen in diesem noch heute wichtigen Werke auf festem anatomischen Grunde. Vgl. auch sein populäres Werk „Die menschliche Hand", übersetzt aus Bridgewater-Büchern. 1836. S. 127.

I. Funktionelle oder diffuse Störungen im ganzen Nervensystem, unter starker Beteiligung des Muskel- und Serumtonus.
   A. Allgemeine Neurosen und Psychoneurosen.
   B. Intoxikationen und Infektionen.

II. Spannungsveränderungen, vorzugsweise
   A. des Stammhirns und Kleinhirns.
      1. Melancholische } Formen mit Hemmung { des Nerven-
      2. Manische und Misch-   Steigerung {   tonus.
   B. Der Hirnrinde.
      1. Paranoische   } Formen, { überwiegend mit Veränderungen
      2. Halluzinatorische   imVorstellungstonus (psychischer
                                      Tonus).
   C. Des ganzen Zentralhirns.
      1. Katatonische } Formen, unter vorzugsweiser Beteiligung
      2. Demente   des Muskeltonus.

III. Herdförmige oder organische Veränderungen im ganzen Nervensystem.
   A. Idiotie und Imbezillität.
   B. Paralyse.
   C. Sonstige herdförmige (strangförmige usw.) Erkrankungen.

Verzeichnis

der hier für uns wichtigsten Werke von Ärzten, die Abbildungen enthalten (außer den schon früher zitierten in Lehrbüchern der plastischen Anatomie usw., sowie in den Arbeiten von Piderit, Hughes, Heller und Krukenberg).

Esquirol, Des maladies mentales. Paris 1838. 27 Tafeln.
Baumgärtner, Krankenphysiognomik. Berlin 1839 u. 1842. Mit 80 nach der Natur gemalten Bildern.
Ideler, Biographien Geisteskranker. Berlin 1841. Mit einigen Stichen.
Bell, The Anatomy and Philosophy of Expression. London 1844. 3. Aufl.
Morison, Physiognomik der Geisteskrankheiten. Leipzig 1853. Mit 102 Bildern.
Kieser, Elemente der Psychiatrik. Breslau 1855. Mit 11 Tafeln.
Leidesdorf, Lehrbuch der psychischen Krankheiten. Wien 1865. Mit 4 Abbild.
Gratiolet, De la physiognomie et des mouvements d'expression. Paris 1865.
Tebaldi, Fisonomia ed Espressione. 1884. Atlas mit 38 Heliotypen (2 nach Morison, 1 nach Leidesdorf).
Delprat, Nouvelle Iconographie de la Salpêtrière. Paris 1892. (5 Abbildungen Hysterischer).
Sikorsky, Nouvelle Iconographie de la Salpêtrière. Paris 1893. (13 Abbildungen.) (Seine russische Psychiatrie mit 360 Abb. war mir nicht erreichbar.)
Turner, Journal of Mental Science. 1892—1893. Mit zahlreichen Abbildungen.
Bugnion, Les mouvements de la face ou le mécanisme de l'expression. Lausanne 1893. Besonders bei Kindern.
Dagonet, Traité des maladies mentales. Paris 1894. Mit 42 Photogravüren.
Jourdin, Thèse, Lyon 1895. Essais sur les troubles de la Mimique chez les Paralytiques généraux.
Raulin, Le Rire. Paris 1900. Mit großem Literaturverzeichnis.

Cuyer, La Mimique. Paris 1902. Mit großem Literaturverzeichnis.
Seiffer, Atlas und Grundriß der allgemeinen Diagnostik und Therapie der Nerven-
    krankheiten. München 1902.
Francotte, Le Rire et ses anomalies. Revue des questions sciencifiques. Lou-
    vain 1906.
Sante de Sanctis, Die Mimik des Denkens. Übersetzt von Bresler. Halle 1906.
Schönborn u. Krieger, Klinischer Atlas der Nervenkrankheiten. Heidelberg 1908.

Von unseren psychiatrischen Lehrbüchern sind besonders zu nennen
die von Bleuler, Kraepelin, Scholz, Weygandt und Ziehen.

Emminghans, „Die psychischen Störungen des Kindesalters" enthält nur wenige einfache Holzschnitte.

Einleitung.

Meine Einteilung psychischer Krankheiten sucht den Gesichtsausdruck nicht nur als einen einfachen Reflex zu betrachten, der die psychischen Vorgänge widerspiegelt, sondern als entstanden aus einer
Aneinanderreihung zahlreicher, dem mimischen Reflexkreis benachbarter Reflexkreise; dies geschieht in Form einer Kette, die sich aus
dem Zusammenhang von Reizen der Außenwelt und des Körpers selbst
bildet, wobei letztere dem Zentrum durch Muskelgefühle zugeleitet
werden. Der Protoplasmazerfall in den Nervenketten begleitet und
beeinflußt sowohl einzelne Tonuszustände und ihre Veränderungen, die
wir als Vorgänge in den Nerven und Muskeln sowie in den Gewebsflüssigkeiten (Blut, Lymphe usw.) besprochen haben, als den gesamten Biotonus, einbegriffen einen psychischen Vorstellungstonus. Unter den
zahlreichen dem mimischen Reflexkreis benachbarten Kreisen ist der
wichtigste der Sprachkreis, ihm auch räumlich am nächsten, ja er fällt
teilweise mit ihm zusammen; jedenfalls läßt er sich nicht völlig von ihm
trennen. Verwandtes gilt auch von den zahlreichen respiratorischen
Reflexkreisen, die dem vegetativen, auch von Gefäßnervenbahnen und
besonders dem Vagusbereich entstammenden Fasern, begleiteten Nervensystem zugehören. Der Sprachkreis hat wie der mimische die engsten
Verbindungen mit dem psychischen Vorstellungstonus; in ähnlicher
Weise wie auch die Sinnesnerven zu den zentralen Sinnesgebieten stehen,
in denen wir einen psychischen Tonus annehmen.

In der folgenden Darstellung des Gesichtsausdrucks bei einzelnen
Formen psychischer Störungen ist indessen der Versuch, die Abspaltung
oder Ausschaltung des respiratorischen und Sprech-Reflexkreises vom
mimischen nachzuweisen, nur hier und da angedeutet worden, da das
weder theoretisch noch praktisch im einzelnen Fall völlig durchzuführen
ist; denn die Vorgänge sind zu verwickelt. Doch ist das orientierende
Moment an einzelnen Punkten ein großes und daher dann darauf hingewiesen. Dies mußte um so mehr da versucht werden, wo der ordnende
Einfluß beim Ablauf der Funktionen in einzelnen festen Reflexkreisen
besonders deutlich hervortritt; denn wo im Wechselspiel der Nerven-

tätigkeit und des Biotonus, mit seinen verschiedenen Arten, das Gleichgewicht schwankt, kann der Einfluß einzelner fester gefügter Reflexkreise den der weniger geübten überwiegen; so können stammesgeschichtlich ältere Affektbahnen die willkürlichen, später entwickelten, zeitweilig, als die im Getriebe fester gefügten, beim Ablauf ordnend beeinflussen; sind aber die willkürlichen Funktionen, individuell oder durch krankhaften Ausfall der andern, fester entwickelt, so ist nicht nur eine Selbstbeherrschung für die Entscheidung des Funktionsablaufs möglich, sondern auch dem Arzt kann es gelingen, Mittel zu gewinnen, um eben durch diese erhaltenen Willenskräfte des Kranken seinen Zustand zu beeinflussen, zu ordnen und zu bessern; so daß unter Umständen auch Leidenschaften so gezügelt werden können.

Man muß zugeben, daß die in den allgemeinen vorstehenden Abschnitten schärfer durchgeführte Trennung der verschiedenen Tonusarten und Reflexkreise hier noch nicht in den einzelnen Gruppen möglich wird, so lange der Rahmen so weit und groß ist, daß die Einzelbilder nicht recht hineinpassen, ihn auch oft nicht ausfüllen. Ich habe es daher vorgezogen nicht durch Zustutzungen eine Übereinstimmung vorzutäuschen, die noch nicht lange standhalten könnte.

Die gegebene Einteilung umfaßt drei Gruppen, welche sich durch räumliche, anatomische Verhältnisse und zeitliche des physiologisch begründeten stetigen oder schwankenden Ablaufs der Vorgänge unterscheiden. In der ersten Gruppe, der funktionellen oder diffusen Störungen im ganzen Nervensystem, können diese überall und jederzeit auftreten. In der zweiten finden wir Spannungsveränderungen des Gehirns, die vorzugsweise auf einzelne Teile desselben: Stammhirn und Kleinhirn, Hirnrinde und Zentralhirn beschränkt sind. In der dritten kann wieder das ganze Nervensystem an den Vorgängen beteiligt sein, aber sie treten dabei unregelmäßig, herdförmig oder sprungweise auf.

Die hierdurch entstehenden Unterscheidungen für den Gesichtsausdruck sind zahlreich, so daß weitere Merkmale erwünscht sind, um im einzelnen abzugrenzen. Einige finden wir auf der Oberfläche des Gesichts, besonders durch Teilung in eine obere und untere Hälfte, um Auge und Mund; sowie durch Trennung beider Seitenhälften. Es handelt sich weniger um die feststehenden Gesichtszüge als um die bewegliche Mimik, um so mehr als diese uns erlaubt, zu verschiedenen Zeiten Vergleiche des wechselnden Ausdrucks anzustellen.

Da es sich ganz besonders nur um den Gesichtsausdruck handelt, wird man im folgenden keine vollständigen Krankheitsbilder erwarten; einzelne hervorstehende Züge sollen durch Abbildungen erläutert werden, teilweise früheren Werken entnommen. Viele neuere mustergültige Abbildungen führte das Verzeichnis (S. 139) schon auf.

Besonders in der ersten Gruppe handelt es sich nur um Skizzen der einzelnen Formen, aus deren Mannigfaltigkeit nur einige ausgewählt werden konnten.

Der Gesichtsausdruck bei Epilepsie

ist so mannigfaltig wie diese Krankheit in allen ihren Erscheinungen.
Während des eigentlichen epileptischen Anfalles können auch in der
Gesichtsmuskulatur tonische und klonische Muskelkrämpfe wechseln,
die auf Spannungsveränderung im mimischen Reflexkreis beruhen.
Während der Aura ist das Gesicht vorwiegend beteiligt: die Mundwinkel,
die Augen bewegen sich lebhaft oder schließen sich krampfhaft, oft zunächst einseitig, dann auch auf die andere Seite überspringend. Daß
die Erklärung der Jacksonschen Anfälle dieses gesetzmäßige Fortschreiten auf andere Muskelgebiete des Körpers in der Beteiligung der
Hirnrinde gefunden hat, kann als eine Bestätigung der Reflexkettentheorie angesehen werden.

Oft ist eine Gesichtshälfte allein oder stärker ergriffen; für einzelne
Fälle wird angenommen, daß es sich dabei um rudimentäre zerebrale
Kinderlähmung einer Seite handelt [1]), die bei einem Herde in der linken
Hirnhälfte gleichzeitig Linkshändigkeit bedingt, weil die Gebrauchs-
fähigkeit der rechten Extremität beschränkt war. Nun ist nach Stier,
„Untersuchungen über Linkshändigkeit und die funktionellen Differenzen der Hirnhälften" (1911) bei Linkshändern die mimische Bewegung
im linken Fazialisgebiet überhaupt erleichtert, wie bei Rechtshändern
im rechten; auch der Augenschluß, der oft einseitig ausgeführt wird,
ist für Rechtshänder rechts leichter, links für Linkshänder. Die Halbseitigkeit der Mimik ist also unter allen Umständen ein diagnostisch
wertvolles Zeichen; indessen sind in der Aura beide Gesichtshälften oft
auch sofort ergriffen, ebenso im weiteren Verlauf des Anfalls.

Die Beteiligung des vasomotorischen Systems ist während der
Aura im Gesicht sehr verschiedenartig: Erweiterung oder Verengerung
der Blutgefäße tritt allgemein oder teilweise auf, Rötung oder Blässe
zeigen sich fleckweise, auch verbunden mit raschem Wechsel der Erscheinungen.

Der ausgeprägte epileptische Anfall läßt in seinen verschiedenen
Formen keine einheitliche Schilderung des Gesichtsausdrucks zu; dieser
ist meistens inniger als bei den eigentlichen Psychosen mit Störungen
im respiratorischen Reflexkreis verbunden, der Sprachkreis ist kaum
beteiligt, so daß nicht das ganze respiratorische System sich ergriffen
zeigt.

Bei den Äquivalenten, Dämmerzuständen und psychischen Erkrankungen auf epileptischer Grundlage überhaupt weichen die beiden Seiten
des Gesichts in ihrem Ausdruck nicht wesentlich voneinander ab; dagegen zeigt sich die untere Gesichtshälfte, wie bei allen Affektzuständen,
stärker beteiligt, wenn der Kranke von leidenschaftlicher Erregung
ergriffen ist, oft mit explosiver Entäußerung. Erst wenn wiederholte,
länger dauernde, mit der Epilepsie verbundene psychische Veränderungen

---

[1]) Redlich, Arch. f. Psychiatr. u. Nervenkrankh. Bd. **44**.

stattgefunden haben, die im Endergebnis zu geistigen Schwächezuständen führen, ist eine stärkere Beteiligung der oberen Gesichtshälfte festzustellen. So lange aber die Intelligenz nicht gelitten hat, ist das Spiel der Muskeln in der oberen Hälfte ein lebendiges, aber nicht, wie in der untern oft, verzerrt; es zeigt sich z. B. stereotyp ein verbindliches Lächeln. Kommt es zur Verblödung, so verschwinden diese Unterschiede der Mimik; es kommt dann zu einem starren, blöden und plumpen Ausdruck der Gesichtszüge; diese Physiognomie erscheint um so ausgeprägter, wenn angeborene Schädelasymmetrien eine Ungleichheit in den Gesichtsverhältnissen noch hinzubringen. Reste der Individualität können ein typisch verblödetes Gesicht noch berühren, so daß die Nivellierung des Gesichtsausdrucks, welche so vielfach durch geistige Krankheit erfolgt, dann unterbrochen erscheint.

Der Gesichtsausdruck bei Hysterie.

Das bunte proteusartige Bild der Hysterie [1]) ist auch im Gesicht sehr schwer auf gesetzmäßige physiologische und anatomische Grundlagen zurückzuführen. Es finden sich motorische und sensible (Empfindungs-) Lähmungen auf derselben Seite oder gekreuzt; dasselbe Verhältnis findet sich zwischen Gesicht und Körperhälften, doch beschränken wir uns hier ja möglichst auf die Betrachtung des Gesichts allein. Seitdem Charcot nachgewiesen hat, daß einer anscheinenden Fazialislähmung sehr oft eine Kontraktur der andern Seite zugrunde liegt, ist versucht worden, diese überraschende Tatsache zu erklären. Die Schwierigkeit steigt dadurch, daß bei Hysterischen auch zweifellose Fazialislähmungen vorkommen, dann aber sehr oft gleichzeitig Anästhesien und Analgesien im Trigeminusgebiet derselben oder der anderen Seite; daß sich gleichzeitig spastische und paretische Symptome finden. Dies Durcheinander wirkt so verwirrend, daß das Suchen nach einer Erklärung sich immer wieder vordrängt. Die Annahme einfacher Reflexvorgänge genügt nicht; meistens wird jetzt die psychogene Entstehung angenommen, die nach dem verschiedenen Standpunkte der Autoren mehr oder weniger auch als eine zerebrogene angesehen wird; dabei werden neben kortikalen auch subkortikale Verbindungen gedacht.

In dies Schema ließe sich auch die Bellsche Ansicht eines vom Gehirn ausgehenden Nervenzirkels einschieben; doch wird hier abgesehen, weitere Spekulationen daran zu knüpfen.

Einige typische Bilder mögen geschildert werden, wie wir sie bei Binswanger finden, die auch dem Irrenarzte begegnen. Auf der scheinbar gelähmten Seite steht der Mundwinkel tiefer, und die Nasolabialfalte ist seichter; doch funktioniert diese Seite normal, denn beim Versuch, die Wangen aufblasen zu lassen, wird die Wange nicht aufgebläht, ist also gespannt; die Luft entweicht auf der anderen Seite, wo der Muskel

---

[1]) Vgl. besonders Binswanger, Die Hysterie. 1904.

in Kontraktur ist. Die Flamme eines am Munde vorbeigeführten Lichtes
wird nicht, wie bei echter Fazialislähmung, an der gelähmten Seite aus-
geblasen, sondern mit der scheinbar gesunden Mundhälfte. Der kon-
trakturierte Mundwinkel zeigt aber eine vertiefte und stärker gekrümmte
Nasolabialfalte. Am Mundwinkel finden sich kleine radiär gestellte
Falten, bei Willkürbewegungen ist fibrilläres Zittern recht häufig.

In einem Falle Charcots bestand neben einer hysterischen Lähmung
des Mundfazialis in diesem Gebiet völlige Anästhesie und Analgesie
außer andern Störungen der Sinne und am Körper. Der andere Mundwinkel wurde bei aktiven und mimischen Bewegungen stärker gehoben
und von kleinen Falten halb-
kreisförmig umgeben. Bei
verschiedenen aktiven Bewegungen des gelähmten Mund-
winkels waren nur die nach
außen und oben aufgehoben,
die vom Zygomaticus major
abhängen; außerdem war
auch der Buccinator eine
Zeitlang gelähmt. Diese auf
einzelne Muskeln beschränkte
Lähmung ließ sich auf ein
Trauma zurückführen, einen
Sturz auf das Kinn, und
wurde mit der hysterischen
Empfindungslähmung in di-
rekten Zusammenhang ge-
stellt.

Nicht selten verbinden
sich mit der hysterischen
Lähmung im Fazialisgebiet
Spasmen und Kontrakturen,
zuweilen treten sie auch auf

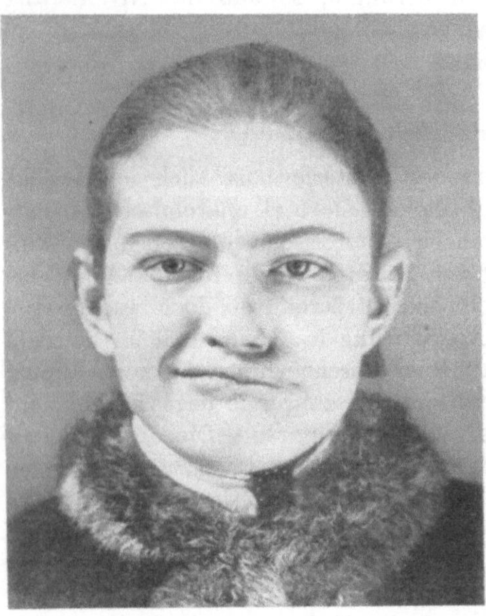

Abb. 16. Doppelseitige hysterische Fazialis-
Kontraktur (nach Delprat).

der anderen Seite auf; vgl. Abb. 16 nach Delprat, Contracture faciale
bilaterale hystèrique; in diesem Falle vorwiegend rechtsseitiger Kontraktur des Mundfazialis, sind es namentlich die funktionellen Erscheinungen bei Bewegungsversuchen, die die Unterscheidung von einer
linksseitigen Lähmung erleichterten. Von Erkrankung der Zähne ausgehende Reflexe schienen die Ursache des Leidens zu sein, ähnlich wie
bei einem Tic convulsif. Bei der Erkrankten traten gelegentlich weitere
hysterische Symptome hervor, so daß es zweifelhaft ist, ob hier Reflexkettenvorgänge an die Kontraktur sich anschließen, oder ob psychogene Vorgänge die Grundlage waren.

In engem Zusammenhang mit spastisch-paretischen Erscheinungen
im Gebiete des Mundfazialis findet sich zuweilen ein Hemispasmus

glosso-labialis, der auf der gelähmten oder auf der nicht gelähmten Seite
vorkommt, so daß eine genaue Unterscheidung, wo Lähmung und wo
Kontraktur vorhanden ist, oft fast unmöglich wird. Nach Hitzig sind
Kombinationen von Reizzuständen und Lähmungserscheinungen für
schwere Hysterie charakteristisch; bei gleichzeitiger Anästhesie ist die
Lähmung des untern Fazialis dann leichter als eine hysterische kenntlich.
Binswanger spricht von einer Superposition der Sensibilitätsstörungen
auf die spastischen Phänomene im Bereiche der Gesichtsmuskulatur;
er deutet an, daß der primäre Hemispasmus glossolabialis sich mit
hyperästhetischen Hautbezirken kombiniere, während die aus ursprünglichen Paresen hervorgegangenen Spasmen des Facialis-
Hypoglossus-Gebietes die kutane Anästhesie darbieten; es scheint also
der Krampf des Muskels, fortgeleitet durch die Muskelgefühlsnerven,
von ihm als Schmerz, die Lähmung als Fehlen der Hautempfindung
aufgefaßt zu werden; hierbei ist ein Vorgang im Gehirn vorausgesetzt,
der von sonst bekannten Reflexvorgängen abweicht. Daß auch die
Reihenfolge des Auftretens von Lähmung der Empfindung und Bewegung
dabei eine Rolle spielt, ist möglich, aber nicht festgestellt; die Hysterie
läßt noch manche Rätsel ungelöst.

Das Vorkommen von hysterischen Lähmungen im Bereiche des
oberen Fazialis wird sehr bestritten. Als sicherer Fall gilt einer von
Seeligmüller: Rumpf und Extremitäten waren rechts, der Fazialis
links gelähmt, an der rechten Rumpf- und linken Kopfseite bestand
sensible Lähmung und Abschwächung, resp. Aufgehobensein sämtlicher
Sinnesfunktionen. Die gekreuzte Extremitäten- und Fazialislähmung
würde nun bei nicht hysterischer Grundlage eine Störung im Pons vermuten lassen, aber die sensibeln und Sinnesstörungen führen weiter
hirnwärts. Da die Hysterie eine affektive Erkrankung ist, bin ich
geneigt, die Teilung der mimischen Bahn in willkürliche und Affektbahnen (siehe den letzten Abschnitt) hier in Anspruch zu nehmen: die
Nichtbeteiligung des oberen Fazialisgebietes findet dabei ihre Erklärung.

Binswanger zeigt das Rätselhafte bei dem häufigen Auftreten eines
Krampfes des Orbikularis; diese Ptosis spastica (pseudoparalytica)
ist eine Varietät des Blepharospasmus, nicht eine Parese des Levator
palpebrae, also nur eine scheinbare Lähmung. Besonders schwer zu erklären sind Fälle, in denen willkürliche Erschlaffungen der Hysterischen
nicht auszuschließen sind; dies sah Binswanger einmal schon hervorgerufen dadurch, daß die Patientin lebhaft daran dachte. Willkürlichen
Übertreibungen begegnen wir ja oft bei Hysterischen; die interessante
Mitteilung Loewenfelds [1]) über die bei hysterischen Hypnotisierten
hervorgerufenen Ausdrucksbewegungen, besonders auch des Gesichts,
die sich durch so besondere Lebhaftigkeit und feine Nuancierung auszeichnen, daß man sie für photographische Aufnahmen bevorzugte,

---

[1]) Hypnose und Kunst. Grenzfragen des Nerven- und Seelenlebens. 1904.

welche von Malern, wie z. B. Keller und Max für einzelne ihrer Ge-
mälde benutzt wurden, enthält auch die Angabe, daß auch diese Leistungen bei einer Schlaftänzerin Übertreibungen im Mienenspiel und
Gebärden enthielten.

Während eines längeren Verlaufs der Krankheit können die Symp-
tomenkomplexe oft sehr wechseln; einzelne Erscheinungen fallen vorübergehend aus, andere treten hinzu: es findet eine Ausbreitung der
Spasmen auf benachbarte Muskelgruppen des Gesichts statt; so verbindet sich der tonische Blepharospasmus fast immer mit einer Kontraktur von Bulbusmuskeln, oder auch mit einem Hemispasmus glosso-
labialis.

Eine schlaffe, also echte hysterische Ptosis ist sehr selten beobachtet,
aber auch doppelseitig. Bei allmählicher Entwicklung scheint eine auto-
suggestive Entstehung nachweisbar, bei plötzlichem Eintreten spielt
wahrscheinlich ein Affektschock die Hauptursache.

Besonders bunt wird das Bild, wenn einzelne Augenmuskeln sich in
einem Zustande der Parese befinden, während andere Spasmus darbieten; wie Hitzig betont: Muskeln, die gemeinsam vom Oculomotorius
versorgt werden.

Von weitem Interesse ist es, daß sowohl beim Trauma als Affektschock zwischen der auslösenden Ursache und dem Eintritt einer hysterischen Lähmung Zwischenzeiten von mehreren Tagen liegen können,
6—15 Tage; diese Beobachtungen einer Inkubationszeit betreffen
meist segmentale Lähmungen. Vielleicht kommen hierbei vasomotorische Zentren im Gehirn in Betracht; bei Untersuchung der Bahnen
des Gesichtsausdrucks werden wir sehen, daß die progressive Gesichtsatrophie von Störungen der trophischen Funktionen des Trigeminus
abhängt, die, wie die vasomotorsichen, vermutlich im Nucleus caudatus
zu suchen sind. Entstehen die hysterischen Lähmungen nun in zentraleren Hirnteilen, so würde die Inkubationszeit damit zusammenhängen
können, weil affektive Vorgänge lange latent bleiben können. Daß
vasomotorische Störungen zuweilen vorausgehen, beweisen einige von
Binswanger zitierte interessante Fälle Ziehens, in denen, bei noch
normaler dynamometrischer Kraft, Arm und Bein vor dem Eintritt
der Lähmung wie gelähmt empfunden wurden. Auch das Auftreten
segmentaler Lähmungen weist auf denselben Ort der Entstehung, insofern es wahrscheinlich ist, daß Atrophien — vermutlich auch Neuralgien —, wenn sie nach den großen Gelenk- oder Gliedabschnitten gegliedert auftreten, von Erkrankungen oder Funktionsstörungen im Nucleus
caudatus resp. Vorderhirnganglion abhängen (vgl. meinen Aufsatz über
trophische Hirnzentren im Arch. f. Psychiatr. u. Nervenkrankh. 1897).
Daß hier vielleicht auch schmerzleitende Fasern beteiligt sind, die die
hysterischen Vorgänge unterstützen, finde ich durch folgende Bemerkung
Binswangers unterstützt: „Bei den hysterischen Kontrakturen, die
auf dem Boden ausgeprägter Hypalgesien (vornehmlich Arthralgien) ent-

standen sind, wirkt in erster Linie der psychische Vorgang des Schmerzes
bahnend auf die funktionellen Zentren, in welchen der Ausgangspunkt dieser pathologischen Spannungszustände der Gliedermuskulatur
gelegen ist. Ob es sich hierbei ausschließlich oder vornehmlich um Erregungen in kortikomotorischen oder infrakortikalen Zentralapparaten
handelt, lassen wir dahingestellt." (a. a. O. S. 808.)

Aus der Fülle von Beobachtungen des Gesichtsausdrucks Hysterischer
können nur noch einige hervorgehoben werden. Die Lach- und Wein-
krämpfe sind zwangsweise affektive Ausdrucksbewegungen; recht
häufig ist, wie Binswanger (S. 507) sagt, ihr mimischer Charakter
nicht näher festzustellen, weil dabei „Schreikrämpfe" die ganze Szene
beherrschen; er will sie nicht respiratorische Spasmen nennen, doch liegt
es nahe dabei, an Bells respiratorisches System zu denken und an die
Auslösung von Reflexkettenvorgängen in diesem Zusammenhange.
Solche paramimische Reaktionen finden sich übrigens auch bei
Neurasthenischen, wobei Binswanger (a. a. O. S. 515 Anm.) bemerkt: „Auf einen geringfügigen emotionellen Anstoß erfolgt eine unverhältnismäßig starke Reaktion, und erst durch letztere wird,
gewissermaßen rückwirkend, ein der mimischen Reaktion entsprechender emotioneller Erregungszustand geweckt." Die Beziehungen des
Thalamus opticus zum Zwangslachen werden im anatomischen Teil
noch berührt werden.

In den eigentlichen hysterischen Anfällen gibt es Phasen, in denen
der Gesichtsausdruck starr, leer ist, ohne jede ausgeprägte mimische
Reaktion; in anderen Phasen und Fällen überwiegen die expressiven
Bewegungen des Zorns, des Schreckens, der Furcht; der Blick wird
drohend, die Patienten knirschen mit den Zähnen. Es fehlt aber die
Mannigfaltigkeit der Ausdrucksbewegungen, welche bei dem sogenannten
großen Anfall bestimmte Seelenzustände (vor allem religiös-ekstatische
und erotische) in gemessener, fast dramatischer Form in Miene, Haltung,
langsamer Gebärde dem Zuschauer vorführen soll (nach Pitres bei
Binswanger, S. 650 zitiert).

Im Zustande der Hypnose, die bei Hysterischen oft so leicht entsteht,
findet sich zuweilen eine echte Amimie, bis zur maskenhaften Ausdrucks-
losigkeit gesteigert, als typisches Symptom; wie Binswanger [1]) fein
bemerkt, da allemal, wenn Suggestionen fehlen, der Gesichtsausdruck
leer werde.

***

Eine Schilderung des Gesichtsausdrucks bei andern allgemeinen
Neurosen kann hier unterbleiben, da z. B. die Neurasthenie, die
Schreckneurose zwar dem bisher Geschilderten oft Verwandtes
zeigen, aber nichts so Spezifisches, daß es möglich ist, es für sich
zu entwickeln.

---

[1]) Hypnotismus in Eulenburgs Real-Enzyklopäd. Bd. 7. S. 15.

Der Gesichtsausdruck bei Intoxikationen und Infektionskrankheiten
bietet wenig Typisches, daher können nur Einzelheiten berührt werden.

Beim chronischen Alkoholismus[1]) tritt die Erweiterung der Gesichtsgefäße in den Vordergrund, die schon in leichteren Fällen eine stärkere Rötung des Gesichts mit sich bringt. In manchen schweren Fällen kommt die Venenerweiterung an der Nase und den anliegenden Partien der Wange besonders stark zum Ausdruck; schließlich kann die Farbe mehr ins Blaue übergehen, und in einzelnen Fällen entwickelt sich Acne rosacea, gewöhnlich in der bekannten Lokalisation der „Schmetterlingsfigur"; es ist aber Vorsicht in der Beurteilung der Gefäßerweiterungen nötig, da auch abstinente Leute sie haben können. Der häufige allgemeine Tremor des Muskelsystems findet sich dann auch im Gesicht als Lippentremor; fibrilläre Zuckungen im Fazialisgebiet kommen vor, selten Fazialislähmung und Nystagmus.

Noch geringer ist die Ausbeute beim Morphinismus; die Myosis und die fahle Gesichtsblässe sind ja sehr bezeichnend, aber mimische Störungen fallen im allgemeinen nicht auf. Beim Kokainismus ist nur die Pupillenerweiterung typisch.

Psychosen im Verlauf von Intoxikationen, z. B. beim Verfolgungswahnsinn der Alkoholiker und Kokainisten bieten keine mimischen Besonderheiten.

Eine Schilderung des Gesichtsausdruckes bei Infektionskrankheiten, die Typisches für die mannigfaltigen Krankheitsbilder herausheben wollte, ist noch nicht möglich; so vielseitig wie die Ursachen sind, eine entsprechende Differenzierung im Gesichtsausdruck läßt sich nicht durchführen.

Der auf rein körperliche Ursachen zurückzuführende Gesichtsausdruck bei thyreogenen Psychosen, bei denen auch der Serumtonus eine Rolle spielt (s. S. 121), zeigt Veränderungen der Züge, die schon besprochen sind in Abschnitt B. I a, z. B. bei Basedow, Myxödem und Kretinismus; das Mienenspiel ist aber weniger beteiligt.

Unsere zweite große Gruppe, die der Spannungsveränderungen, führt uns auf festeren Boden, weil die Vorgänge hier anatomisch und physiologisch durchsichtiger sind; der Gesichtsausdruck ist darum in diesen Krankheiten deutlicher typisch. Dabei bleibt es gewiß notwendig, Ursachen und Folgen der Krankheitsvorgänge genau zu kennen, aber auch unser Hauptziel ist immer die Erkennung der Krankheitsvorgänge selbst.

Wir wenden uns nun zu der ersten Untergruppe, und zwar ist es zunächst darin nur

---

[1]) Vgl. Bleuler, Lehrb. d. Psychiatr. 1916. S. 165ff.

Der Gesichtsausdruck bei Melancholie.

Seine wichtigsten Merkmale sind wegen der längeren Dauer melancholischer Affekte in der Regel länger bleibende, stehende. Die Zergliederung des Gesamtbildes führt zu getrennter Betrachtung der Augen und des Mundes.

Der Glanz des Auges ist beim Melancholischen in der Regel matt; er ist von der Stärke der äußeren Hornhautreflexe abhängig: sind die Pupillen weit, so sind die Hornhäute starke Spiegel mit dunklem Hintergrunde, denn auch eine helle Iris wird bei der Zusammenziehung dunkler. Weil die Lidspalten beim Melancholischen in der Regel eng sind, leuchtet sein Auge nur beim Aufschauen auf, seine Augensterne strahlen dann unerwartet. Sein Auge ist auch darum glanzloser, weil die Tränenfeuchtigkeit fehlt; das kummervolle Auge ist trocken, erst Tränen lösen den Schmerz.

Das Auge ist aber nicht einfach der Spiegel der Seele; erst seine eigenen Bewegungen und die Muskelbewegungen in seiner nächsten Umgebung rufen einen deutlicheren Ausdruck hervor. Sieht man ein Auge durch das entsprechend große Loch eines Stück Papiers an, welches das übrige Gesicht verdeckt, so ist es immer ausdruckslos. Aber schon aus einer fixierten Stellung der Augäpfel mit parallelen, in die Ferne gerichteten Gesichtslinien schließen wir auf ein den Gegenständen der Umgebung abgewendetes Interesse: der Geist ist in inneres Sinnen und Betrachten verloren, worauf denn oft auch die etwas gesenkte Blicklinie hinweist. Gleichzeitig sind die oberen Lider gesenkt, oft bei leisem aktiven Schluß der Lidspalten, wie zum Schutz oder zur Abwehr.

Vielleicht am meisten typisch, jedenfalls sehr charakteristisch ist für den Gesichtsausdruck Melancholischer die Wirkung der sogenannten Grammuskeln (zuerst so von Darwin bezeichnet, dann von Athanassio als Omegafigur geschildert). Der Stirnmuskel, die Augenbrauenrunzler und die Ringmuskeln des Auges sind als solche zu betrachten; besonders Frontalis und Korrugatoren, durch deren gleichzeitige Runzelung eine rechtwinklige, hier und da an ein Hufeisen erinnernde, Furchung der Stirn entsteht. Die auf den Abb. 17—19 dargestellten Ausdrucksformen der Grammuskeln werden besonders klar durch Vergleichung mit den freigelegten und präparierten Gesichts-Muskeln auf den Abb. 5 u. 6. Freilich kommt die rechtwinklige Furche nicht nur bei Melancholischen vor: gewohnheitsmäßig zeigt der vom grellen Sonnenlicht getroffene Arbeiter diesen Ausdruck; er gelangt zu ihm, um sich vor schädlichen äußeren Einflüssen zu schützen. Ähnlich schützen wir alle uns bei starken Hustenstößen durch Zusammenziehung der Ringmuskeln vor Druckstößen und Blutüberfüllung im Innern der Augen, bei gleichzeitiger flüchtiger Runzelung der Stirn und Brauen. Zum vollen melancholischen Gesichtsausdruck gehören aber auch die

anderen Ausdrucksmittel, besonders die Stellung der Augen; erst aus der
Verbindung mit ihnen entsteht das typische Bild.

Häufig ist die horizontale Furchung der Stirnhaut auf das mittlere
Drittel beschränkt oder hier stärker ausgeprägt, weil die Ringmuskeln
meistens stärker nach dem äußern Rande zu wirken und dadurch
die äußeren Drittel glätten; auf der Stirn des jungen Melancholischen
(Abb. 17), der geköpft zu werden fürchtet, sieht man deutlich die hori-
zontale Faltung nur in der Mitte über der Nasenwurzel, während die
Stirn des ebenfalls tief melancholischen Mannes (Abb. 18) eine völlige
Querfurchung zeigt. Indem beide Augenbrauenrunzler sich zusammen-

Abb. 18. Augen-Fazialis, völlige
Querfurchung.

Abb. 17. Augen - Fazialis, Furchung
nur im mittleren Teil.

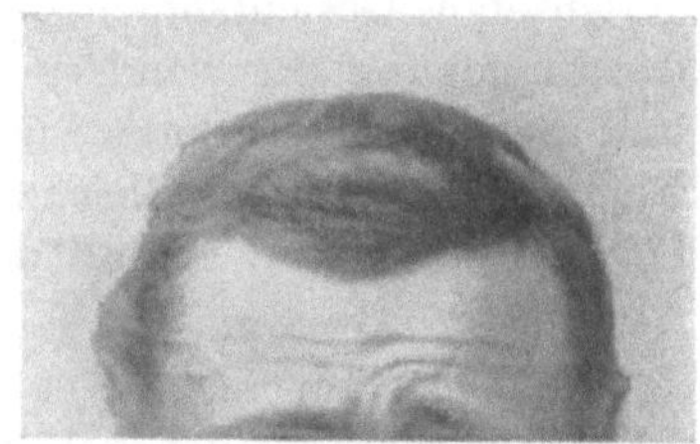

Abb. 19. Augen - Fazialis, einseitige Faltung.

ziehen, werden die Augenbrauen einander genähert; dadurch bilden sich
senkrechte Furchen über der Nasenwurzel. Weil der Stirnmuskel
nun häufig stärker nach oben wirkt, besonders gleichzeitig mit der ihm
entgegengesetzten Wirkung des Procerus (oder Depressor glabellae, der
aber individuell manche Verschiedenheiten zeigt), so wird das innere
Ende der Augenbrauen zuweilen gehoben; dies zeigt sehr gut die untere
Halbfigur (Abb. 19), deren Stirn nur einseitig gefaltet ist. In solchen
Fällen erscheinen die oberen Augenlider gewölbt, die sonst meistens
matt herabhängen. Dies geschieht auch durch Zusammenziehung des
Ringmuskels des Auges, wobei gleichzeitig eine Faltung der Haut
im äußeren Augenmuskel entsteht. Die im letzten Abschnitt noch genauer
zu schildernde Affektbahn des Augenfazialis ist stark beteiligt bei der
Verbindung der gleichzeitigen Zusammenziehung der drei Grammuskel-

gruppen (Frontalis, Korrugatoren und Orbiculares oculi), die den kummervollen Ausdruck der oberen Gesichtshälfte bewirken und das mimische
Hauptsymptom des melancholischen Affektzustandes hervorrufen, dessen
anatomische nächste Grundlagen in Hirnrinde und -stamm liegen; die
vorzugsweise Beteiligung oder Ausschaltung des oberen Fazialisreflex-
kreises bedingt den besonderen Gesichtsausdruck. Antagonistische Wirkungen mannigfaltiger Art verändern das Bild; so können bei abge-
schwächter Tätigkeit der Pyramidenmuskeln der Nase diese den Ausdruck des Grams dadurch indirekt befördern, daß sie dem Stirnmuskel
in seinen mittleren Bündeln den Zug nach oben erleichtern, oder sie zeigen

<table>
<tr><td>Abb. 20.</td><td>Abb. 21.</td></tr>
</table>

Mund-Fazialis, stärker beteiligt.

bei schwankendem Muskeltonus das Spiel der Muskelspannungen als ein
wechselndes.

Nicht so regelmäßig, aber dann wesentlich zur Vermehrung des
melancholischen Ausdrucks beitragend, findet sich der untere
Fazialisreflexkreis, das Gebiet des Mundfazialis beteiligt; namentlich die starke Ausprägung der Nasenlippenfalten gibt der unteren Gesichtshälfte einen kummervollen Zug (Abb. 20), der durch das Herabziehen der Mundwinkel und die vorgeschobene Unterlippe sehr verstärkt wird (Abb. 21).

Einseitig sah Ziehen [1]) Fazialisparesen bei Melancholie in der Ruhe
wie bei mimischer Bewegung, die nach Genesung schwanden; er faßte

---

[1]) Über Lähmungserscheinungen bei einfachen Psychosen. Berl. klin. Wochenschrift. 1887. Nr. 26.

sie lediglich als Begleiterscheinung der Psychose auf, vielleicht bedingt durch kongenitale Minderwertigkeit der Anlage.

In schweren Fällen melancholischen Affektes finden wir obere und untere Gesichtshälfte ergriffen; tiefe Seufzer weisen von Zeit zu Zeit darauf hin, daß der ganze respiratorische Reflexkettenkreis in Mitleidenschaft gezogen werden kann; aber diese Seufzer bringen dann vorübergehend auch eine Erleichterung durch Lösung der Spannungszustände in Nerven und Muskeln; dies Streben des Ausgleiches herrscht dann auch im Serumtonus des Bluts und der Gewebsflüssigkeiten; der Biotonus, die Bereitschaft zum Ausgleich der Kräfte des Zerfalls und Aufbaus, tritt in Wirksamkeit. Regelung gleichmäßig tiefer Atmung kann in solchen Zuständen von gutem Einfluß werden.

Abb. 22. Melancholia attonita
(nach Kieser).

Verwickelt wird die Feststellung einzelner Muskelwirkungen bei dem bewegten Blick unruhiger Angstaffekte, besonders weil die Ausbildung der Grammuskeln, namentlich der Ringmuskulatur, individuell verschieden ist. Deshalb wirkt einmal der äußere orbitale Ring stärker, ein andermal der innere palpebrale; bei diesem treten seine vom Sympathikus innervierten glatten Muskelfasern gerade bei Gemütsaffekten besonders leicht in Tätigkeit. Bei starker ängstlicher Erregung kann nun mit der Herrschaft über viele andere Muskelgruppen auch die über die willkürlichen Augenmuskeln verloren gehen; es entsteht dann ein verstörter Gesichtsausdruck, bei dem besonders die Unsicherheit der Blickrichtung und die unruhige Beweglichkeit der Lidmuskeln auffallen; es fehlt die ordnende Tätigkeit des Willens über die unwillkürliche Mimik.

Häufiger ist der schmerzliche, verzweifelte, ängstliche, mimische Ausdruck des Melancholischen von sehr geringer Beweglichkeit begleitet, wenn auch die von Schüle beobachteten „wie aus Holz geschnitzten Züge" selten sind. Diese Unbeweglichkeit zeigt das Bild Kiesers[1]) (Abb. 22) sehr gut; da es einer 1855 hergestellten Steindrucktafel entnommen ist, wird man die künstlerische Wiedergabe besonders schätzen. In der dazu gehörigen Krankengeschichte des Mannes sagt Kieser: „Er zeigte in Habitus, Haltung und Physiognomie die charakteristischen, leicht mit vollkommenem Blödsinn zu verwechselnden Erscheinungen der Melancholia attonita, und eine eigentümliche krampfige Kontraktion des Corrugator superciliorum und der Gesichtsmuskeln." Die Unbeweglichkeit unterscheidet Bleuler[2]) von einer „Steifigkeit der Affekte

---

[1]) Kieser, Elemente der Psychiatrik. 1855.
[2]) Bleuler, Lehrbuch der Psychiatrie. 1916. S. 349.

bei Schizophrenie" dadurch, daß diese trotz wechselnden Vorstellungsinhaltes bestehen bleibt, während die geringe Beweglichkeit beim Melancholischen eine Folge des ebensowenig wechselnden Vorstellungsinhaltes sei; er unterscheidet Depression und Schizophrenie besonders durch „Hemmung" von „Sperrung": der Gehemmte läßt das Mühsame der Bewegung immer bemerken, während der Gesperrte, wenn die Sperrung einmal durchbrochen ist, ebenso rasch und kräftig wie Gesunde reagieren könne. Es ist für uns bedeutungsvoll, daß Bleuler[1]) diese Auffassung durch folgenden Vergleich unterstützt: „Die depressive Hemmung ist der Verlangsamung der Bewegung einer Flüssigkeit in einem Röhrensystem bei zunehmender Viskosität zu vergleichen, die Sperrung dem Abschluß eines Hahnes bei sonst leichter Beweglichkeit der Flüssigkeit." Bei solchen Sperrungen hört der Gedankengang mit einmal auf „für Sekunden bis Tage". Diese ganze Auffassung erinnert an den oxydativen Zerfall (Kassowitz) wie an die Griesingersche Annahme explosiver Vorgänge. Auch unsere Reflexkreise scheinen mir mit Bleulers Anschauungen vereinbar; für ihn sind die Assoziationen beim Denken Funktionen, die dem Reflexvorgange schon sehr nahestehen, der ja auch nicht ein einfacher Übergang der sensibeln Reize auf die motorischen Apparate, sondern eine Intätigkeitsetzung, eine Auslösung der Funktion eines vorgebildeten Mechanismus sei[2]). Der Reflexkettentheorie nähern sich dann seine folgenden wichtigen Ausführungen[3]): „Die Psyche hat wie der Reflexmechanismus die Aufgabe, Reize von außen zu empfangen und darauf in einer Weise zu reagieren, die dem Individuum oder dem Genus nützlich ist. Es bestehen aber große Unterschiede zwischen den beiden Reaktionsarten. Die Beeinflussung eines Reflexes durch einen andern Reiz als den auslösenden (oder die auslösende und richtungbestimmende Reizgruppe) ist qualitativ und quantitativ so beschränkt, daß wir sie gewöhnlich gar nicht in Berechnung ziehen. In der Psyche dagegen ist diese Beeinflussung qualitativ und quantitativ fast unbegrenzt; besonders wichtig ist, daß hier nicht nur aktuelle, sondern namentlich auch frühere Reize („Erfahrungen", „Erinnerungen") die Reaktion ganz wesentlich mitbestimmen, während solche Gedächtniswirkungen bei den Reflexen minim sind. Der Reflex antwortet deshalb auf den gleichen Reiz immer gleich; die Psyche aber besitzt eine unendliche Menge von Reaktionsmöglichkeiten; ihre Reaktionen sind höchst kompliziert und plastisch, d. h. je nach den Umständen bei gleichem Reiz verschieden, die der Reflexe einfach und sehr stabil."

Wir kehren jetzt zurück zur Betrachtung des melancholischen Gesichtsausdrucks. Bleuler[4]) beschreibt nach Veraguth: „ein be-

---

[1]) a. a. O. S. 54.
[2]) l. c. S. 12.
[3]) l. c. S. 1.
[4]) a. a. O. S. 349 u. 352, wo gute Abbildungen gegeben sind.

sonders bemerkbares mimisches Zeichen der Depression überhaupt,
welches dadurch entsteht, daß die Hautfalte des Oberlids an der Grenze
ihres inneren Drittels nach oben und ein wenig nach hinten gezogen wird,
so daß der Bogen daselbst in einen Winkel verwandelt wird." Dies
Zeichen ist mir selten begegnet; sollte es typisch, nicht individuell sein,
so wäre es ja sehr charakteristisch; bei Duchenne und in Künstler-
Anatomien wird es als scharfe Knickung des Kopfes der Augenbrauen
beschrieben.

Die um die Nasenlippenfalten liegenden Muskeln beeinflussen den Ausdruck der oberen und unteren Gesichtshälfte; sie machen den melancholischen Ausdruck verbittert, besonders bei einseitiger Kontraktion.

Die Betrachtung der unteren Gesichtshälfte beim Melancholischen
zeigt, daß er die Mundspalte gewöhnlich geschlossen hält; ihr breiteres
Öffnen in den Mundecken kann bei Angstzuständen an den Ausdruck
laut weinender Kinder erinnern; im stillen Affekt sinken die Mundwinkel deutlich herab, man sagt „er läßt den Mund hängen". Die Gesichtszüge scheinen verlängert; wie infolge der Schwere ist die untere
Gesichtshälfte schlaffer, besonders die Unterlippe sinkt herab. Dagegen erscheint die Oberlippe, wenn auch nicht aktiv gehoben, so doch
stärker mechanisch durch ihre Umgebung fixiert. Bei älteren Fällen
sieht man auch ein aktives Herabdrücken der Mundwinkel durch ihre
Depressoren.

Wenn wir also einige charakteristische typische Zeichen für den
melancholischen Gesichtsausdruck besitzen, so sind gelegentlich doch
auch differentialdiagnostische Zeichen erwünscht; ob Athanassios Angabe [1]), daß beim Melancholischen oft keine Pupillenakkommodation
stattfindet, bei gut ausgeprägtem Lidreflex — im Gegensatz zur Paralyse — genügt, um darin ein typisches Verhalten zu sehen, ist wohl
fraglich; die Willenshemmung soll die Ursache sein, gleichzeitig soll
auch ein Ödem der Retina vorkommen.

Eine völlige Lähmung der Funktion wie bei organischen Krank-
heitsprozessen oder Katatonie findet sich in den depressiven Zuständen
nicht; wie Stransky [2]) ausführt: „spielen fast stets noch psychologische
Ausdrucksspuren hinein, die zeigen, daß weder Lähmung noch Sperrung
noch Ausfall besteht, sondern eben Erschwerung der Funktion. Besonders
ist es der mimische Ausdruck, der fast stets inniges Leben zeigt, mag
er auch in seinen oft nur ansatzweisen, mühsamen Innervationen den
Formen des Gesamtbildes sich nicht entziehen." Doch offenbart sich
die Schwäche der Bewegungen des Melancholischen am wenigsten an
seinem physiognomischen Apparate, weil seine Motoren ungemein heftige
Affekte sind, wie Spielmann sagt [3]); mit diesem sieht Stransky die

---

[1]) Archives de Neurologie. 1899. S. 357.
[2]) Das manisch-depressive Irresein. Handb. d. Psychiatr. von Aschaffenburg.
1911. Spez. Teil. Bd. 6. S. 29.
[3]) Diagnostik der Geisteskrankheiten. Wien 1855. S. 100.

motorische Erregung als das Ventil der inneren Spannung an, die dieser zugrunde liegende ängstliche Erregung sei unschwer von der manischen zu trennen: „sie ist in viel geringeren Grenzen modulationsfähig, bietet keine solche Abwechslungsfähigkeit wie diese.“ Er weist noch hin auf den Versuch Stoddarts, die melancholische Erregung auch physiologisch von der manischen zu trennen: bei dieser treten mehr die proximal gelegenen Muskelgruppen in Aktion, jene bevorzuge mehr die kleinen distalen Gruppen; dies gilt wohl von der Muskulatur der Extremitäten, bei den Gesichtsmuskeln ist eine solche Entscheidung nicht durchzuführen.

Überhaupt ist zuweilen die Unterscheidung des melancholischen vom manischen Ausdruck oft ebenso schwer, wie die des Gesamtzustandes

Abb. 23. Manische Phase bei
derselben Frau.
Abb. 24. Depressive Phase bei
derselben Frau.

selbst, weil die Mischformen oft vorkommen. Doch es muß versucht werden, die beiden Gesichtsbilder immer möglichst gegensätzlich zu analysieren, weil manche Einzelheiten dadurch deutlicher hervortreten. Allerdings ist dann die Schilderung eines Krankheitsverlaufes, wie ihn das manisch-depressive Irresein bietet, nicht leicht; auch hierbei müssen die einzelnen Phasen gesondert betrachtet werden; ihre Mischformen ergeben sich in den einzelnen Fällen von selbst.

Die Abb. 23 und 24 geben die periodisch auftretenden Formen der manischen und depressiven Phase bei einer Frau wieder und veranschaulichen den Gegensatz deutlich. In dem Bilde des manischen Zustandes sind Hautfalten aus der melancholischen Zeit, die ja lange Zeit stehen bleiben, dauernd eingegraben; das Bild der melancholischen Phase zeigt auf der Stirn über dem äußeren Teile der Augenbrauen je eine tiefe halbkreisförmige Furche: diese Kranke litt dann an sehr heftigen Kopfschmerzen, der Stirnmuskel zeigte häufige kurze Zuckungen in seinen äußeren Teilen oberhalb jener Furchen; der mittlere Stirnteil war durch die früher erörterten Muskelwirkungen festgestellt, das krampfhafte Muskelspiel beschränkte sich auf die äußeren Teile und rief dadurch die eigentümlichen halbkreisförmigen Furchen hervor. Auch die Abb. 25 und 26 geben den Gegensatz der Phasen deutlich wieder; das Mienenspiel dieses Mannes war in der heiteren Erregung ein sehr lebhaftes wie bei der Frau, die gegebenen Bilder können daher nur als einzelne mehr zufällig festgehalten gelten. Beide Kranke sprachen dann fortwährend, grimassierten, schalten oder lachten abwechselnd; bei der Frau waren Wutausbrüche schlimmster Art dann sogar etwas sehr Häufiges.

<table>
<tr><td>Abb. 25. Heitere Phase bei
demselben Mann.</td><td>Abb. 26. Gedrückte Phase bei
demselben Mann.</td></tr>
</table>

Bei den Mischformen ist daran zu erinnern, daß der Krankheitsverlauf insofern dem Verlauf jedes Individuallebens entspricht, als auch in ihm sich oft Andeutungen manischer und depressiver Phasen zeigen. Krankhafte Hemmungen und Förderungen des Biotonus, entweder in den vorzugsweise sensorische Eindrücke oder mehr motorische Vorgänge vermittelnden Reflexkreisen, führen dann zu melancholischen oder manischen Gesichtsausdrucksbildern; daß diese Kreise sich sämtlich im Stammhirn scheiden, lehrt die anatomische Verfolgung ihrer Bahnen, die sich auch weiter zur Hirnrinde und teilweise zum Kleinhirn verfolgen lassen.

Gesichtsausdruck bei Manie.

Wenn Stransky (a. a. O. S. 45) sagt: „Bei manischen Zuständen hält sich der mimische Ausdruck stets in natürlichen Grenzen, läßt keinerlei paramimische Quertriebe erkennen; der Manische behält die Attribute seiner Persönlichkeit, Zweck und Absicht im Handeln", so ist das zur Unterscheidung von anderen Zuständen, z. B. katatonen, vergleichsweise zuzugeben; zunächst aber ist oft gerade das Überschreiten der natürlichen Grenzen der mimischen Bewegungen das Typische. Stransky sieht die Unterscheidung gegen die Norm in dem Plus an mimischer Innervationsenergie und in dem oftmaligen raschen Wechsel, und schildert die manische Mimik sehr anschaulich.

Lebhaftigkeit und Beweglichkeit sind Grundzüge des Ausdrucks; die Augen sind lebhaft, glänzend, die Pupillenweite wechselt schnell, ist sehr empfindlich für Lichteindrücke; rasch erfolgen Bewegungen der Augen, die oft weit geöffnet werden, aber auch mit raschem Lidschlag

Abb. 27.   Abb. 28.

Abb. 27—28. Zufällige Ausdrucksformen eines Grimmassierenden.

wechseln, zuweilen unter flüchtigen Spasmen. Oft ist die Gesichtshaut gerötet. Anfänglich kann man zweifelhaft sein, ob der Kranke imstande ist, das bewegliche Mienenspiel zu beherrschen, auf der Höhe der Krankheit wird es immer deutlicher, daß er dies nicht vermag; im Gegenteil laufen Verzerrungen und selbst Zuckungen mit dem Zunehmen der Erregung einher, und wird es zweifellos, daß das Mienenspiel unmittelbare Folge von Reizzuständen des Gehirns ist. Die Beweglichkeit und Mannigfaltigkeit des Ausdrucks ist das Kennzeichnende, wenn auch Heiterkeit dabei vorwiegt; es ist deshalb besonders schwer, in dem Mienenspiel Einzelheiten festzuhalten und haben auch unsere Bilder nur wenige Ausdrucksformen erhaschen können. Während es bei der Melancholie verhältnismäßig leicht war, den Ausdruck des Kummers auf dem Gesicht in einzelne Bestandteile aufzulösen, weil der schmerzvolle Affekt feste Spuren in die Antlitzhaut gräbt, wird diese nur flüchtig in der mania-

kalischen Erregung bewegt; das Verständnis für die Zusammenhänge
erwächst hier erst, wenn man das Mienenspiel auf seine Ursachen im
Gehirn selbst zurückführt, wenn man mit Meynert die Mechanik der
äußeren Physiognomik nur als Decke des Gehirnmechanismus betrachtet[1]).
Bei diesen ungebundenen Formen des Ausdrucks erscheint viel überflüssig, überschüssig, durch Kettenreflexe erzeugt. Die beiden Bilder
(Abb. 27 und 28) des jungen Mannes geben daher nur eine schwache
Vorstellung von seinem fortwährenden Grimassieren, das von Lachen
und Schwatzen, sowie Bewegungen des Kopfes und Körpers überhaupt,
beständig unterbrochen wurde. Der heitere Ausdruck des Mädchens
(Abb. 29) erlaubt schon besser seine Auflösung in Bewegungen einzelner

Abb. 29. Übertriebene Muskelspielereien
einer Erregten.

Muskeln. Durch Zusammen-
ziehung der Kreismuskel des
Auges wird die Lidspalte
kleiner, gleichzeitig wirkt die
Zusammenziehung der sich
an die Kreismuskeln setzen-
den Wangenbeinmuskeln in
der Weise, daß die Oberlippe
nach oben gezogen wird;
die großen Jochbeinmuskeln
öffnen den Mund zu breitem
Lächeln, ziehen seine Winkel
nach hinten und oben, so daß
die Zähne entblößt werden.
Die Manie kann aber die
ganze Stufenleiter heiterer
Ausdrücke bis zur Wut und
den ungebundensten Affekten
mit ihren zwecklosen über-
schüssigen mimischen Be-
wegungen durchlaufen, die zum Teil nicht photographierbar sind; schon
bei leichterer Erregung entstehen große Schwierigkeiten durch gleichzeitige Bewegungen des Körpers. So setzt sich z. B. auf dem ersten
Bild (Abb. 30) die Frau hin, um sich photographieren zu lassen, daher
das kühn umgeschlagene Tuch. Der fest geschlossene Mund gibt ihr
in Verbindung mit den herabgezogenen und leicht gerunzelten Augenbrauen den Ausdruck der Entschiedenheit, der durch die leichte Herauf-
ziehung des Mundes an der einen Seite, wo die Nasenlippenfalte deutlicher hervortritt einen leichten Anflug von höhnischem Trotz annimmt,
wozu auch die eingezogene Unterlippe beiträgt. Ihr zweites Bild (Abb. 31)
gibt im Gegensatz zum ersten einen heiteren und verschmitzten Ausdruck wieder, durch größere Glättung der Stirn, die eine hochgestellte

---

[1]) Vortrag in Wiesbaden. Wien 1888. S. 8.

Augenbraue und die hochgezogenen Mundwinkel bei gleicher Ausbildung beider Nasenlippenfalten. Die Kranke sprach zwischendurch fort-

Abb. 30.   Abb. 31.

Abb. 30—31. Einzelmomente einer Erregten.

während und erzählte prahlerisch frühere Erlebnisse; die ganze Angelegenheit des Photographierens macht ihr viel Vergnügen.

Wenn man zugeben wird, daß die (nach Boeck) von Stransky zitierte Tatsache besteht, die den Manischen beim Handeln Zweck und Absicht meistens nicht aus den Augen verlieren läßt, so ist doch bei den höchsten Graden, in denen die manische Heiterkeit sich mit allen Gebärden und Mienen zur Tobsucht steigert, der Ausdruck des Affekts nicht mehr motiviert, sondern ohne Gefühlsinhalt, in einzelnen Fällen widerspricht er ihm sogar; zuweilen ist der Kranke dabei ganz schweigsam und der Sturm in den Gebärden und Mienen scheint die frühere Geschwätzigkeit vertreten zu wollen, wobei die Gesichtsmuskeln unwillkürlich zucken[1]). Anders gestaltet sich das Bild beim Abklingen eines schweren manischen Zu-

Abb. 32.   Heiterkeit im durchfurchten Gesicht.

standes; Bleuler[2]) nennt dies manischen Stupor und sagt: ,,Aus Hemmung der Denk- und zentrifugalen Funktionen und positivem Affekt

---

1) Spielmann, a. a. O. S. 32.
2) a. a. O. S. 357.

entsteht das Bild einer geronnenen Manie, bei der die Patienten mit
fröhlichem Ausdruck unbeweglich sind."

Abb. 33.   Abb. 34.

Abb. 33—34.   Paramimischer Ausdruck (nach Ziehen).

Auf der Höhe der Manie sieht man Lachen und Weinen rasch wechseln,
auf freundliches Lächeln den finstersten Ausdruck des Zorns folgen.
Es ist aber sehr schwer Zorn und heftigere Leidenschaften zu photographieren; einzelne aus dem Affekt
herausgerissene Augenblicke (vgl. Abb. 32),
wie die Heiterkeit bei dem alten Manne,
lassen sich in den seiner beweglichen Haut
eingegrabenen Zügen im Bilde nicht unterscheiden von dem mimischen Spiel des
Affekts. Andere Bilder (Abb. 27—29 und
Abb. 33 und 34 nach Ziehen[1])) geben
zuweilen sogar einen paramimischen Ausdruck. Noch weniger natürlich entsprechen
den Vorgängen die älteren Stiche, wie z. B.
(Abb. 35), auf dem in Esquirols Werk
eine Manie in zweifelloser Übertreibung
gezeichnet ist. Es ist dagegen von Interesse und größerem Wert, die Bewegungen
des Lächelns und des Zorns mimisch auf
anatomischer Grundlage zu analysieren, weil

Abb. 35.
Übertrieben gezeichneter Ausdruck (nach Esquirol).

sich dabei die weiten Grenzen des manischen Mienenspiels besser überschauen lassen (vgl. die Literatur dafür vor Abschnitt A II, Mundgegend).

____

[1]) Vgl. S. 162 Anm.

Das Lächeln wird wesentlich vom Zygomaticus major beherrscht, der unter den Muskeln des mittleren Gesichtsabschnittes der wichtigste ist; der Nasenteil des Gesichts ist beim manischen Spiel lebhaft beteiligt; nicht so entscheidend ist der Einfluß des Zygomaticus minor im Verein mit dem Quadratus labii superioris und seinen Portionen, Heber der Oberlippe und des Nasenflügels (vgl. auch die Abb. 5 u. 6 nach Virchow, sowie 68 u. 69 nach Braus) auf den Ausdruck der Rührung, Traurigkeit und des Weinens, denn um deutlich zu sein, ist die gleichzeitige Mimik des Ober- und Untergesichts nötig, während die Wirkung des Zygomaticus major allein schon kennzeichnend für ein leichtes Lächeln ist; erst bei stärkeren Graden des Lachens werden auch weitere Reflexkreise rasch ergriffen, namentlich das respiratorische System und später der obere Gesichtsabschnitt, während beim melancholischen Ausdruck in der Regel das Obergesicht vor dem Untergesicht ergriffen ist. Es liegt trotzdem kein Antagonismus vor, denn beide Zygomatici wirken oft gleichzeitig, wobei hysterische und katatone Ausdrucksformen entstehen. Ein Antagonismus ist bei den Gesichtsmuskeln zum Teil schon deshalb ausgeschlossen, weil sie meistens Hautmuskeln sind, die eine Fixation erschweren; auch ist ihre Muskelstärke so verschieden, daß ein Gegenspiel nur wenig Erfolg haben kann. Der große Jochbeinmuskel hat nun einen festen Ansatz und wirkt deshalb sehr energisch: die Mundöffnung wird verbreitert und an den Enden gehoben, auch die Nasenlippenfalten krümmen sich nach oben, die Backenhaut wird am äußeren Augenwinkel strahlenförmig gefaltet: „Krähenfüßchen" entstehen; erst beim freien Lachen ziehen sich auch der Quadratus und die Ringmuskeln der Augen zusammen, wodurch die obere Zahnreihe entblößt und die Lidspalten verkleinert werden. Der Zygomatikus allein gibt nur den Ausdruck eines geringen Grades von Belustigung. Bei stärkeren und heftigen Graden des Lachens sieht man senkrechte Falten auf der Stirn, die ein Mißbehagen zeigen, das dann durch Kontraktionen der Lippen- und Nasenflügelheber zu einem peinlichen bitteren Zuge führen kann. Wenn sich dann die Herabzieher der Nasenflügel zusammenziehen, wird das heftig lachende Gesicht sofort zum weinenden (sehr anschaulich auf den bekannten Abb. 47 und 48 bei Piderit zu sehen). Der sogenannte Lachmuskel (Risorius Santorini) besteht aus Faserbündeln des Platysma, die zum Mundwinkel verlaufen, den Unterkiefer herabziehen, den Mund leicht öffnen und auch die Mundwinkel herunterziehen; er ist kein Lachmuskel im engeren Sinne, sondern ruft ein Grinsen, jedenfalls nur ein äußerst gezwungenes Lachen hervor, das sich aber auch im manischen Mienenspiel einstellen kann.

In gewissem Grade ist der Zorn ein Gegenteil des Lachens, er dehnt sich auch auf andere Muskelgruppen aus. Schon bei unangenehmen Gesichtsausdrücken und Gedanken legt sich die Stirn zwischen den Augenbrauen in senkrechte Falten, weil die Korrugatoren sich zusammenziehen, das ist dann auch bei Unmut und leichtem Zorn die erste deutliche

Veränderung; die Neigung zu einer solchen Verstimmung ist aber ja schon individuell sehr verschieden. Ziehen[1]) unterscheidet nun zwischen primären und sekundären Affektstörungen; primäre Zorn- und Unmutsaffekte findet er namentlich bei angeborenem und erworbenem Schwachsinn, epileptischer Demenz und Neurasthenie; sekundäre bei Paranoia auf Grund von Wahnvorstellungen und Sinnestäuschungen; die Zornmütigkeit der Manie nimmt eine Mittelstellung ein. Ziehen macht dann auf folgende Punkte besonders aufmerksam: zunächst darauf, daß der sich entwickelnde Zorn mit dem Ausdruck des Erstaunens Ähnlichkeit hat; bei beiden erscheinen die Augenbrauen hochgezogen, die Stirn ist leicht gerunzelt und zwar bei beiden vorzugsweise in horizontaler Richtung. Bei dem Erstaunten treten die vertikalen Faltungen ganz zurück, im beginnenden Zornaffekt gesellen sich solche bereits in merklicher Intensität den horizontalen Faltungen zu. Beiden Affekten ist eine leichte Öffnung des Mundes gemeinsam; im naszierenden Zornaffekt fand er dabei namentlich den dem lateralen Schneide- und dem Eckzahn entsprechenden Teil des Mundes geöffnet; auch machten sich dann meistens die für die Höhe des Zornaffektes so charakteristischen Kontraktionen der Kaumuskeln eben geltend.

Dann bespricht Ziehen noch seltene Fälle, in denen der charakteristische Ausdruck ohne den Affekt besteht; indessen zeige das paramimische Lachen einen Gegensatz zwischen Affekt und Ausdruck. Beim Zorn entspricht nun der Ausdruck entweder dem Affekt, oder er ist maßlos in den höchsten Graden der Tobsucht gesteigert. Ebenso wie unaufhaltsames Lachen und Weinen bei Hysterischen und bei organischen Gehirnkrankheiten auf eine gewisse Unabhängigkeit der mimischen Zentren in Seh- und Vierhügel von der Hirnrinde deuten (Ziehen S. 230), glaube ich muß man auch bei den maßlosen zornigen Verzerrungen des Gesichts auf der Höhe der Manie an die getrennten Affekt- und Willkürbahnen denken, welche die Unabhängigkeit der mimischen Innervation von einzelnen psychischen Vorgängen erklären.

Außer mit dem stärkeren Ausdruck des Zorns verbinden sich auf der Höhe der Manie durch Kettenreflexe noch Erscheinungen infolge zusammengekniffener Lippen, Heben der Kinnmuskeln, weiter ungeordnete Stöße der unteren Gesichtsmuskeln, des Platysma und der Atmungsmuskulatur; schließlich ist für die hier vertretene Anschauung der Verbindung benachbarter Reflexkreise durch Kettenanschlüsse von ganz besonderer Bedeutung noch die Einbeziehung von Sprechvorgängen, wodurch der respiratorische Reflexkettenkreis einheitlich geschlossen auftritt: die ideenflüchtige Geschwätzigkeit der Maniakalischen vollendet dann das typische Bild der manischen starken Erregung.

---

1) Der Gesichtsausdruck des Zorns und des Unmuts bei Geisteskranken. Internat. Med. photograph. Wochenschr. 1895. Bd. 2. S. 225 (von dort auch unsere Abb. 33 u. 34 entnommen).

Sikorsky [1]), der an verschiedenen Orten wichtige Aufschlüsse über die Mimik gegeben hat, unterscheidet bei Tobsucht Grimassen, die an choreatische Zuckungen erinnern von dem ganz bestimmten mimischen Spiel der gerade vorliegenden Art der emotionellen Exaltation; die Kombination der beiden Zustände hält er für das Charakteristische. Andererseits unterscheidet er unter Berufung auf Freusberg [2]) mit diesem die motorischen Erscheinungen bei chronisch Irren als geistlos stereotype Wiederholung, von psychisch gereizter frischer Leistung in akuten Stadien; in allen Fällen sieht dieser aber, nur dem Grade nach verschieden, Tätigkeitsentladung psychischer Spannung auf das motorische Gebiet, sozusagen mit reflektorischem Zwang, nicht direkte Ausflüsse psychischer Vorgänge; die geistige Spannung löse die motorische Entladung gleichsam reflektorisch aus unter dem Bilde von der Epilepsie ähnlichen Konvulsionen. Sikorsky gibt zahlreiche Schilderungen einzelner Muskelgruppen; bei Betrachtung der dementen Formen werden wir uns mit diesen noch eingehend beschäftigen.

Indem wir uns jetzt zu unserer zweiten Gruppe der Spannungsveränderungen wenden, die vorzugsweise in der Hirnrinde und gleichzeitig mit Veränderungen im Vorstellungstonus verlaufen, fassen wir zunächst ins Auge den

Gesichtsausdruck in den paranoischen Formen.

Die nach den neueren Ansichten freilich sehr eingeschränkte und seltene Form der Paranoia läßt einige Beobachtungen doch so wichtig erscheinen, daß sie eine allgemeine Besprechung erfordern. Sante de Sanctis (s. o. S. 24) hat gezeigt, daß besonders bei geistigen Störungen die Unterscheidung intellektueller Mimik des Denkens von der Affektmimik durch häufige Begrenzung der ersteren auf die obere Gesichtshälfte ein diagnostisch wichtiges Kriterium sein kann. Da wir auch beim melancholischen Gesichtsausdruck die obere Gesichtshälfte charakteristisch beteiligt fanden, entsteht die Frage, welche Unterschiede sich ergeben; in beiden Fällen sind die Augenbrauenrunzeln am stärksten zusammengezogen, doch zeigt der Melancholische gleichzeitig die starke Querfurchung der Stirn, der Paranoische meist nur die senkrechten Furchen über der Nasenwurzel; bei diesem fehlen starke Affekte häufiger, sein Frontalis wirkt meist schwächer und die Corrugatoren (die Sanctis Superziliares nennt) überwiegen. In beiden Ausdrucksformen ist der Orbicularis der Augenlider zwar wirksam, aber auch weit stärker beim Melancholischen. Sanctis nennt die Paranoischen Verstandeskranke im Gegensatz zu den melancholischen und manisch-depressiven Gemüts-

---

[1]) Die Bedeutung der Mimik für die Diagnose des Irreseins. Neurol. Zentralbl. 1887. S. 465 ff.

[2]) Über motorische Symptome bei einfachen Psychosen. Arch. f. Psychiatr. u. Nervenkrankh. 1886. Bd. 17. S. 760 ff.

kranken. Auch ihn führt die Begründung des Unterschiedes von intellektueller und Affektmimik zu ähnlichen anatomischen Ansichten wie sie im anatomischen Abschnitt noch entwickelt werden sollen. In der Hirnrinde sehen wir vorzugsweise den Ort für den Ablauf intellektueller Vorstellungen, die sich erst im Stammhirn mit Affektbahnen verbinden können; solche Verbindungen sind zwar häufig, aber nicht notwendig. Wenn sich die Mimik des Paranoikers aber auch oft auf die Willkürbahnen beschränkt, so verläuft doch auch bei ihm das Denken oft mit Affekterregungen, die sich dann auch im Gesicht abzuspiegeln pflegen. Aber ebenso wie das Krankheitsbild der Paranoia ein schwankendes ist, auch nur in einzelnen Fällen reine paranoische Zustände vorkommen, oft verbunden mit andern Krankheitsformen, so ist auch der Gesichtsausdruck nur selten ein unzweifelhaft typischer. So zeigt z. B. das Bild

Abb. 36. Paranoia mit melancholischem Beginn.

des Mannes (Abb. 36), der früher an melancholischen Vorstellungen der Beeinträchtigung litt, noch die aus der damaligen Stimmung dauernd gebliebene Stirnfurchung, unter scharfer Ausprägung der drei Seiten eines Vierecks, nicht nur die senkrechten Furchen der Verstandesstörung; in seiner unteren Gesichtshälfte finden wir jetzt aber nichts Melancholisches mehr, sondern einen festgeschlossenen Mund, der dem festen trotzigen Blick entspricht. In anderen Fällen ist der Gesichtsausdruck zwar in Verbindung mit Haltung und Gebärden ein sehr bezeichnender, aber es ist nicht mit Sicherheit aus den Mienen allein die paranoische Form festzustellen: so litt der alte Mann (Abb. 37 und 38) an Verrücktheit mit Vorwiegen des Größenwahns; seine Intelligenz war wenig gestört, Sinnestäuschungen spielen keine Rolle. Er war sehr bereit sich in seiner Bedeutung photographieren zu lassen, und gab jedesmal vorher die Erklärung ab, was er durch Haltung und Gebärden ausdrücken wolle, ohne zu sprechen, um die Aufnahme nicht zu stören. Auf dem ersten Bilde spricht er „im befehlenden Tone das kaiserliche Wort", auf dem zweiten „im singenden Tone das göttliche Wort". Es läßt sich nicht leugnen, daß ihm diese schauspielerische Nachahmung energischen Wollens und prophetischen Auftretens ziemlich gut gelungen ist; gewiß nur deshalb, weil er die gleichen Stellungen bei heftigen, wirklich vorhandenen Affekten häufig am Tage einzunehmen gewohnt war. Verdeckt man den Körper unterhalb der Köpfe, so ist der Unterschied des Ausdrucks viel unbestimmter.

Aus den früheren Auseinandersetzungen über den psychischen Tonus (vgl. III b S. 96) ergibt sich auch die Beziehung des paranoischen Krank-

seins zu dem vorzugsweise in der Hirnrinde ablaufenden Vorstellungstonus; auch der psychologische Begriff der Aufmerksamkeit und die
Apperzeption entsprechen dem physiologischen Zustand eines Vorstellungstonus; in diesem Zusammenhang ist der Ausdruck der gespannten
Aufmerksamkeit als abhängig von Spannungsänderungen in den Nerven
und Muskeln des Gesichts anzusehen. Das schließt nicht aus, daß Irradiationen oder, nach unserer Betrachtungsweise, Kettenreflexe in benachbarten Nervenkreisen das Bild vielseitig verändern. Die Ent-
spannung wie die Spannung, nach Wundt periodisch rhythmisch ver-
laufend, sind die physiologischen Grundlagen.

Abb. 37.   Abb. 38.

Abb. 37—38. Typische Stellungen eines Paranoischen.

Noch andere Einzelheiten des Gesichtsausdrucks in paranoischen
Formen eingehend zu schildern, ist nicht nötig, weil sie nicht typisch
sind; oft ist ein leerer Ausdruck der Augen vorhanden wie bei konzen-
triertem Nachdenken; Pupillendifferenzen kommen häufig vor, sind aber
nicht von entscheidender Bedeutung. Einzelne Muskeln sind vorübergehend erschlafft, aber nicht gelähmt; bei gelegentlichen Zuckungen
muß man daran denken, daß Wahnvorstellungen der Anlaß sein können,
z. B. bei Abwehrbewegungen. Infolge von Wahnvorstellungen ist eine
Skala von verschiedenen Ausdrucksformen zu finden; einzelne Kranke
zeigen stolze selbstbewußte Züge, andere verdrossene oder gar verbissene,
besonders wenn nach früheren Vorstellungen einer gehobenen Bedeutung

ihrer Person sich Gedanken einer ungerechten Beeinträchtigung fest-
gesetzt haben. Angeborene Eigentümlichkeiten der Schädel- und Gesichtsbildung können einen verzerrten physiognomischen Ausdruck bewirken, so daß auch dadurch eine sorgfältige Beobachtung jedes einzelnen
Falles nötig wird.

Der Gesichtsausdruck in den halluzinatorischen Formen.

Diese Gruppe ist wesentlich bedingt durch Veränderungen in der
Hirnrinde, bei denen der Vorstellungstonus im Gebiete der Sinnesvor-
stellungen stark beeinflußt ist. Da Halluzinationen bei den verschiedensten psychischen Krankheiten vorkommen können, fragt es sich,
ob die besonderen halluzinatorischen Formen als solche erkannt werden
können, ob typische Ausdruckszeichen im Gesicht abzulösen sind von
solchen, die nur durch Sinnestäuschungen bedingt sind. Dazu wäre es
wichtig, einzelne halluzinatorische Formen herauszugreifen; das ist aber
sehr schwer, weil gerade über diese Formen die Ansichten so weit auseinander weichen, daß die Abgrenzung einer bestimmten Form oft kaum
möglich ist. Ich werde mich Ziehen anschließen, der bei Besprechung
der Varietäten seiner Paranoia hallucinatoria acuta fünf Formen aufstellt, und will seine Gruppierung für die Untersuchung des Gesichtsausdrucks halluzinatorischer Formen teilweise benutzen. Ziehen sucht
im Gesichtsausdruck überall wichtige diagnostische Anhaltspunkte auf,
ganz besonders da, wo die Kranken sich sprachlich nicht äußern, was
ja auch bei vielen Halluzinanten der Fall ist. Der Einteilungsgrund
Ziehens, das primäre Auftreten von Assoziations- oder Affektstörungen,
ist für uns zunächst nebensächlich, obwohl Beschleunigung und Verlangsamung der Assoziationen sowie heitere und traurige Verstimmung
bei Affekten sich bei Halluzinanten im Gesicht deutlich ausdrücken;
ja, wie noch näher zu erörtern ist, auch die Dissoziation Ziehens findet
sich bei diesen Vorgängen im Mienenspiel ausgeprägt. Beschleunigung
und Verlangsamung der Vorstellungen, Ideenflucht und Denkhemmung
sind bei Manie und Melancholie wie bei Paranoia ohne Halluzinationen
zu erkennen; ebenso finden heitere und traurige Verstimmung ihren entsprechenden Ausdruck, wenn stärkere Affekte das Mienenspiel steigern.
Für unsere Betrachtung bleiben solche Fälle, bei denen Vorgänge in
den Sinneszentren der Hirnrinde allein oder in Verbindung mit solchen
in der gesamten Hirnrinde ablaufen; sie sind zu unterscheiden als 1. einfache, 2. mit Dissoziationen (Ziehens Inkohärenz) verbundene
Halluzinosen. Auch diese Einteilung ist zuweilen nicht anwendbar,
weil einfache Halluzinosen nur dann getrennt von Denkstörungen
auftreten, wenn diese noch nicht stark ausgebildet sind; die wenigen
einzelnen Fälle von Halluzinationen bei geistig Gesunden sind ja nicht
zu verwerten. Wenn sich paranoische Vorstellungen aber erst entwickeln, kann die Halluzinose in manchen Fällen vom Gesicht abgelesen

werden: charakteristisch ist dann z. B. das atemlose Hinstarren nach einem Punkt, bei Gesichtshalluzinanten starre Gesichtszüge auch ohne Affektvorgänge. Das erste der drei Bilder des intelligenten alten Mannes

Abb. 39.

Abb. 40.

(Abb. 39—41), der vergiftet zu werden glaubt durch das, was er schmeckte, roch und fühlte, zeigt einen energischen Gesichtsausdruck; er will durch die Photographie der Umgebung beweisen, was für ein tüchtiger Kerl er sei; als ihm das Bild später gezeigt wurde, war er nicht zufrieden und meinte, man sehe deutlich darauf, wie ihm das Quecksilber durch die Nerven gezogen sei. Das zweite Bild wurde von ihm unbemerkt genommen, als er in lebhaftem Gespräch über seine Wahnvorstellungen freudig lachend erzählte, wie stark er früher gewesen sei im Vergleich mit seinem jetzigen kümmerlichen Zustande. Er litt auch an Gehörstäuschungen und beschäftigte sich oft mit seinen

Abb. 41.

Abb. 39—41. Ausdruck eines Gehörshalluzinanten.

Gegnern auf dem Wege des „Telephonierens"; er setzte sich dazu mit geschlossenen Augen hin, bewegte leise die Lippen und machte langsame gemessene Bewegungen mit dem Oberkörper, nach vorn und wieder zurück. Einen solchen Augenblick stellt das letzte Bild dar, wobei der Patient nicht wußte, daß er photographiert wurde; nachher fragte er erstaunt und ungläubig, ob man nicht gehört habe, was er telephonierte; dann teilte er mit, er habe einen seiner Ärzte einen großen Schweinehund genannt, und dieser habe ihm auch geantwortet; letzterer Vorgang war durch ein vorübergehendes Horchen ersichtlich gewesen.

Der Gesichtsausdruck bei den mit Dissoziation verbundener Halluzinosen ist ein sehr verschiedener, je nach dem Grade der halluzinatorischen Verwirrtheit; in den leichteren Graden fällt schon die Unruhe und der rasche Wechsel des Mienenspieles auf, später können sich Lauschen, Lachen, Zorn, Schreck und Angst rasch ablösen; ein stechender Blick, bei dem die Corrugatoren und Orbiculares zusammenwirken, macht rasch dem zornigen Ausdruck Platz, wobei die senkrechten Stirnfalten und die oberen Augenlider noch stärker kontrahiert, Lippen und Zähne aufeinander gepreßt werden, auch Zähneknirschen vorkommt. Bei dem Kranken auf Abb. 42, bei dem infolge von Gehörstäuschungen noch Vorstellungen des Verfolgtseins überwiegen, erkennt man einige solcher Zeichen; so hörte er sich z. B. den „Narrenludwig" nennen. Der Ausdruck und die Gebärde mit der ans Kinn gelegten Hand waren auch im Augenblick der Bildaufnahme bedingt durch ein vorsichtig

Abb. 42. Mißtrauischer Halluzinant.

umschauendes Mißtrauen, vermutlich infolge augenblicklicher Gehörstäuschungen. Die halbseitige Stirnrunzelung ist habituell bei diesem Kranken, und wird durch jeden Affekt gesteigert. Zeitweise litt der Patient an Gesichtstäuschungen, die beitrugen zu verworrenen Größenvorstellungen, daß er Papst und Kaiser sei.

Wie Ziehen ferner sagt, der Gesichtsausdruck entspricht bei mit Dissoziationen verbundenen Formen dem Affekt nicht mehr, es kommt zu einem sinnlosen Grimassieren; der Mund wird gespitzt, die Nasenflügel zucken öfter; solche Fälle führten Hagen zu der Ansicht von Krampf- und Lähmungsvorgängen in sensibeln Nerven.

Die angedeuteten Unterscheidungen lassen sich nur in manchen Fällen machen, in den meisten sind die Verhältnisse aber verwickelter, weil benachbarte Reflexkreise vorübergehend oder mehr dauernd ein-

bezogen werden; hinzu treten noch sprachliche Äußerungen, Affektstörungen führen zur Beteiligung des ganzen respiratorischen Reflexkreises; endlich bringen Denkstörungen auch im Gesichtsausdruck
noch Zeichen mit sich, die der nahen Verwandtschaft paranoischer und
halluzinatorischer Formen entsprechen.

Der Gesichtsausdruck bei katatonischen und dementen Formen,

umfaßt Spannungsveränderungen, die vorzugsweise im ganzen Zentralhirn, und überwiegend in motorischen Reflexkreisen auftreten; als beteiligt sind die zentromotorischen Gebiete der Hirnrinde, das Stirnhirn
und das Stammhirn zu denken, je nachdem Veränderungen in den
Spannungszuständen der Muskeln, im Vorstellungstonus und im Verlauf
der Affekte hervortreten. Wenn neuerdings Strümpell [1]) für mimische
Starre der Gesichtsmuskeln die Gegend der Linsenkerne als sehr wichtig
bezeichnet, so ist ihre nahe Lage an den für Affektstörungen so hervor-
ragenden Thalamusgebieten bedeutungsvoll.

Bei den katatonischen und dementen Formen psychischer Krankheiten zeigt der Gesichtsausdruck eine mit fortschreitender Krankheit
sich immer deutlicher ausprägende Auflösung. Schon lange hat
Sikorsky [2]) bei der Beobachtung der mimischen Bewegungen Geisteskranker zwei Arten von Veränderungen zu unterscheiden versucht:
eine echte Mimik, die, wie beim normalen Menschen, Gefühl, Selbstgefühl
und Bewußtsein abspiegeln kann, und daneben Abnormitäten der Ge-
sichtsinnervation, die nichts mit dieser Mimik zu tun haben, sich aber
mit der Erkrankung steigern und bei der Genesung verschwinden oder als
untrügbare Zeichen des unheilbaren Irreseins zu bleiben pflegen. Soweit
er dann bei Melancholie der starren Maske einen emotionellen Charakter
abspricht, und ebenso dem grimassierenden Muskelirresein jeden emotionellen Ausdruck bei Manie, kann ich diese Auffassung nicht teilen;
besonders wage ich es nicht seinen bis ins einzelne gemachten Angaben
über die dabei beteiligten Muskeln zu folgen. Dagegen glaube ich seine
Schilderungen der Mimik bei unseren dementen und katatonischen
Formen unter dem Gesichtspunkt der Auflösung des Ausdrucks bestätigt zu finden. Der Zustand der Bereitschaft im Tonus verliert sich
hier, am längsten scheint sich diese Bereitschaft im Stirnmuskel zu erhalten, wenn die Denktätigkeit noch nicht völlig verloren ist, sonst ist
die Spannung der Gesichtsmuskeln nur noch selten fähig zu mimischem
Ausdruck einzelner Affektstöße. Sikorsky will bei fortgeschrittenem
Blödsinn eine Umgestaltung der Physiognomie häufig abgegrenzt gefunden haben auf die Muskeln, die auf den mittleren und oberen Teil

---

[1]) Die myostatische Innervation und ihre Störungen. Neurol. Zentralbl. 1920.
Nr. 1. S. 5ff.
[2]) Die Bedeutung der Mimik für die Diagnose des Irreseins. Neurol. Zentralbl.
1887. Nr. 20. S. 465ff.

der Naso-Labialfalten einwirken, die bis zur Kontraktur kamen und dem
Gesicht einen ganz eigentümlichen Ausdruck von Grobheit und ab-
stoßender Fülle mitteilten. Rothe [1]) sah die dafür benutzten photo-
graphischen Abbildungen ohne eigentlich etwas Neues auf ihnen zu finden.
In einer späteren Arbeit hat Sikorsky [2]) sehr gute Abbildungen von
Verblödungszuständen und atrophierenden Hirnrindenentzündungen
veröffentlicht, in denen er eine Reihe von einzelnen Muskelschwäche-
zuständen aufzählt, z. B. eine Schwäche des Orbitalis inferior als erstes
Zeichen der Demenz, die der Physiognomie den Ausdruck des Müden,
Lässigen gebe, wie bei manchen Abbildungen auf Kaulbachs Narren-
haus zu sehen sei; die meisten der anderen von ihm gegebenen Beispiele scheinen mir aber mehr individuelle als typische Züge zu
geben. Wie wesentlich dabei die Befestigungsart der Hautmusku-
latur des Gesichts mitwirkt, so daß feine Gesichtszüge verschwinden,
hebt er hervor.

Mit Recht sagt Sikorsky dann aber (am zuerst a. O. S. 470) bei
der Untersuchung der Mimik, welche Degenerationszustände
begleitet: dies sei der hauptsächlichste und interessanteste Teil
seines Themas; denn hier sieht er neben mimischen Veränderungen,
die durch Reizung, Hemmung und Erschlaffung der Innervation ent-

Abb. 43.   Erworbener Schwachsinn.

stehen, noch eine Umgestaltung der Mimik infolge isolierter partieller
Erkrankungen; so schildert er ein Überwiegen der Stirnmimik mit spas-
modischen Zuckungen, das typische Überwiegen der Oberlippe, wie es
oft als Schnauzkrampf beschrieben ist, die unzergliederte Mimik beim
Lächeln und Weinen solcher Patienten. Hier finden wir die für unsere
Gruppe so wichtige Auflösung des Gesichtsausdrucks ins Auge gefaßt;
Sikorsky hat das Thema weiter verfolgt, scheint aber dann auch bei
Alkoholisten ähnliche Erscheinungen gefunden zu haben [3]).

Bei der Abb. 43 handelt es sich um erworbenen Schwachsinn, nach
einer einfachen geistigen Störung auf rüstiger Gehirngrundlage ent-

---

[1]) Referat über Sikorskys oben angeführten Vortrag in Kiew in Laehrs
Zeitschr. Bd. 44. S. 286/7.

[2]) Des indices physiognomiques de la Démence apathique in Nouvelle Iconographie de la Salpêtrière. 1893. S. 177—190.

[3]) Vgl. Neurol. Zentralbl. 1900. Referat über einen Aufsatz in der Rev. de
Psychiatr. Febr. 1900.

standen. Das Bild der etwas höhnisch lächelnden, periodisch sehr geschwätzigen Alten, fordert kaum eine Auseinandersetzung; die Runzelung der Augenbrauen ist zum Teil wahrscheinlich bedingt durch eine etwas zu grelle Beleuchtung.

Sehr sorgfältig und vielseitig hat Turner [1]) die Frage der Auflösung, Zerteilung, Trennung, Verschiebung, Umgestaltung des Gesichtsausdrucks als Dissolution behandelt; er gibt gute Schilderungen und zahlreiche scharfe Abbildungen. Die beteiligten Gesichtsmuskeln haben dabei immer die ungeschädigte Fähigkeit sich zusammenzuziehen, aber sie tun es nicht harmonisch, ihre Tätigkeit ist keine übereinstimmende mehr. Seine Berichte betreffen nicht nur die uns hier vorzugsweise beschäftigenden Formen, sondern oft auch Paralytiker, aber zweifellos haben katatone und demente Formen ihm oft zur Unterlage gedient. Er betont den Unterschied völliger Lähmung einzelner Muskeln bei Verletzung niederer Zentren, gegenüber den bei Schädigung höherer Zentren gestörten Muskelgruppen, wobei er verschiedene typische Formen findet. Es kommt zu Abweichungen in der Übereinstimmung des Ausdrucks in der oberen und unteren Gesichtshälfte sowie zu Asymmetrien der beiden Seiten; der Kranke verliert die Herrschaft über die Gesichtsmuskeln immer mehr, der Ausdruck löst sich immer weiter auf; daneben treten gewaltsame Kontrakturen auf. Turner berichtet von Fällen einseitiger Halluzinationen, verbunden mit Asymmetrien derselben Gesichtshälfte oder mit Schmerzen und Lähmungen der Körperhälfte; von einseitigen wechselnden Muskelzusammenziehungen bei Verblödeten, wenn ihre Aufmerksamkeit einseitig wechselnd erregt wird. Der gesunde Tonus ist eben verloren gegangen, eine Auflösung des immer bereiten Spannungszustandes entwickelt sich, oft unter Bevorzugung einzelner, auch halbseitiger benachbarter Reflexkreise. Einseitige, bei leichteren Affekten schon deutliche Muskelschwäche kann sich bei stärkeren steigern; dagegen vermag der Befehl, die gestörte Bewegung auszuführen, die Lähmung oft noch vollständig verschwinden zu lassen.

Von den vielen wertvollen Bildern Turners sind hier einige [2]) besonders charakteristische wiedergegeben. Die Abb. 44 und 45 sollen Turners häufige Beobachtung illustrieren, daß die untere Gesichtshälfte an Affekten teilnahm, die sich beim Gesunden auf die obere beschränken; er nennt den Ausdruck dabei nach Dr. Warner mehr animalisch als geistig. Die Frau, Abb. 44, hatte die Wahnvorstellung ihr Kind sei tot; sobald man davon sprach, zeigte sich der photographierte Ausdruck; und ganz derselbe stellt sich auch ein, wenn ein bestehendes

---

[1]) Asymmetrical Conditions met with in the Faces of the Insane; with some Remarks on the Dissolution of Expression. In Journ. of ment. Science. Jan./April 1892 u. April 1893 als Some Further Remarks on Expression of the Insane.

[2]) Turner schickte mir 1894 bei einem Schriftwechsel über seine Arbeit noch einzelne besonders gut gelungene photographische Abdrücke, die auch zum Teil mit benutzt sind.

Unterleibsleiden bei Druck oder Bewegung des ödematös geschwollenen
Beines ihr Schmerzen verursachte. Auf Abb. 45 sehen wir eine Frau,

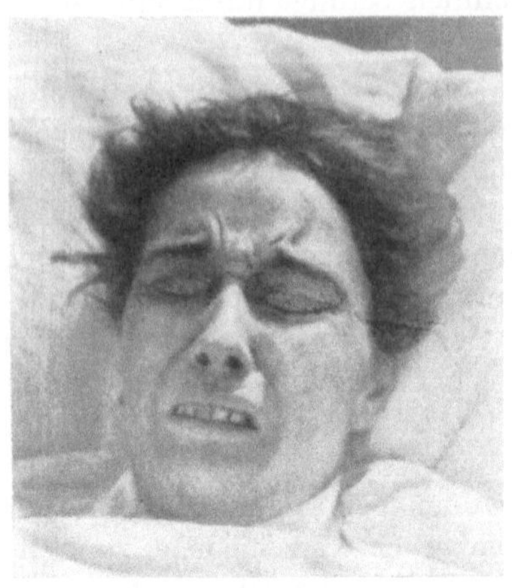

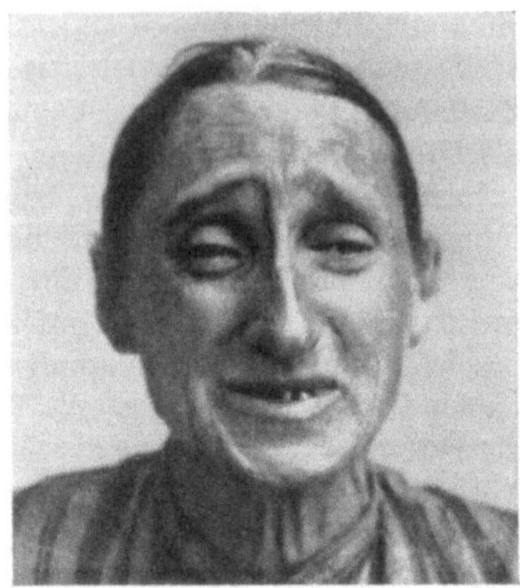

Abb. 44.   Abb. 45.

Abb. 44—45. Ausbreitung des Affekts auf die untere Gesichtshälfte (nach Turner).

die fühlte, daß ihre Zunge schrumpfe, daß ihr Darm schwinde und sie
voll Maden sei; trotz andauernder Klagen fühlte sie niemals körperliche
Schmerzen.

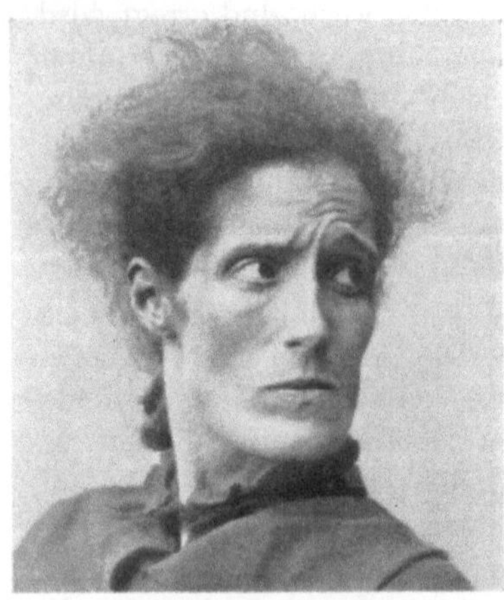

Abb. 46.   Beide Korrugatoren und
ein Stimmmuskel in Tätigkeit.

In Abb. **46** sind beide Korrugatoren und ein Stirnmuskel in Tätigkeit; in diesem Falle hatte sich nach
melancholischer Einleitung eine langsam fortschreitende Verblödung entwickelt. Bei absichtlicher Erhebung
beider Brauen kontrahierte sich ihr
rechter Frontalis mit dem linken;
wurde sie aber durch etwas Ungewohntes erschreckt, so entstand
ein äußerster Grad von Asymmetrie,
der im Bilde festgehalten ist. Hier
ließ die Untätigkeit des Frontalis
rechts den rechten Korrugator die
welke Haut herabziehen, die dabei
entstandenen Furchen verbanden sich
mit denen des linken Korrugators und
Frontalis. Das Bild ist genommen
bei einem ihr unerwarteten Geräusch von links; als sich bei Verstärkung
des Geräusches ihre Aufmerksamkeit darauf steigerte, nahm nur die
äußere Hälfte des rechten Frontalis an der Kontraktur teil. Kam das

Geräusch von rechts, so trat in den inneren Hälften beider Frontalis
keine Aktion ein, aber in der äußeren Hälfte rechts, wobei auch die rechte
Augenbraue gehoben wurde.   Allmählich wurde dann diese letztere
Stellung die stationäre [1]).

Bei Abb. 47 sind die Korrugatoren nicht in Tätigkeit, Turner
schließt einen emotionellen Zustand aus; das Bild zeigt lediglich in
der äußeren Hälfte des rechten Frontalis eine starke Aktion bei einem
schon jahrelang bestehenden Verblödungszustande; so saß sie stundenlang, bei erregter Aufmerksamkeit verschwand gewöhnlich die Kontraktion.

Als die blöde Kranke (Abb. 48) unbeachtet photographiert wurde,
bei aufmerksamer Betrachtung
eines Vorganges, wirkte nur rechts
ihr Korrugator.

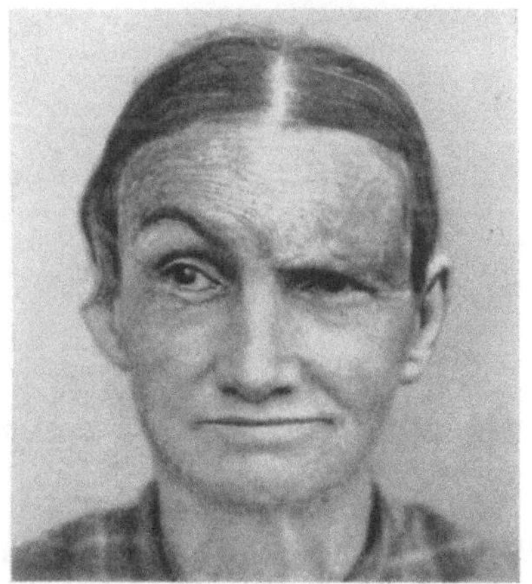

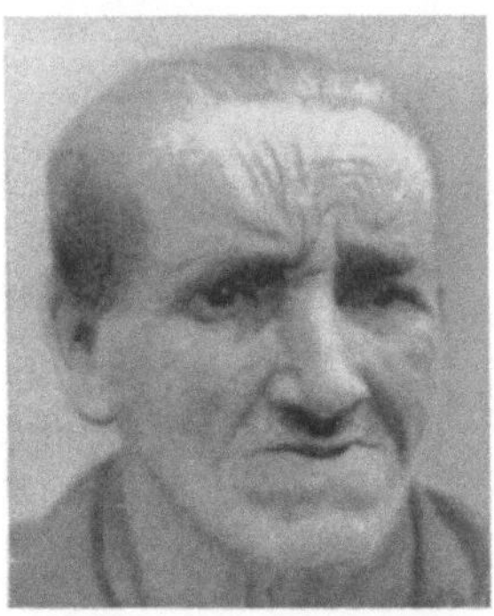

Abb. 47. Nur die äußere Hälfte des rechten   Abb.   48.   Nur rechter Korrugator
Frontalis in Tätigkeit (nach Turner).   wirkt (nach Turner).

Wie wir noch sehen werden, gibt es bei der Dissolution des Gesichtsausdrucks gleiche Vorgänge auch bei Paralyse und anderen organisch bedingten Krankheitsformen, aber aus dem Wechsel der biotonischen Verhältnisse ergibt sich die Auflösung am deutlichsten in den dementen und
katatonen Formen; dabei treten häufig Schwankungen in der Beteiligung benachbarter Reflexkreise hervor; zuweilen ergibt sich daraus
ein zweckloses Spielen der Gesichtsmuskulatur, wie in einem Falle meiner
Beobachtung (Abb. 49); verdeckt man eine Hälfte des Gesichtes, so zeigt
die rechte oben melancholische Bestandteile, die linke ein Grinsen;
das zusammengekniffene Auge macht den Ausdruck sogar zu einem blöde
verschmitzten.   Der Ausdruck der Frau (Abb. 50) ist ein willkürlich her-
vorgerufener und aus einer Neigung zur Schauspielerei entstanden;
er muß als eine Mischung von Bestürzung, Erstaunen und Schreck

---

[1]) Vgl. hierzu Duchennes Ansichten A II 4 a.

bezeichnet werden. Die beiden Bilder des Mädchens (Abb. 51 und 52)
bieten uns ein Mienenspiel, das durchaus ohne willkürliche Beeinflussung
vor sich geht; beständig war sie in großer körperlicher Unruhe mit Nei-

Abb. 49. Dissolution des Ausdrucks.   Abb. 50.   Schauspielerische Mischung
                                                von Erstaunen und Schreck.

gung zum Schlagen, Zerreißen und Beißen; sie stieß fortwährend Töne
aus, fauchte, zischte, sang, drohte, ohne daß irgendein Sinn oder Zu-

Abb. 51.   Abb. 52.

Abb. 51—52. Rasch folgende Ausdrucksformen bei einer dementen Erregten.

sammenhang in den dabei gebrauchten Worten zu erkennen war. Die
Bilder wurden in einer Sitzung aufgenommen. Der junge Mann (Abb. 53)
ist stumm. Er schneidet Grimassen; in den Bewegungen des Mundes,
den er rüsselförmig vorstreckte, wieder einzog, dann einmal nur die Unter-

lippe vorschob, und in Verschiebungen der Stirnhaut hatte er es zu einer wahren Virtuosität gebracht.

Wie Oppenheim (Allg. Zeitschr. f. Psychiatr. u. psych.-gerichtl. Med.) Bd. 40, S. 840ff.) sagte, oft findet man nur Ausdrucksbruchstücke: man sieht Blödsinnige, die durch Erheben der Augenbrauen, Aufreißen der Augen und Offenhalten des Mundes beständig in Verwunderung und Erstaunen begriffen zu sein scheinen; Oppenheim wollte sogar auf einer der Esquirolschen Tafeln (Pl. XIV im Atlas zu „Des maladies mentales") in der oberen Hälfte des Gesichts gespannte lauernde Aufmerksamkeit, und in der unteren ein breites Lächeln finden, auf einem Morisonschen Bilde erkannte er in der oberen Hälfte wilde Wut oder starres Entsetzen, in der unteren ein gleichgültiges beginnendes Lächeln. Er schilderte ein Hin- und Herschweifen der Augen bei glatter bewegungsloser Stirn, Stillstehen der Lider, nach Art der Wachsfiguren mit beweglichen Augen; er fand auch in den Verblödungsstadien, bei lebhaften Bewegungen der oberen Gesichtshälfte, die untere in starrer Ruhe verharren, oder bei glatter Stirn die beiden Mundwinkel wie im Kummer nach unten gezogen, aber auch die Grammuskeln untätig. Bei diesen physischen Formen sei das Verhältnis häufig so, daß Stirn und Auge noch durch den alten Wahn gekennzeichnet

Abb. 53.   Katatone Muskelspannungen.

seien, während der Mund schon das Gepräge der Verblödung trage.

Bleuler [1] beschreibt diese Dissolution als Spaltung der psychischen Funktionen: „Der Mimik fehlt die Einheit; die hochgezogene Stirn drückt z. B. etwas aus wie Verwunderung, die Augen können mit den Krähenfüßen den Eindruck des Lächelns machen, und zugleich mögen die Mundwinkel traurig gesenkt sein. Oft ist der Ausdruck ungemein übertrieben, pathetisch und theatralisch im schlimmen Sinne." Als ein besonders wichtiges Zeichen bezeichnet er eine gewisse „Affektsteifigkeit", die sich darin verrate, daß dem Ausdruck der verschiedensten Stimmungen ein Etwas, das schwer beschreibbar sei, gemeinsam bleibe: „es ist, um ein Bild aus der Koloristik zu gebrauchen, wie wenn die ganze Mimik in die gleiche Sauce getaucht wäre; die Leute weinen mit ähnlicher oder mit

---

[1] Handb. d. Psychiatr. von Aschaffenburg 4. 1. Dementia praecox oder Gruppe der Schizophrenien. S. 33ff.

gleicher Stimme, mit der sie lachen; und wenn sie auch die Mundwinkel
beim einen Affekt nach oben, beim andern nach unten verziehen, so haben
beide Ausdrucksweisen doch etwas deutlich Gemeinsames." Auch
Bleuler[1]) sah solche Spaltungen des Ausdrucks halbseitig auftreten.
Die endliche Auflösung in Grimassen[2]) ohne affektive Grundlagen, wie
z. B. ein zwangsmäßiges Lachen, sind seelenlose mimische Äußerungen.

Unter vielen Stereotypien dieser Formen hat der „Schnauzkrampf"
ein besonderes Interesse; nicht nur weil er im ganzen stereotyp unverändert
bleibt, wenn auch abwechselnd manische und melancholische Phasen
wohl leise Änderungen mit sich führen, sondern weil er keine Ausdrucksbewegung mehr ist, sondern ein Krampf. Solche spastische Zustände
zeigen sich, abgelöst von willkürlichen Einflüssen, auch sonst sowohl nach
eingetretener Verblödung wie bei katatonen Zuständen; in einzelnen
Gesichtsmuskeln oder Gruppen. Zuweilen beschränkt sich das rüssel-
förmige Vorstülpen der Lippen auf die Oberlippe; dann können auch
die Nasenflügel daran beteiligt sein, wobei sie durch Druck der Nasen-
muskel auf die eintretenden Blutgefäße blutleer werden, die hier zwischen
Haut und Knorpel resp. Knochen im Subkutangewebe liegen[3]). In einem
solchen Falle sah ich diesen dauernd lokal gesteigerten Muskeltonus durch
Affektstöße, kurzes Weinen oder Lachen ohne äußeren Anlaß, für Augen-
blicke häufig unterbrochen. Wenn man mit Meynert in der mimischen
Muskulatur oft nur einen Deckmantel für die Gehirnvorgänge sieht, so
kann man auch bei dem zuletzt geschilderten Vorgang sagen, daß der
Muskelvorhang für Augenblicke gelüftet wurde; es fand ein psychischer
Vorgang statt ohne Ordnung durch leitende Vorstellungen, zuweilen sogar
gegen das Bemühen der Kranken. Es sind das Entladungen gestauter
Spannungszustände auf benachbarte Kreise. Ziehen[4]) spricht bei der
Schilderung von Zwangshandlungen von ähnlichen Dingen: „So kann
dem Kranken sich plötzlich die Vorstellung des Grimassierens aufdrängen,
und zwar so lebhaft, daß sich sein Gesicht tatsächlich zur Grimasse
verzieht, so sehr der Kranke seine Gesichtszüge zu beherrschen sucht".
Verblödete starren vor sich hin, doch ein kindisches Lächeln, ein Erstaunen
gleitet über das schlaffe Antlitz. Scheinbar willkürliche Bewegungen
wechseln mit emotionellen. Wenn jede Gemütserregung oder das
Mienenspiel der Umgebung ohne jede Hemmung mit entsprechender
eigner Mimik beantwortet wird, spricht man von Echomimie.

Gelegentlich findet sich solche Auflösung des Gesichtsausdrucks auch
als Paramimie bezeichnet, die als solche eben auch bei den verschiedensten Formen auftreten kann; für diagnostische Zwecke muß daher immer
auch der gehemmte Krankheitszustand berücksichtigt werden. Prognostisch sind Schnauzkrampf z. B. und namentlich fibrilläre Zuckungen

---

[1]) Lehrb. d. Psychiatr. 1916. S. 285.
[2]) l. c. S. 307. Vgl. das Bild des grimassierenden Katatonikers.
[3]) Merkel, Topograph. Anatomie. Bd. 1. S. 308.
[4]) a. a. O. S. 175.

wichtig; von letzteren sagt Bleuler [1]): „Das Wetterleuchten" gilt schon
längst als ein Zeichen einer chronisch werdenden Krankheit". Kennzeichnend ist für unsere katatonen und dementen Formen ihr beharr-
liches Bestehenbleiben: wie Schüle sagt, es kommt zu einer habituellen
Mimik; wiederholt erwähnt er die „hängenden" Züge.

Indem wir uns jetzt zu der **letzten großen Gruppe** wenden, in der die
Veränderungen im ganzen Nervensystem als herdförmige oder
organische auftreten können, ist zuerst ein kurzer Blick zu werfen
auf den

Gesichtsausdruck bei Idiotie und angeborener Imbezillität.

Bei diesen Krankheiten sind die physiognomischen Merkmale im
Gesicht so überwiegend und für das Mienenspiel auch so grundlegend,
daß eine abgetrennte Betrachtung
des letzteren kaum möglich ist. Es
muß daher auf die Abschnitte über
Physiognomie hingewiesen werden,
in denen viele der hier wichtigen
Punkte berührt sind. Die angeborenen
Veränderungen sind so vielseitig, daß
allgemeine Typen sich der bei der
Schilderung nicht auseinanderhalten
lassen; Bezeichnungen wie „Nuß-
knackerphysiognomie", „Igeltypus",
„Aztekenköpfe" wirken nur allgemein
orientierend! Nur im Einzelfall können
die vorliegenden Defekte des Gehirns
und Schädels in ihrer Beziehung
zum Gesichtsausdruck durchsichtiger
sein. Namentlich die Grenzzustände
zwischen Idiotie und angeborener

Abb. 54. Idiot.

Imbezillität, sowie zwischen dieser und physiologischer Beschränkt-
heit, stehen im Rahmen der Untersuchung des Gesichtsausdrucks
einander so nahe, daß eine allgemeine diagnostische Verwertung nicht
möglich ist. Da diese Betrachtungen aber die spezielle Diagnose
erleichtern möchten, habe ich es nicht gewagt die unzähligen Einzelheiten des Gesichtsausdrucks bei Idiotie und angeborener Imbezillität
zu schildern. Das Bild des jungen Idioten (Abb. 54) zeigt außer den Abweichungen in den Schädelknochen mimisch besonders nur ein schwaches
breites Lächeln; bei der Frau mit angeborener Imbezillität (Abb. 55)
erscheint das gutmütige Lächeln deutlich, trotz der Pockennarben und

---

[1]) Handb. d. Psychiatr. von Aschaffenburg. 4. 1. S. 141.

gewulsteten Lippen. In seiner umfassenden Beschreibung dieser Krankheiten wird nicht von einer Krankheitseinheit gehandelt, sondern Weygandt[1]) meint an dem Sammelbegriff Idiotie rütteln zu müssen; aber nur für einige Untergruppen ist ihm das möglich, nicht für einen beträchtlichen Rest. Er beschreibt daher auch nur selten einen besonderen Ausdruck; z. B. „beim Mongolismus verlaufen die Lidspalten schief von außen oben nach innen unten und fallen auf durch ihre geringe Öffnung, so daß sie an die Schlitzaugen der meisten Mongolen erinnern. Das Orbitalgewebe erscheint im Verhältnis zu den Bulbi vermehrt, die Lidränder verdickt. Nicht selten, in ungefähr der Hälfte der Fälle, findet sich Epikanthus, manchmal vollständig ausgesprochen wie die sogenannte Mongolenfalte, vielfach nur angedeutet"[2]). Man sieht, es handelt sich mehr nur um physiognomische Züge; die eingehende Schilderung des Tetaniegesichtes legt aber besonderen Wert auf den leichten Tonus einiger Gesichtsmuskeln[3]).

Sehr verwickelt können die Untersuchungen noch dadurch werden, daß sich andere psychische Krankheiten mit leichter Idiotie und namentlich mit angeborener Imbezillität verbinden können, z. B. manische und melancholische Affektformen; dann ist die Auslösung eines typischen mimischen Ausdruckes noch schwerer.

Abb. 55. Imbezille.

Der Gesichtsausdruck bei Paralyse.

Die Paralyse zeigt in den verschiedenen Stadien ihres Verlaufs sehr verschiedene Arten des Gesichtsausdrucks; es gilt daher das Besondere der melancholischen oder manischen Phasen, katatonischen oder dementen Zustände usw. möglichst von dem allgemeinen Durchschnittsbilde abzulösen, um das Typische für die Diagnose festzustellen. Es gibt schon im Beginn der Paralyse, oft früher als eine Reihe anderer Symptome,

---

[1]) Idiotie und Imbezillität; die Gruppe der Defektzustände des Kindesalters (in Aschaffenburgs Handb. d. Psychiatr.) 1915. Spez. Teil. Bd. 2.2. S. 95.

[2]) S. 150.

[3]) S. 200, und in diesem Buch S. 57.

einige Zeichen, die sich auch im weiteren Verlaufe wiederholen und sich noch am Schluß zeigen können. Hierzu gehört das schon bei den kata-

Abb. 56.

Abb. 57.

tonen und dementen Formen besprochene, in der Paralyse frühzeitige Auftreten fibrillärer Zuckungen im Gesicht, die hier ein Beweis beginnender Dissolution des Ausdrucks sind; man hat sie wiederholt als ein „Wetterleuchten‟ vorm Ausbruch des Sturms der Paralyse bezeichnet. Kraepelin[1]) schildert, wie solche Mitbewegungen auftreten, wenn man den leicht in Verwirrung geratenden Kranken auffordert, abwechselnd verschiedene koordinierte Bewegungen auszuführen, die Augen zu schließen, den Mund zu öffnen, die Zunge vorzustrecken usw., wie eine Art Wetterleuchten durch die ganze Gesichtsmuskulatur hindurch zittert,

Abb. 58.

Abb. 56—58. Paralytiker.

während der Kranke angestrengt die einzelnen ihm gestellten Aufgaben zu lösen sucht. Diese Reizerscheinungen treten im Fazialisgebiet am leichtesten beim Sprechen hervor, und zwar zuerst im Zygomatikusgebiet und in der Kinnmuskulatur; Hoche[2]) stellt sie in Gegen-

---

[1]) Psychiatrie. 6. Aufl. Bd. 2. S. 233. 1899.
[2]) Dementia paralytica im Handb. d. Psychiatr. von Aschaffenburg. 1912. S. 11.

satz zu den ausgedehnten tic-artigen Zuckungen bei Neurasthenikern
und schweren Unfallneurosen; er vergleicht das kurze mimische Wetterleuchten mit dem unruhigen kurzen Zucken, das man auch bei gesunden
Leuten um den Mund herum sehen kann, wenn sie im Sprechen mit der
Rührung kämpfen. Auch bei Alkoholikern treten gleiche kurze Zuk-
kungen in der mimischen Muskulatur auf, so daß erst weitere Zeichen die
Diagnose sichern können.

Bei diesen für die Paralyse so wichtigen Bewegungsstörungen handelt
es sich meistens nicht um völlige Lähmungen, sondern um kraftlosen
und abgeschwächten Gebrauch einzelner Muskelgruppen. Die bildliche
Wiedergabe der meist flüchtigen Erscheinungen ist schwierig; am geeignetsten, um eine Vorstellung von den Zuckungen und unregelmäßigen
Paresen der Paralyse zu verschaffen, ist daher die Wiedergabe mehrerer

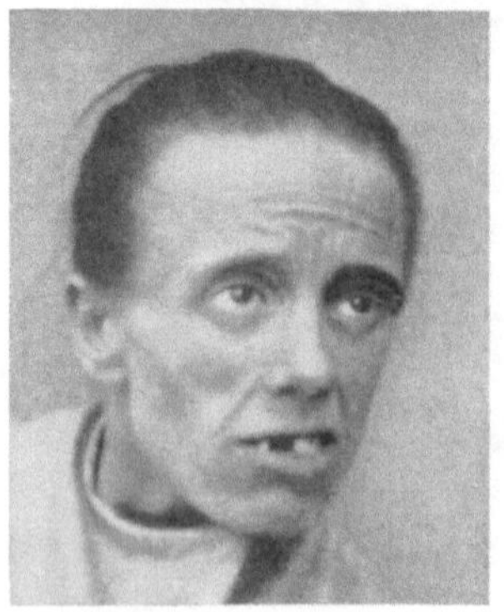 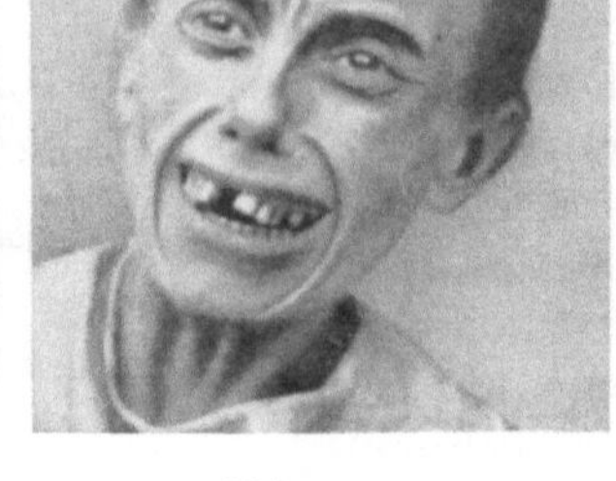 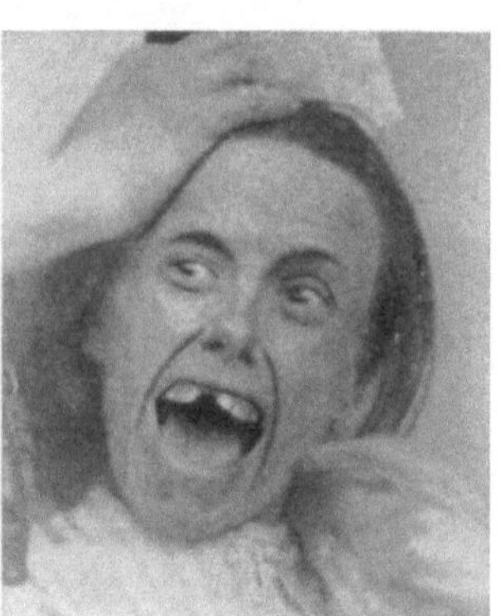

Abb. 59.   Abb. 60.   Abb. 61.
Abb. 59—61. Paralytische.

Bilder einer Person (vgl. Abb. 56—58). Auf dem ersten Bilde hat der
Mann sich bewußt zum Photographieren hingesetzt, daher einen verhältnismäßig gespannten Gesichtsausdruck angenommen. Dann wurde
seine Aufmerksamkeit abgelenkt und ihm aufgegeben das Wort „Photographie" auszusprechen. Die dabei entstehenden großen Schwierigkeiten führten nun zu einem ungeordneten krampfhaften Muskelspiel;
natürlich können die beiden nächsten Bilder das Beben, Fliegen und
Flattern nicht zeigen, doch lassen sie ein mühsames Bewegen des Mundes
erkennen. Ein Überspringen des Reizzustandes auf benachbarte Reflexkreise tritt auch hier hervor. Der Kummer über das Mißlingen des Aus-
sprechens und die Anstrengung dabei drückt sich in den rechtwinklig
gekreuzten Stirnfurchen aus; deutlich fällt ein Unterschied in beiden
Gesichtshälften auf, die rechte Augenbraue ist stärker gerunzelt, daher
hier auch eine stärkere senkrechte Furche; die linke Augenbraue steht
höher mit spitzem Winkel und entsprechend stärkerer Stirnfurchung
darüber. Auf dem letzten Bilde (Abb. 58) sind diese Erscheinungen

wieder etwas abgeschwächt, dagegen ist die Ptosis des rechten Augenlides stärker ausgeprägt. Wir haben also abgeschwächte Innervation des N. oculomotorius und verstärkte des N. facialis in einer Gesichtshälfte.

Die vorhergehenden drei Bilder (Abb. 59 bis 61) stammen aus einer mir von Turner geschickten Reihe (s. S. 171). Sie betreffen eine Paralytische in vorgeschrittenem Stadium; auf Abb. 59 fällt die gehobene linke Oberlippe stark auf, mit stärkerer Furchung der Nasenlippenfalte als rechts, gleichzeitig ist die Stirn gefurcht: so sitzt sie stundenlang im Zustande ungestörter Ruhe irgendwo hinstarrend. Leicht war sie aber, schon durch Berührungen, in Aufregung zu versetzen, dann traten erschreckende Verzerrungen im Gesicht auf,

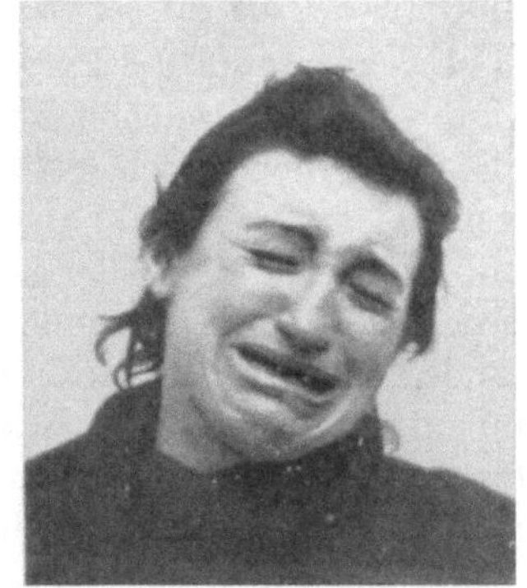

Abb. 62. Paralytische.

von denen in den Abb. 60 und 61 die besonders in der unteren Gesichtshälfte sich steigernden maßlosen Veränderungen festgehalten werden konnten, auf ersterem mit einem schmerzlichen, auf letzterem mit einem heiteren Affektstoß gemischt. Außerdem wechselte die Beteiligung lebhaft in den Seitenhälften, wobei die linke die stärkere Beweglichkeit der Mimik zeigte. — Das Bild (Abb. 62) zeigt eine Paralytische, bei der der schmerzvolle Ausdruck auf den höchsten Grad gesteigert ist, mit krampfhafter Muskelverziehung.

Die Überlegenheit der Photographie gegenüber den älteren Wiedergaben des Gesichtsausdrucks durch Zeichnungen zeigt ein Vergleichen von Turners Bildern mit einem solchen von Mori-

Abb. 63. Paralytiker (nach Morison).

son[1]); es stellt eine „Monomanie mit allgemeiner Paralyse" dar (Abb. 63), einen Maler (Künstler), der sich für den Fürsten der ionischen Inseln hielt. Paralysen wurden reglementsmäßig in Bedlam selten

---

[1]) Physiognomik der Geisteskrankheiten. 1853. Mit 102 Porträts.

aufgenommen und auf Paresen nicht viel geachtet; man wird trotzdem finden, daß es dem lithographischen Künstler gelungen ist, Mund und Augen sprechend zu gestalten; man glaubt eine gehobene Stimmung und Erwartung zu sehen.

Das zweite für die Paralyse besonders wichtige, frühzeitig auftretende Unterscheidungszeichen ist das Verhalten der Pupillen. Die früher als pathognomonisch geltende stecknadelkopfgroße Verengerung wird freilich jetzt nicht mehr als entscheidend angesehen, ist aber in Verbindung mit Reflexstörungen der benachbarten Muskeln immer diagnostisch und prognostisch von besonderer Bedeutung. Eine Entrundung des Iris-randes geht der reflektorischen Trägheit und Starre oft voraus. Pu-pillenträgheit im Rausch ist wegen der begleitenden Umstände schwer festzustellen, aber im chronischen Alkoholismus scheint sie nach Bumke nur bei syphilitisch infizierten Personen vorzukommen. So wichtig die Feinheiten dieser Symptome bei Untersuchung der Paralyse sind, besonders auch die mit erhaltener Konvergenz verbundene isolierte reflektorische Pupillenstarre, so können sie mimisch doch nicht immer verwertet werden, weil die einschlägigen Verhältnisse zu verwickelt sind; immerhin ist die mimische Unruhe im Fazialisgebiet ein um so wich-tigeres Frühsymptom, wenn sie mit den berührten Pupillenveränderungen verbunden auftritt.

Da es sich namentlich in den ersten Stadien der progressiven Paralyse um Störungen der feineren Bewegungsformen handelt, betont Hoche[1]), kommen für die Feststellung motorischer Paresen am meisten solche Muskelgebiete in Betracht, die auch schon kleine Unterschiede, entweder in dem Verhältnis zu dem früheren Verhalten oder beim Vergleich zwischen rechts und links erkennen lassen; da dies in der mimischen Muskulatur zuweilen schon bei angeborener Asymmetrie vorkomme, will er solche Differenzen nur dann als paralytisch ansehen, wenn sich gleich-zeitig Tremor oder Zuckungen in der betroffenen Gesichtshälfte finden. Verbindet sich Ptosis mit Asymmetrie, so spricht das dann deutlich für Paralyse, wenn nicht Lues ohne Paralyse vorliegt. Beiderseitige Ptosis findet sich mehr in späteren Stadien. In manchen Fällen wechselt die Ungleichheit, geht auch von einer Seite auf die andere über, wobei das Verstreichen einer Nasolabialfalte in den erschlafften Gesichtszügen ein besonders deutliches Zeichen gibt. Oder die Unterschiede liegen in Erschlaffung der unteren Gesichtshälfte, während in Stirnfalten und Augen sich krampfhafte Verzerrungen zeigen; andere Male sind auch die Stirnfalten einer Seite ganz flach. Fehlt jeglicher Affekt, so kann das Gesicht, nach Schüles Beschreibung, wie eine aus Holz geschnitzte Maske erscheinen, in der jede Mimik erloschen ist; oder es bleiben einzelne Kontraktionen spastisch isoliert stehen. Nicht selten stimmt der Aus-druck gar nicht zu dem gerade vorhandenen Affekt, so daß Paramimie

---

in den verschiedensten Formen auftritt; es ist dann nicht nur die Muskel-
schlaffheit der Grund, daß die seelischen Vorgänge nicht so wie im gesunden Zustande ausgedrückt werden können, sondern man muß annehmen, daß die Innervationen direkt und reflektorisch auf falschen
Bahnen vor sich gehen.

Über den Kontrast zwischen Ausdruck und Gefühl des Paralytikers
handelt ausführlich Jourdin [1]), der die Ansichten seines Lehrers Pierret
wiedergibt. Das bekannte Beispiel eines solchen Kontrastes beim Gesunden, das berühmte Bild der Gioconda von Leonardo da Vinci
wird erörtert; das rire jaune derselben wird auf eine bizarre unzeitige
Kontraktion des Zygomaticus minor geschoben, welche die Tätigkeit

Abb. 64. Beginnende Paralyse
(nach Jourdin).

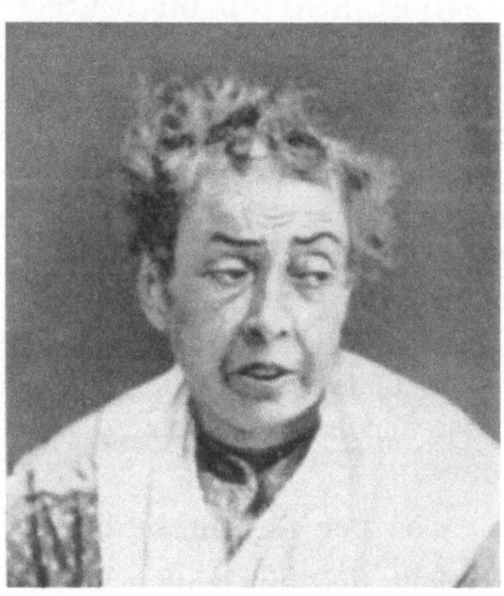

Abb. 65. Paralyse mit Abweichungen
in den Gesichtshälften (nach Jourdin).

des Zygomaticus major zu korrigieren habe. Gerade solchen Kon-
trasten, die Turner als dissolution of expression bei fast allen Klassen
Alienierter beschrieben habe, begegne man am frappantesten bei der
Paralyse. Die Ansicht Pierrets ist, daß der Hauptcharakter des „spasme
émotif" beim Gesunden seine Ausdehnung auf das ganze Gesicht ist, in
Übereinstimmung mit dem Geisteszustand, während er sich bei Paralytikern lokalisiert. Jourdin denkt sich den Mechanismus der Dissoziationen durch eine an sich genügende Energie der Rindenzentren begründet, aber schlecht verteilt durch Spasmen und partielle Lähmungen.
Dabei entwickelt Jourdin die von Jackson aufgestellte Ansicht, daß
die Hauptursache der Unordnung der Bewegungen Mangel der Kontraktion der Antagonisten sei. Der Tonus bewahrt dem Gesicht in der
Ruhe die Harmonie der Züge und Linien; auch im Zustande der Be-

---

[1]) Thèse, Lyon 1895. Essais sur les troubles de la Mimique chez les Paralytiques généraux.

wegung sei im Antagonisten die Wichtigkeit des Tonus sehr groß, denn
er sei bestimmt, die Tätigkeit des „Muscle directeur" zu korrigieren.
Beim Versagen des einen gewinnt dann der andere das Übergewicht.
Daß hierbei Unterbrechungen der Reflexkettenvorgänge ihre Rolle
spielen, braucht nach früheren Auseinandersetzungen nur angedeutet
zu werden.

Jourdin unterscheidet in der Paralyse drei Gruppen von Störungen
der Mimik; von der ersten gibt Abb. 64 ein Bild: es herrscht eine Übertreibung leichter Emotionen zur Zeit des Beginns der Krankheit, die
hier zu einem exzessiven mimischen Ausdruck wird. In der zweiten
Gruppe beschränkt sich die Erregung auf einzelne Muskeln, so daß die
Gesichtshälften oft deutliche Abweichungen zeigen: in Abb. 65
zeigt die Frau links Erstaunen, rechts Kummer; eine solche Ver-
mischung von Stimmungen findet sich nicht selten. Endlich beschreibt er als dritte Gruppe eine mimische Ataxie, die wie ein Mißton
den Ausdruck verstört, wobei obere und untere sowie die seitlichen
Hälften des Gesichts nicht mehr übereinstimmen. Wie solche Vorgänge im einzelnen zustande kommen, ist natürlich kaum nachzuweisen
in Beziehung zu den Funktionen der Muskeln; als allgemeine Grundlage
wird man die Erkrankung der Rinde annehmen mit Lücken, die dadurch
in der Leitung entstehen, oder auch durch Hirnschwellung (Reichardt)
entstehende Störungen.

Der Gesichtsausdruck bei herdförmigen Erkrankungen

entzieht sich einer allgemeinen Beschreibung, weil es sich meistens im
einzelnen Fall um besondere Reizerscheinungen und Ausfallerschei-
nungen handelt, die nicht typisch sind.

C. Die Bahnen des Gesichtsausdrucks.

Als Bahnen werden hier im wesentlichen nur die nervösen Wege beschrieben, denn die in der Haut und den Muskeln des Gesichts ablaufenden Vorgänge sind in den vorstehenden Abschnitten meistens schon abgehandelt. Aber auch das Gebiet der inneren Bahnen für den Gesichtsausdruck werde ich nur in Überblicken behandeln, die dies Gebiet für meine Zwecke zu erhellen versuchen; dabei werde ich besonders die gegebene Darstellung der Nervenkreise mit den jetzigen Anschauungen des feineren Baues und der Funktionen im Nervensystem zu vereinigen mich bemühen.

Diese Bahnen dienen auch manchen anderen Vorgängen als dem Gesichtsausdruck, es lassen sich aber bestimmte Wege für die Betrachtung als funktionelle und anatomische Einheiten auslösen. Zum Teil sind es, wie wir früher (S. 8) sahen, entwicklungsgeschichtlich begründete Bahnen, zentripetale und zentrifugale. Eine engere Zusammenordnung für die Funktion des Gesichtsausdrucks findet auf den zentrifugalen Bahnen z. B. auf dem Wege von den zahlreichen Zentren der Hirnrinde im Thalamus statt; zu den aus den Thalamuskernen abwärts ziehenden Faserbahnen treten dann bald neue Systeme hinzu, deren engere Zusammenfassung in den Bulbärkernen geschieht. Eine scharfe Abgrenzung findet die Bahn schließlich in der anatomischen Einheit des Gesichts; durch sie ist eine mimische Bahn deutlich bestimmt.

Die Neuronentheorie sieht in solchen Strecken eine Kette der sich folgenden Neuronenabschnitte, das Neuron als Einheit aus einer Nervenzelle nebst ihren Ausläufern gedacht; nirgends besteht eine ununterbrochene Leitung von der Rinde bis zum peripheren Nerven, Schaltzellen [1]) verankern die getrennten Neurone; die Leitung muß aber durch Überspringen der sich nur berührenden Abschnitte stattfinden. Diese verbreitete und auch früher von mir zugrunde gelegte Anschauung [2]) ist für die Durchführung der Bellschen Ansichten über Nervenkreise nicht so aufklärend wie die andere, die Kontinuitätshypothese. Daher ist es nötig diese beiden Ansichten hier einander gegenüberzustellen; es soll das an der Hand Gegenbaurs [3]) geschehen.

---

[1]) v. Monakow, Gehirnpathologie. Wien 1905. S. 210, 155.

[2]) Bahnen des Gesichtsausdrucks. Arch. f. Psychiatr. u. Nervenkrankh. 1910. Bd. 47. S. 3.

[3]) Gegenbaur-Fürbringer, Lehrb. d. Anatomie d. Menschen. 8. Aufl. 1909. Bd. 1. S. 508ff. u. 482ff.

Gegenbaur nennt Muskel- und Nervengewebe animale Gewebe; jedes bedarf zum Vollzug seiner Verrichtungen des Bestehens des anderen; beide sind Abkömmlinge eines einzigen Gewebes, des Epithelgewebes. Die Epithelmuskelzelle, auch Neuromuskelzelle genannt, vereint Empfindung und Bewegung in sich (neben ihrer den Körper deckenden Bedeutung). Diese entwicklungsgeschichtliche Einheit bestimmt Gegen-

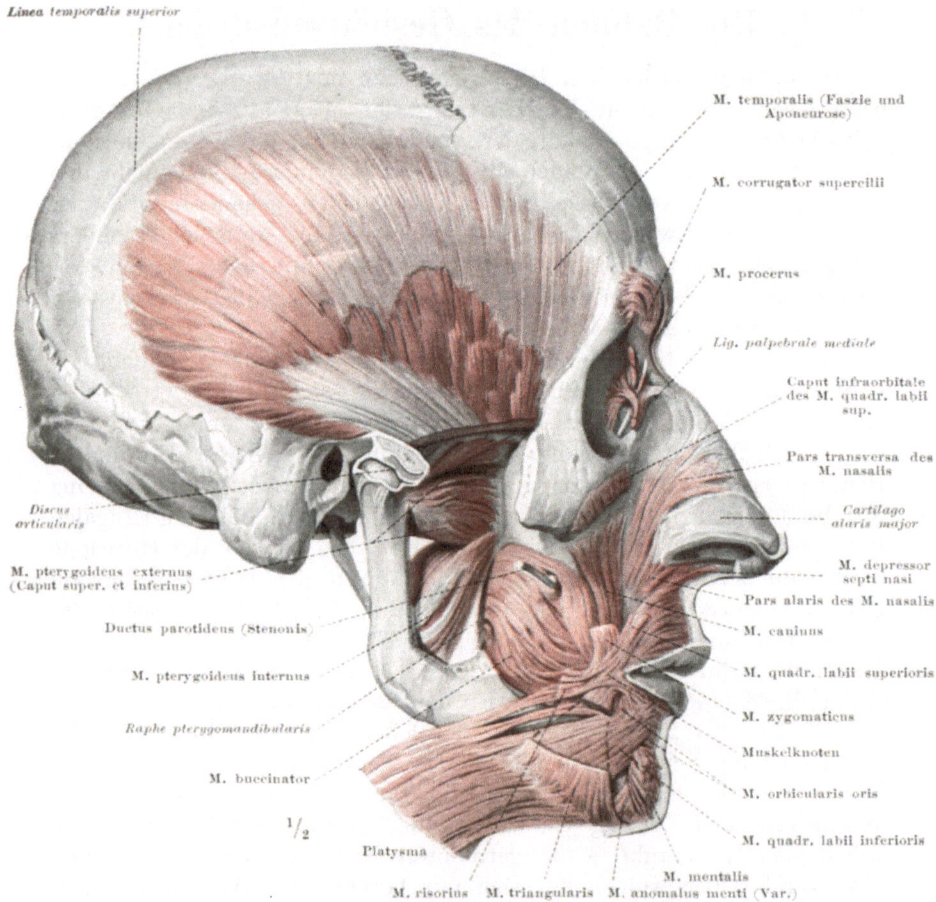

Abb. 66.   Gesichtsmuskeln (nach Braus).

baur dafür einzutreten, daß der Zusammenhang zwischen Nerven- und Muskelzelle immer vorhanden, ein dauernder sei; in der Anlage nicht getrennt, bleibt ihre Funktion dauernd verbunden. Er weist nach, daß die motorischen Nervenendigungen direkt mit dem Sarkoplasma verbunden sind, welches den Strom also an die Fibrillen weitergebe. Wenn nun unsere besten bisherigen histologischen Methoden keinen plasmatischen Zusammenhang zwischen Nervenfasern und sonstigen mit der

Nervenzelle in Verband stehenden Fortsätzen, zwischen den Nervenzellen untereinander fanden, so ist ihm das kein Beweis für getrennte
Anlage, sondern ein Beweis gegen die Leistungsfähigkeit der bisherigen
histologischen Methoden. Für den plasmatischen Zusammenhang weist

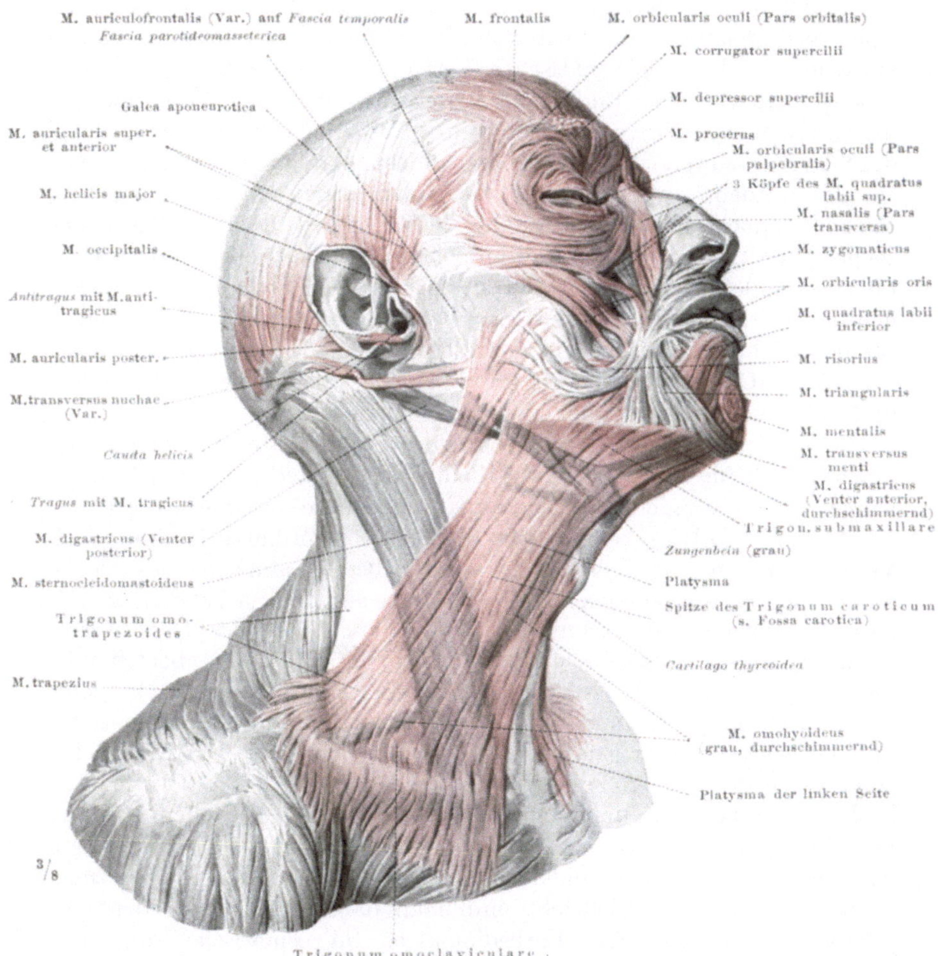

Abb. 67. Gesichtsmuskeln (nach Braus).

er auch hier wieder hin auf die eine, den tierischen Organismus bei den
Protozoen repräsendierende Zelle, die den ganzen nervösen Mechanismus
in nuce in sich enthalte; dieser sei bei den niederen Metazoen an die
Nervenmuskelzelle gebunden. Diese Kontinuität wird also auch beim
Menschen angenommen, im Gegensatz zu der Neuronentheorie,
welche den in sich abgeschlossenen Zellbereich auf Grund ihrer Präparate feststellt, in denen die Fibrillen mit den sichtbaren Enden der

Dendriten und Neuriten enden; jedes Nervenzellengebiet hängt mit dem benachbarten entweder nur durch Berührung (Kontakt) zusammen, oder wirkt diskontinuierlich auf dasselbe oder in Distanz, mit Überspringen des Nervenstroms durch eine nervenlose Strecke hindurch. Die Vertreter der Kontinuität können sich zum Teil auf Präparate eines ausgedehnten und vielfachen Zusammenhangs berufen, welche einen unmittelbaren plasmatischen Verband der benachbarten Nervenzellengebiete und der Endorgane beweisen, wobei die Nervenfibrillen die verschiedenen Nervenzellen und ihre Ausläufer ohne Unterbrechung durchlaufen; soweit diese Ergebnisse nicht von anderer Seite beanstandet werden, sind auch hier die bisher angewandten technischen Methoden noch nicht leistungsfähig genug gewesen, um völlig überzeugend die theoretisch geforderten Verbände zu demonstrieren. Aber für diese undefinierten, sozusagen unbeschriebenen Stellen, die namentlich im zentralen Nervensystem Nervenzellen und nervöse Endausläufer trennen, sieht Gegenbaur in dem sogenannten Nervengrau Nissls ein reiches Gebiet für weitere Forschungen, welches die Nervenzellen in Gestalt von leer erscheinenden Höfen umgeben.

Bei diesem nervösen Grau stehen wir vor dem Elementargitter, welches auch für Kassowitz die Bedingung herstellt, die den Reflexbahnen ununterbrochene protoplasmatische Reize fortzuleiten erlaubt (cf. Abschnitt B III a bes., S. 69); die lockere Anordnung ist ihm dabei Voraussetzung für die Übertragung von Zerfallsprozessen von einem Querschnitt der protoplasmatischen Nervenbahn auf den nächsten und auf immer entferntere Querschnitte. Die lockere Masse des Gitterwerks ist nach Nissls Angaben um so größer, je höher das betreffende Tier in der Entwicklungsreihe rangiert. Auch Landois[1]) sieht in dem Neuropil (= Elementargitter, nervöses Grau) die physiologische Einheit, auch er verwirft das Neuron als solche Einheit. Das Nisslsche Grau ist zu der reichen Fundgrube geworden, wie Gegenbaur es verheißungsvoll bei Beschreibung jener scheinbar leeren Stellen nannte. Das Neuroplasma soll nach manchen Autoren nahezu flüssig beschaffen sein, ein Hyaloplasma; andere unterscheiden zähere und minder zähe Bestandteile an ihm; vielleicht muß man dabei an Kolloide denken; jedenfalls finden sich hier Vorbedingungen für osmotische Vorgänge, denen wir noch näher treten werden. Eine ganz besondere Bedeutung hat Schaffer[2]) dem strukturlosen Hyaloplasma als primär erkrankt bei Heredo - Degenerationen beigelegt, wobei er zahlreiche anatomische Merkmale aufstellt.

Zunächst ist eine genauere Betrachtung der Nervenendigungen für uns nötig. Eine von dem Zellinhalt sich nicht scharf absetzende

---

[1]) Lehrb. d. Physiol. d. Menschen. 11. Aufl. 1905. S. 633.

[2]) Zur anatomischen Wesensbestimmung der Heredo-Degeneration. Zeitschr. f. d. ges. Neurol. u. Psychiatr., **Orig.** 21 (1914). S. 49—76 — und l. c. Bd. 38. S. 127—158 (1917) durch seinen Assistenten Richter.

und nachgiebige Membran (Krusta) wird den Nervenzellen zuerkannt, sie muß aber, wie Gegenbaur sagt, wegen der daselbst stattfindenden Kontinuität mit den benachbarten Nervenenden, durchbrochen sein; denn bei der Differenzierung der einheitlichen Zellgebilde aus dem ursprünglich gegebenen plasmatischen Verband kann dieser nicht aufgegeben sein, so daß die Nervenendigungen frei ein- und austreten können. Es gibt nun sehr verschiedene Arten von Nervenendigungen; indem wir zunächst die sensibeln, welche den Sinnesempfindungen entsprechen, beiseite stellen, wollen wir die die Haut- und Muskelgefühle vermittelnden ins Auge fassen, und die rein motorischen, weil sie uns am besten über die Frage der Bellschen Nervenkreise aufklären können (vgl. B III c). Am wichtigsten ist die Tatsache, daß alle diese Nervenendapparate eine doppelte Nervenversorgung haben; und es scheint, daß diese in den meisten Fällen ein Zusammentreffen sensibler mit motorischen Fasern darstellt. Jedenfalls ist nach und nach an den meisten (sensibeln und motorischen) Endorganen die doppelte Nervenversorgung beobachtet worden: durch eine stärkere, schon seit längerer Zeit bekannte, und eine feinere, neu gefundene Nervenfaser; beide bilden unter Teilung der Nervenfaser bzw. ihrer Fibrillen, sehr dichte und feinmaschige Fibrillennetze, die aber nicht miteinander in Verbindung stehen, und entstammen wahrscheinlich verschiedenen Nervenzentren (Gegenbaur S. 547/8). Wir erfahren hierdurch, wie die modernen technischen mikroskopischen Hilfsmittel den Kreis der kontinuierlichen plasmatischen Verbindung motorischer und sensibler Nerven schon annähernd als geschlossen erkannt haben, so daß das für diese Auffassung sich ergebende Postulat des Durchdringens der feinsten Endigungen zueinander sich seiner Verwirklichung immer mehr nähert. Gegenbaur verhält sich dieser Frage gegenüber zwar sehr vorsichtig, berichtet aber als über die letzte feinere Art der Verbindung von Nerv und Muskel, daß eine Durchsetzung der ganzen quergestreiften Muskelfaser durch Nervensubstanz beobachtet sei, wenn er auch dieser extremen Vertretung der Kontinuität (Penetratio) überzeugende Beweisstücke in den betreffenden Präparaten nicht zuerkennt. Ich möchte in dieser doppelten Nervenversorgung, aus verschiedenen Nervenzentren kommend, jedenfalls eine Bestätigung der von Bell makroskopisch erkannten Nervenkreise zwischen Gehirn und Muskel finden.

Werfen wir nun noch einen Blick auf die mannigfaltigen besonderen Nervenendigungen, die für die Reflexkettenvorgänge eine so große Bedeutung haben, so müssen die eigentümlichen Vater-Pacinischen Körperchen vorangestellt werden, weil ihnen neuerdings besondere Funktionen zugeschrieben sind, die auch für unser Thema Bedeutung zu gewinnen scheinen. Aus den verwickelten Einzelheiten ihres Baus ist hervorzuheben, daß zwischen Innenkolben und Kapsel neben dem axialen ein aus der peripheren Nervenfaser entstehendes Nervennetz auftritt; es ist angenommen, daß dies aus sympathischen Nervenfasern

besteht. Wenn dies zutrifft, dann ist die den Vaterschen Körperchen
von Schade[1]) zugeschriebene Funktion eines die Osmose regulierenden
Organs nicht unwahrscheinlich, um so mehr als diese Körperchen sich ausnahmslos nur im Bindegewebe, aber mit diesem im ganzen Körper verbreitet zu finden scheinen, so daß sie im „Strombett der Gewebssäfte"
liegen. Den neuen, von Schade mit großem Material begründeten,
auch geistreich und überzeugend vorgetragenen Anschauungen der
physikalischen Chemie wollen wir auf dem Nervengebiet nur so weit
folgen als sie vielleicht für den Gesichtsausdruck in Frage kommen
können. Außer den im Bindegewebe, z. B. auch in dem des Canalis
facialis, überall weit verbreiteten Vaterschen Körperchen finden sich
die ihnen in einiger Beziehung ähnlich gebauten Krauseschen Endkolben, die Golgi-Mazzonischen und Meißnerschen Körperchen in
der Gesichtshaut, in den Schleimhäuten des Mundes und der Nase; sie
sind sicher sämtlich geeignet, in verschiedenster Weise Reflexvorgänge
auszulösen, die hervorgerufen werden durch örtliche oder Allgemeingefühle des Nervenstoffwechsels. Schades klare Auseinandersetzungen
über das Zusammenwirken von Ionen und Kolloiden, Isotonie des osmotischen Drucks usw. setzen auch die oxydativen Zerfallsprozesse im
Nervensystem in helles Licht. Die Reflexe ordnen beharrlich alle nervösen Zustände; aus der Wechselwirkung der Reflexe mit den verschiedenen Tonusarten in Muskel- und Bindegewebsflüssigkeiten entsteht
die Beherrschung aller unentschiedenen schwebenden nervösen und
psychischen Zustände. Durch Übung schleifen sich solche Bahnen
gedächtnismäßig ein und der kettenförmige Ablauf der Funktionen
regelt sich nach strengen Gesetzen.

Gegenbaur beschreibt als den Vaterschen Körperchen ähnliche
Apparate noch die Sehnenspindeln, die ganz besonders nervenreich
sind, vermutlich die Empfindung der durch die Muskelkontraktionen
bedingten Dehnung verursachen, also wohl mit dem sogenannten
Sehnenphänomen in Verbindung stehen. In den Muskeln finden sich
die Muskelspindeln, auch in der Nähe der Sehnenenden, welche
Gegenbaur Dynamometer des Muskelgewebes nennt; in diesen neuro-
muskulären Spindeln wurden sensible und motorische Nervenendigungen nachgewiesen, so daß sie die Muskelsensibilität besonders sicher
vermitteln können; sie sind aber noch nicht in allen Muskeln beobachtet.
Sie werden auch als Muskelknospen, Nervenknospen, Weißmannsche
Körperchen beschrieben; sie müssen von den Wachstumsknöpfen oder
-keulen unterschieden werden, die bei den Vorgängen der Regeneration
entstehen, so daß sie auch bei der Entwicklung des Nervengewebes
ähnliche Fragen entstehen lassen. Die Anschauung der Nervenkreise
ist auch hier durchführbar, einerlei ob ein primordialer plasmotischer
Zusammenhang oder dazwischengeschobene Zellenketten angenommen
werden.

---

[1]) Schade, Die physikalische Chemie in der inneren Medizin. 1921. S. 429 ff.

Wir verlassen diese durch Gegenbaurs Angaben bereicherten Schilderungen der Nervenendigungen und wenden uns dem weiteren Verlauf der Nervenbahnen zu. Der Einfachheit und Übersichtlichkeit wegen sollen bei Betrachtung der zentripetalen und zentrifugalen Strecken hier nur der Verlauf des Nervus trigeminus und des facialis berücksichtigt werden. Wenn auch die Sammlung aller Eindrücke durch das gesamte sensible Nervensystem im Zentralorgan auf die mimischen Zentren übertragen wird, so versorgt doch neben den Sinnesnerven nur der **Trigeminus** das Gesicht. Es ist jetzt die Aufgabe, seinem Verlauf bis zur Hirnrinde zu folgen, wobei dann die Abschnitte bei den **Bulbuskernen** und den **Stammganglien** auch die Betrachtung einteilen. Die bekannten Einzelheiten seiner Verbreitung im Gesicht übergehe ich; sie kamen zum Teil auch schon in anderem Zusammenhang zur Sprache. Der Zusammenhang des Trigeminus mit dem entwicklungsgeschichtlichen 1. Metamer (wie der des Fazialis mit dem 2.) ist schon (S. 8) erörtert. Daraus darf man keinen sicheren Schluß auf die Einheit der Bahn ziehen, aber die endgültige Versorgung des Gesichts mit sensibeln und motorischen Nerven zeigt, daß die spätere Verschiebung der Nerven in oberflächlicheren und tieferen Schichten den engeren Zusammenhang der ersten Anlage nicht gelöst hat [1]). In Anlehnung an Monakow (s. oben a. O.), ohne uns seiner Darstellung von Neuronenketten anzuschließen, verfolgen wir den **ersten Abschnitt der zentripetalen Trigeminusbahn bis zu den bulbären, sensiblen Trigeminuskernen;** von diesen führt der **zweite Abschnitt** durch die Schleifenbahn zu den **ventralen** (bzw. lateralen) Sehhügelkernen. An den Enden dieser beiden Abschnitte können motorische „Etagenreflexe" auftreten. Der **dritte Abschnitt** reicht dann von den ventralen Sehhügelkernen durch die sensibeln Sehhügelstrahlungen in die Fühlsphäre der Hirnrinde, wo die Endaufsplitterung vor sich geht.

Folgende Einzelheiten sind von Bedeutung, wobei wir immer im Auge behalten wollen, daß alle Vorgänge — wie bei dem einfachsten Reflex in der primordialen Neuromuskelzellen —, auch in dem lockeren Elementargitter des **Nissl**schen Graus der Hirnrinde den unzähligen Reflexkettenvorgängen aus dem im ganzen Körper verbreiteten Nervensystem jederzeit offen stehen. Die sensibeln Äste bilden nach ihrem Eintritt in die Schädelhöhle einen großen halbmondförmigen Knoten, das **Ganglion Gasseri**, in einem Hohlraum der harten Hirnhaut. Dieses Ganglion spielt dieselbe Rolle wie jedes Spinalganglion; ebenso wie aus diesem eine hintere Rückenmarkswurzel entsteht, so entsteht die **sensible Trigeminuswurzel** aus dem Ganglion Gasseri. Ihre Nervenfasern treten in die Varolsbrücke und teilen sich in dieser bald in einen in tiefer liegende Rückenmarksteile führenden spinalen und einen zarteren zerebralwärts führenden Ast; ersterer läßt sich unter

---

[1]) **Frohse,** Die oberflächlichen Nerven des Kopfes. 1895. S. 22/23.

Abgabe einer größeren Anzahl von Seitenästen nach den motorischen Kernen des Hypoglossus, Fazialis und auch des Trigeminus selbst, sowie in die Substantia gelatinosa des Rückenmarks bis in die Gegend des zweiten Zervikalnerven hinab verfolgen, wo die Endkerne dieser sich hier aufsplitternden Äste der sensiblen Trigeminuswurzel zu suchen sind; der zerebrale Ast löst sich in dem sensibeln Trigeminuskern auf, welcher schon dicht beim Eintritt der sensiblen Wurzel in einer Ausdehnung von 4—5 mm liegt; er geht auch in die Substantia gelatinosa spinalwärts über. Nach pathologisch-anatomischen, auf klinische Beobachtung gestützten Erfahrungen liegen dabei die Fasern des ersten Astes des Trigeminus tiefer als die für den zweiten und dritten Ast [1]). Es sollen auch Zweige aus der besprochenen Gegend in das Kleinhirn übergehen [2]).

Wir haben somit ein ziemlich sicheres Bild von dem Verlauf des ersten Abschnitts, wogegen für den zweiten etwas unklarere Verhältnisse vorliegen; bei ihrer Schilderung folgen wir Edinger [3]), der diesen Abschnitt als **sekundäre Trigeminusbahn** bezeichnet; sie entspringt aus dem langen Endkerne, der soweit hinabreicht wie die als Tractus bulbo-spinalis nervi trigemini bezeichneten, bis zum Halsmark dringenden Trigeminusfasern, die als absteigende Wurzelbündel in Querschnitten halbmondförmig erscheinen. Die hirnwärts aus dem Trigeminusendkern ziehende Bahn kreuzt die Mittellinie, indem sie aus verschiedenen Querschnittshöhen Züge sammelt, die schließlich als Tractus quinto-thalamicus vereint, dicht unter den Hypoglossuskernen (vgl. Edinger S. 181) zusammen weiter ziehen und im **ventralen** Thalamuskern enden. In diesem großen Traktus liegt auch die Schleife. Die für uns besonders wichtige **mediale Schleife** wird von Villiger [4]) sorgfältig beschrieben, namentlich auch in ihren Beziehungen zum Thalamus und Kleinhirn. Er nennt sie die große aufsteigende **sensible Bahn, Tractus spino-et-bulbo-thalamicus**, und zeigt ihren Verlauf auf einer großen Reihe von Querschnitten übersichtlich geordnet, so in Abb. 228 und 229. Hier gibt er auch an, daß der in der Nähe liegende **Tractus thalamo-olivaris** oder die zentrale Haubenbahn vom Thalamus ausgehende Erregungen dem Kleinhirn übermitteln kann (vgl. auch die Schemata S. 194/195).

Zahlreiche Kollateralen gehen aus unteren Teilen des Trigeminusendkernes in den Fazialiskern, so daß schon hier sensomotorische Reflexbogen für das Antlitz hergestellt werden. Edinger bemerkt, daß

---

[1]) Jamin in Curschmanns Lehrb. d. Nervenkrankheiten. S. 289.

[2]) Vgl. besonders Obersteiner, Anleitung beim Studium des Baus der nervösen Zentralorgane. 4. Aufl. 1901. S. 476 ff.

[3]) Nervöse Zentralorgane. 7. Aufl. 1904. S. 117 (Abb. 113) und Eulenburgs Real-Enzyklopädie. 1908. Bd. 5. S. 760. Mit einem sehr guten Schema.

[4]) Villiger, Gehirn und Rückenmark. 4. Aufl. 1917. S. 161. In diesem Werk sind manche Tatsachen zu finden, die sich mit Bells Anschauungen decken; z. B. über die Bahnen des Trigeminus, Vagus und die Seitenstrangbahnen.

Durchschneidungen des Trigeminus manchmal wegen der dann wegfallenden sensiblen Kontrolle von nicht unbeträchtlichen Bewegungsstörungen im Gesicht begleitet sind.

Man sieht die große Wichtigkeit der eigenartigen Langstreckung des Trigeminuskerns, die Gelegenheit zur leichtesten Verbindung sensibler und motorischer Funktionen gibt, natürlich besonders des Gesichts, aber auch in mannigfaltigster Weise zwischen Trigeminus und Hypoglossus, Vagus und Glossopharyngeus; dadurch wird mit einem Blick klar, wie wichtig der Trigeminus für die ganze Gesichtsmimik und die Ausdrucksformen in der Umgebung ist, bei Sprechweise, Kreislauf usw.; daß aber auch andere Nerven auf dem Wege des Reflexes wegen der nahen Aneinanderlagerung der Hirnnervenkerne hier aufeinander wirken können. Die im medialen Teil der Schleife gesammelten Züge treten schließlich in den Thalamus.

Der **Bau des Sehhügels** muß hier insoweit etwas näher geschildert werden, als seine Beziehungen zu den mimischen Ausdrucksbewegungen in Frage kommen. Auf Frontalschnitten unterscheidet Bechterew[1] 1. einen medialen Kern (auch Hauptkern oder Burdachscher medialer Kern genannt), der mit dem Pulvinar direkt zusammenhängt; 2. einen oberen oder vorderen; 3. einen von zahlreichen Markfasern durchsetzten lateralen Kern, und 4. zwischen medialem und lateralem Kern einen kleinen mittleren Kern (das Centre médian von Luys, nicht zu verwechseln mit dem Corpus subthalamicum von Luys!). Dazu kommen dann noch einige kleinere akzessorische Kerne: so der schalenförmige Körper von Tschisch zwischen dem mittleren Kern und Fasersystemen, die aus dem Nucleus ruber zum lateralen Kern ziehen, und noch zwei kleinere sonst. Monakow unterscheidet im lateralen Kern noch besondere dorsale und ventrale Kerngruppen.

Unser Hauptinteresse muß sich nun dem medialen und dem mittleren Kern, dem Centre médian zuwenden. Ausgezeichnete Bilder dazu finden sich bei Dejerine[2]. Wir nehmen jetzt auch Edingers Schilderung vom Verlauf der sekundären Trigeminusbahn wieder auf, die wir bei Betrachtung der Schleife schon benutzt haben.

In die dichte Schicht markhaltiger Nervenfasern, die Lamina medullaris externa, welche den lateralen Kern umfaßt, treten die meisten Züge vom und zum Thalamus. Ihre annähernd schichtweise Anordnung ist durch Degenerationspräparate festgestellt. Darunter treten die sensiblen Bahnen aus den Kernen der Hinterstränge und aus dem Rückenmark durch die mediale Schleife in der Weise in den Thalamus ein, daß diejenigen, welche den längsten Weg haben, am weitesten lateral liegen; medialer verläuft dabei die sekundäre Trigeminusbahn und endet mit ihrem kaudaleren Anteil etwas dorsal und medial von dem

---

[1] Die Leitungsbahnen im Gehirn und Rückenmark. 2. Aufl. 1889. S. 137 ff.
[2] Anatomie des Centres Nerveux. Paris 1895. Bd. 1. Abb. 284 u. 285, sowie 306.

vorderen Bündel. Ihr frontaler Anteil endet noch weiter medial und dorsal in dem Nucleus centralis (Edinger) und seiner Nachbarschaft; hier liegt der von Bechterew Nucleus medialis benannte Kern, das Centre médian von Luys[1]). Die Trigeminusbahn gelangt aber dahin auf dem Wege durch die Lamina medullaris interna, während die Hauptmasse der medialen Schleife ja durch die Lamina medullaris externa in den inneren Abschnitt des lateralen Kerns gelangte. Nach der Schilderung Edingers endet also ein jedenfalls großer Teil der sekundären Trigeminusbahn im Centre médian von Luys. Wenn diese genauere Bestimmung auch zunächst nur durch Versuche am Kaninchen von Wallenberg festgestellt ist, so scheinen die Untersuchungen Dejerines am Menschen ihnen doch zu entsprechen: S. 546 gibt er an, daß eine Anzahl der den lateralen Kern durchdringenden Fasern, die Lamina med. interna durchschreitend, in die Partie supéro-externe du centre médian de Luys eindringen. Wir haben hier also sicher eine wichtige Endstation des Trigeminus zu suchen, wenn auch wohl nicht die einzige.

Wie Bechterew[2]) mitteilt, endigen nach der Darstellung Ramón y Cajals die zentralen Fortsetzungen des Trigeminus in den akzessorischen Kernen des Thalamus. Auch Monakow[3]) findet zentripetale Faserkontingente in diesen Thalamusgebieten; er sieht „Eingangspforten" zur Vereinigung mit zentrifugalen Systemen im medialen Kern; die von ihm als „Großhirnanteile" von der Funktion der Rinde abhängig erwiesenen Sehhügelkerne enthalten immer auch von ihr unabhängige Zellengruppen, die· bei Rindenabtragung nicht degenerieren. Obwohl Nissl[4]) diese Untersuchungen Monakows grundlegend nannte, so hielt er die Abhängigkeitsverhältnisse der Thalamuskerne von der Hirnrinde doch für viel komplizierter als es nach Monakow schien: ganz sicher seien die einzelnen Kerne der ventralen hinteren Kerngruppe nicht von einem zusammenhängenden Rindengebiet abhängig; im großen ganzen gelte das auch von der medialen hinteren, der ventralen vorderen und hinteren Kerngruppe. Diese einzelnen Kerne bilden einen anatomisch zusammengehörigen Komplex, ihre physiologische Einzelbedeutung ist schwer auszulösen. Besprechungen mit Nissl (1918) über diese, auch ihn sehr interessierenden, Fragen ergaben, daß die Aussichten die Entscheidung für das menschliche Gehirn durch weitere Untersuchungen zu erzielen, vorläufig nicht groß sind; um so mehr ist es zu bedauern, daß Nissl auch zu diesen Arbeiten, die mit ihm zu machen er mir in Aussicht stellte, durch den Tod verhindert wurde; seine frühere Feststellung[5]),

---

1) Vgl. auch Monakow, Arch. f. Psychiatr. u. Nervenkrankh. Bd. 27. 1895.
2) Die Funktionen der Nervenzentren. 2. Heft. 1909. S. 1301.
3) a. a. O. S. 191.
4) Die Großhirnanteile des Kaninchens. Arch. f. Psychiatr. u. Nervenkrankh. Bd. 52. S. 867 u. 925ff. 1913.
5) Zeitschr. f. Psychiatr. u. Nervenkrankh. 1908. Bd. 65. S. 388.

daß die Rindenausfälle nach Thalamuszerstörungen nur in den **beiden untersten** Hirnrindenschichten nachzuweisen sind, läßt die Frage aufstellen, ob diese **tieferen Schichten** nicht gerade den mimischen Thalamusfunktionen entsprechen, während die oberen, wie Bresler [1]) hervorhebt, relativ selbständiger sind. Vielleicht werden weitere Forschungen diese Frage entscheiden können, die für uns um so wichtiger ist als sie auch die Entscheidung darüber in sich faßt, ob und wie willkürliche und Affektbahnen in der Rinde beginnen. Es soll nicht unerwähnt bleiben, daß Nissl [2]) nach Wegnahme der Hemisphäre in den vom Stirnhirn abhängigen Thalamuskernen, darunter dem medialen mittleren Kern, unverhältnismäßig geringere Gliawucherung fand als in den mit den hinteren Hirnteilen verbundenen; umgekehrt auch niemals eine so starke Kernvermehrung wie in den hinteren Anteilen; Schlüsse daraus zu ziehen scheint noch nicht berechtigt.

Durch Differenzierung der Kerne stellte Malone [3]) eine Abtrennung **motorischer** und **sensibler** Gruppen in Aussicht; dabei hielt er die einen großen Teil, wenn auch nicht den ganzen medialen Kern ausfüllenden Zellen nicht für motorisch. Diesen Ausführungen stellte sich Friedemann [4]) entgegen, insofern er Malones Gliederung nach Kernen mit demselben Zelltypus nicht als Kriterium gelten läßt, weil die Übergänge dieser Zellarten fließende seien; auch mit Rücksicht auf die Schwierigkeit in der Hirnrinde die anatomischen Einheiten ganzer einzelner Schichten gegenüber ihren regionären Teilungen festzuhalten, wie sie Pathologie, Physiologie, Myelo- und Zytoarchitektonik beweisen, läßt ihn von Verwertung physiologischer Zelltypsformen für eine topographische Methode abraten. Denken wir auch daran, daß die Ganglienzellen vielleicht trophische Funktionen haben (vgl. oben Kassowitz III a 1), so wäre ihnen eine motorische resp. sensible Funktion noch schwieriger anzusehen, diese Frage also mikroskopisch nicht zu entscheiden. Pathologischanatomische Befunde nach Thalamuserkrankungen scheinen aber motorische Kerngruppen im Sehhügel nachzuweisen.

Cécile Vogt [5]) hatte beim Cerkopithekus 41 Kerne im Thalamus gefunden, wobei sich die große Ähnlichkeit mit dem Thalamus des Menschen hervorhob. Friedemanns [6]) Untersuchungen, ebenfalls beim Cerkopithekus, teilten den **medialen** Kern noch in **drei** Unterabteilungen; im **ventralen** Kern fand er große Elemente in die

---

[1]) Psychiatr.-neurol. Wochenschr. 1919. S. 211. Nekrolog Nißl.

[2]) a. zuletzt a. O. S. 928.

[3]) Über die Kerne des menschlichen Dienzephalon. Neurol. Zentralbl. 1910. Nr. 6. S. 290.

[4]) Die Zytoarchitektonik des Zwischenhirns der Cerkopitheken mit besonderer Berücksichtigung des Thalamus opticus, in Brodmanns Journ. f. Psychol. u. Neurol. 1911. Bd. 18. S. 309—378.

[5]) La myéloarchitecture du Thalamus cercopithèque in Brodmanns Journ. f. Physiol. u. Neurol. 1909. Bd. 12. S. 321.

[6]) a. a. O. S. 312.

kleinzelligen eingelagert; dieser Vereinigung in einer Region legt
er physiologische Bedeutung bei[1]). Einen Nucleus magnocellularis,
wie ihn z. B. Nissl beim Kaninchen fand, Monakow beim Menschen
wiederzufinden glaubte, konnte Malone in dieser Gegend beim
Menschen nicht finden[2]). Nach seiner Abb. 7 stellt Friedemann
im medialen Kern des Cerkopithekus einen medialen Abschnitt
neben einem lateralen fest; ersterer enthält wesentlich größere Zellen,
während Monakow merkwürdigerweise angebe, daß die Zellen
des medialen Kerns beim Menschen medialwärts allmählich kleiner
würden; diese Angabe konnte ich bei eigenen Untersuchungen nicht
bestätigt finden. Aber auch Friedemanns Angaben über Größen-
differenzen zwischen einem großzelligen medialen und kleinerzelligen
lateralen Abschnitt im medialen Hauptkern wage ich nicht zu
folgen, weil die gegebene Abb. 17 auf Tafel 23 bei ihm mich nicht
überzeugt. Wichtig bleibt Friedemanns gleichzeitige Feststellung
(S. 348), daß die Zytoarchitektonik des medialen Hauptkerns beim
Cerkopithekus sich von der der übrigen Thalamuskerne unterscheidet.
Für ganz besonders bedeutungsvoll halte ich noch die Mitteilung, daß das
Centre médian eine Kapsel besitzt, an deren Bildung eine besondere
Lamelle beteiligt ist, die auch einen Kern enthält. Vielleicht werden noch
Befunde ähnlicher Art beim Menschen gemacht; jedenfalls wäre es
wichtig, darauf zu achten, weil gerade diese Grenzgegend für den Eintritt
und Austritt der Fasern sehr ausgedehnt ist.

Wenn wir uns nun zur Untersuchung des Verlaufs der zentrifugalen
mimischen Bahn wenden, so beschränken wir uns möglichst auf die
isolierte Betrachtung der Bahnen im **Fazialis**. Ebenso wie es für andere
feinere Bewegungskomplexe auf der Rinde weit zerstreute Foci zu
geben scheint (Monakow[3])), ebenso wahrscheinlich ist es, daß die Innervation des Fazialis in der Rinde von zahlreichen verschiedenen Orten
aus vor sich geht; doch müssen wir zum Ausgangspunkt unserer Untersuchung die experimentell sicher festgestellten Rindenzentren des Fazialis nehmen. Es handelt sich dabei um die Bewegung von Muskelgruppen, nicht um die Erregung von einzelnen Muskeln, die nach
Monakow (S. 634 und 830) durch Aggregate von Focis beherrscht
werden. Für die Gesichtsmimik kommt in Betracht das Gebiet des
operkulären Teiles der vorderen Zentralwindung, in welchem die Kopfregion enthalten ist; ein Übergreifen auf die nächste Umgebung ist
aber deutlich. Zu oberst liegen die Foci für die Stirn- und Augenäste
des Fazialis, abwärts die für die Mundäste (Monakow S. 636ff.); der
Augenfazialis ist zweifellos sowohl durch einen bilateral als daneben

---

[1]) l. c. S. 318.
[2]) l. c. S. 323.
[3]) Gehirnpathologie. 1905.

noch durch einen monolateral wirkenden Focus repräsentiert, während die Mundäste mehr inselförmig und monolateral repräsentiert sind: daher stellen sie bei Hemiplegie ihre Funktion auch regelmäßiger und leichter ein als die Stirnäste.

Aus diesen Rindenzentren entstehen nun die direkten zentrifugalen Fasersysteme zu den Fazialiskernen in der Medulla oblongata, wohin sie durch die inneren Kapseln in nächster Nähe der Pyramidenbahnen ziehen; diese Systeme werden als Willkürbahnen des Gesichtsausdrucks bezeichnet. Wir haben hier also eine verhältnismäßig einfache Anordnung, bei der die Fasern gekreuzt und auch ungekreuzt verlaufen (cf. Hoche bei Obersteiner a. a. O., S. 488).

Um so verwickelter ist eine zweite Fazialisbahn von der Rinde zum Bulbus, die durch mannigfache Einschaltungen wichtige Beziehungen zu anderen Hirnteilen und dadurch zu anderen Körperorganen erhält; zwei große Unterbrechungen erfährt sie: im Thalamus und im roten Kern. Der oberste Abschnitt dieser Bahn liegt also zwischen Rinde und Thalamus im vorderen Thalamusstiel, der von den basalen, operkularen Frontalwindungen zum medialen Kern des Thalamus führt (vgl. Monakow S. 56), sowie zum vorderen Thalamuskern. Kölliker [1]) nennt die Gesamtheit der Fasern, die von der Lamina medullaris lateralis in den Sehhügel einstrahlen, einen lateralen Teil des Stabkranzes, weil diese Fasern ebenso aus der Capsula interna stammen, wie die der anderen Lamellen, welche die Kerne trennen; so wird also gleichzeitig eine Trennung der Kerne durch die Rindenverbindung bewirkt. Die von Meynert angegebene und schon von Huguenin [2]) referierte Stellung der Zellen im Thalamus parallel zu den Fasereintritten findet man auf vielen Bildern; sie unterstützt die eben gegebene Ansicht. Degenerationsversuche haben gezeigt, daß die Faserzüge dieses Stiels sowohl aufwärts wie abwärts führen (Obersteiner S. 561, Edinger 278, Monakow 76).

Mit Probst [3]) wollen wir hier den obersten Abschnitt einer Bahn annehmen, die er in ihrem ganzen Verlauf, im Gegensatz zur Willkürbahn, die Affektbahn nennt. Der folgende Abschnitt führt aus dem Thalamus zum roten Kern. Probst (S. 783) sucht die Bahnen für die automatisch-reflektorischen Bewegungen im Monakowschen Bündel, im dorsalen Längsbündel, im Verlauf der motorischen Trigeminusbahn. Bechterew fügt hinzu (S. 1321), daß ein Faserzug aus dem medialen Kern des Thalamus, zu seiten des hinteren Längsbündels liegend, zuletzt den Nucleus reticularis der Haube erreiche; vor allem kommt aber auch nach ihm das Monakowsche Bündel in Betracht, welches die Impulsübertragung zum Zustandekommen von Affekt- oder Ausdrucksbewe-

---

[1]) Handbuch der Gewebelehre. Leipzig 1896. S. 436.
[2]) Allg. Pathol. der Krankheiten des Nervensystems. Zürich 1873. Bd. 1. S. 257.
[3]) Physiologische, anatomische und pathologisch-anatomische Untersuchungen des Sehhügels. Arch. f. Psychiatr. u. Nervenkrankh. Bd. 33. S. 721 ff., 793 u. 803.

gungen ermögliche. Dieses Bündel, auch Tractus rubro-spinalis, ist nach Monakow (S. 112) sicher von der Rinde in den Thalamus und von da zum roten Kern nachgewiesen, während sein weiterer spinaler Verlauf hypothetisch bleibe; Probst läßt das Monakowsche Bündel erst im roten Kern entstehen, hält aber auch eine direkte Verbindung zwischen diesem und dem Thalamus für sicher (S. 773), eine große Faserzahl trete aus ventralen und medialen Kerngruppen des Thalamus zum roten Kern (S. 802).

Das letzte Glied der Kette zwischen Rinde und Bulbus muß entweder direkt zwischen dem roten Kern und den Bulbuskernen des Fazialis gesucht werden oder in anderen eingeschalteten Bahnen. Möglicherweise findet die Affektbahn einen Abfluß in spinalwärts ziehenden Fasern des Monakowschen Bündels: Probst[1]) sah Verbindungen mit den benachbarten Glossopharyngeus-Vagus-Kernen; ein Teil dieses Bündels führt aber wohl sicher motorische Gesichtsausdrucksimpulse zu den Bulbuskernen des Fazialis. Doch erscheint es zweifelhaft, ob sie sämtlich auf diesem Wege dahin geleitet werden. Vielleicht ist noch das dorsale Längsbündel ein Weg für die Affektbewegungen zum Fazialis; denn nach Obersteiner (S. 426) ist es zweifellos, daß das hintere Längsbündel zu den verschiedenen Nervenkernen des Hirnstammes in Beziehung tritt, sei es, daß es aus ihnen Fasern erhält, sei es, daß solche an die Zellen dieser Nervenkerne direkt oder durch Kollateralen herantreten; am wahrscheinlichsten geschehe das in der Weise, daß die Fasern des hinteren Längsbündels in sensiblen Endkernen entspringen und (gekreuzt und ungekreuzt) in motorischen Ursprungskernen enden. Wir hätten dann aber, wie Obersteiner sagt, eine senso-motorische Reflexbahn einfachster Art vor uns, d. h. einen Reflex, der in dieser Höhe des Nervensystems stattfindet, also höher liegende Schaltstationen und Zentren nicht nötig hat. Es ist dies eine Auffassung, der wir auch begegnen bei der Darstellung mimischer Reflexbewegungen bei Anenzephalen, denen aber Hirnrinde und Thalamusregion ganz fehlen. Andererseits verbindet das Längsbündel aber anscheinend auch Thalamusregion und tiefere Teile (Edinger S. 249), so daß auch seine Leitung zwischen Thalamus und Bulbus denkbar ist.

Waren die letzten Betrachtungen hypothetischer Natur, so scheint der Weg der Affektbahn im ganzen doch sicher über Thalamus und roten Kern zu führen, dann wieder mit der Willkürbahn vereint zur Peripherie. Auf dem oberen Wege sind die Nebenschaltungen zum Kleinhirn, Vierhügeln und anderen Hirnteilen für den Inhalt der Affektbewegungen natürlich von vielseitiger Bedeutung.

Für das Zustandekommen von Reflexen in diesen verschiedenen Höhen ist die ganze Bahn in der Tat sehr geeignet; denn in jeder Schaltstation und in der Rinde sind sie möglich. Am wichtigsten dafür ist

---

[1]) Cf. seine „Experimentellen Untersuchungen usw." im Arch. f. Psychiatr. u. Nervenkrankh. Bd. 33. S. 1 ff.

aber sicher die Thalamusgegend, welche in der nahen Aneinanderlagerung des medianen Kernes auf dem zentripetalen, und des medialen auf dem zentrifugalen Wege anatomisch dazu bestimmt ist. Es scheinen nun zwischen diesen beiden Kernen auch direkte Verbindungen nachweisbar zu sein; nach Dejerines Abbildungen 285, 306, und 307 liegen sie unmittelbar nebeneinander; an mehreren Stellen, besonders Seite 604, macht er darauf aufmerksam, daß das Centre médian de Luys schlecht vom Noyau interne abgegrenzt sei, aber das centre lasse sich leicht unterscheiden durch seinen Reichtum an Fasern, die (Seite 566) mit dem roten Kern in Verbindung stehen.

Wenn wir weiter erfahren, daß Fasern der Commissura mollis beide medialen Kerne verbinden [1]), so erscheint die eben besprochene Gegend im Sehhügel für die senso-motorische Reflexbahn der Mimik ein besonders wichtiger Ort zu sein, an dem halbseitig vermittelte Vorgänge beiderseitig Verbindung erfahren können. In diesem Zusammenhange ist die Angabe von Flechsig wichtig, daß der mediale Sehhügelkern am stärksten beim Menschen entwickelt, schon bei den Anthropoiden merklich kleiner ist [2]).

Müssen wir nach Vorstehendem eine besondere Affektbahn für die Mimik annehmen, so fallen Lewandowskys [3]) Einwände fort, der Störungen der Mimik aus Störungen der Sensibilität allein zu erklären versucht.

Eine besondere Beschreibung des weiteren peripheren Verlaufs der Gesichtsausdrucksbahn in den Fazialisbahnen, von den Kernen der Medulla oblongata aus, ist für unsere Zwecke nicht nötig.

Die gegebene Untersuchung wollte heuristischen Zwecken dienen; es ist nicht ihre Absicht, eine isolierte mimische Bahn auszulösen, im Gegenteil konnte gezeigt werden, wie innig verbunden sie mit fast sämtlichen sonstigen Bahnen und Funktionen des Gehirns ist. Ihre zentrale Lage befähigt sie besonders dazu. Sie bildet sozusagen die Achse des Zentralhirns, welches ich aus Hirnstamm und Flechsigs Körperfühlsphäre zusammen gebildet denke (vgl. meinen Grundriß der Psychiatrie, Seite 2). Besonders sind aber die Sehhügel für die Bahnen, die vom Rückenmark und Kleinhirn hin und her ziehen, sowie zu und von der Hirnrinde, die wichtigsten Stationen, in welchen wahrscheinlich alle mit Affektbewegungen verbundenen Systeme zusammentreffen. Daher ist das Zentralhirn für den Ablauf aller Affektstörungen gewiß der wichtigste Ort, mindestens aber für die Diagnose psychischer Affektstörungen von hervorragender Bedeutung, und zwar ganz besonders auf dem Gebiete der Ausdrucksbewegungen, vor allem des Gesichtsausdrucks.

---

[1]) Probst, a. a. O., S. 801.

[2]) Zur Anatomie des vorderen Sehhügels usw. Neurol. Zentralbl. Bd. 16. (1897.) S. 290 Anm.

[3]) Die Funktionen des zentralen Nervensystems. 1907. S. 153—163.

Es wird nun unsere nächste Aufgabe, die vertretenen Anschauungen
an der Hand des **pathologisch-anatomischen** Materials zu prüfen; es
soll zunächst die **zentripetale** mimische Bahn in bezug auf pathologisch-
anatomische Beweise betrachtet werden, natürlich immer im Hinblick
auf klinische Erscheinungen.

Erkrankungen im peripheren Gebiete des Nervus trigeminus
führen zu vielen Veränderungen des Gesichtsausdrucks; eine Unterscheidung der Erkrankungen einzelner Astgebiete, welche z. B. streifen-
förmige Anästhesien von Zwiebelschalenform mit sich führen, ist für
den Gesichtsausdruck nicht so wichtig, weil die zentraler ausgelösten
Reflexe doch wieder zur Übertragung auf sämtliche Äste führen; dagegen treten die halbseitigen Unterschiede oft deutlicher hervor. Sehr
wichtig sind besonders die sekretorischen Reflexe von den Schleimhäuten aus und von den Tränendrüsen. Die Sekretionsnervenfasern
mischen sich den Trigeminusfasern erst ganz peripherisch bei, so daß
sie nur auf der letzten Wegstrecke zusammen verlaufen und erst hier
gleichzeitig mit ihnen erkranken können. Also nur bei Schädigungen
dieser Endäste leidet die Drüsensekretion direkt, während die psychisch-
emotionelle Sekretion ganz ungehindert von statten gehen kann [1]). Diese
Frage ist aber sehr verwickelt dadurch, daß es nicht feststeht, ob die
Tränensekretion abhängt vom motorischen Quintusast oder vom Fazialis,
der durch den N. petrosus Fasern zum 2. Quintusast, dem N. lacrymalis
schickt; auch Sympathikusfasern spielen dabei eine Rolle [2]). Für uns
ist die Entscheidung dieser Frage aber nicht so wichtig, da wir die
Tränenabsonderung doch nur in dem jedenfalls zentraler bedingten Vorgang des Weinens zu untersuchen haben. Wir müssen zunächst ein
reflektorisches Weinen von einem psychischen trennen; ersteres
läßt sich bei Neugeborenen beobachten, deren zentrale psychische
Innervation noch unfertig ist. Darwin und Preyer haben dieses Weinen
der Kinder sehr sorgfältig beschrieben. Es ist sehr wahrscheinlich,
daß dieses reflektorische Weinen wie der Ausdruck der einfachsten Unlust
und Schmerzreaktionen in der ersten Station mimischer Ausdrucksformen, im Bulbus der Medulla oblongata vor sich geht [3]). Dagegen
ist der Ort für das Entstehen des Weinens Erwachsener höher gelegen
in den Sehhügeln resp. der Hirnrinde zu suchen, wie wir bald eingehender
zu erörtern haben werden. Es erscheint die Tränensekretion beim
Erwachsenen aber auch unabhängig vom Gesichtsausdruck des Weinens,
wenn bei ,,Rührung" die Augen sich mit Tränen füllen; umgekehrt gibt
es einen weinerlichen Gesichtsausdruck ohne Tränen, bei welchem also
das Auge trocken bleibt [4]). Daraus ist zu schließen, daß doch wohl eher

---

[1]) Cf. Steinert in Curschmanns Lehrbuch der Nervenkrankheiten. 1909.
S. 105 und 107.

[2]) Wilbrand-Saenger, Die Neurologie des Auges. 1901. Bd. 2. S. 6—9.

[3]) Cf. Sternberg, Zerebrale Lokalisation der Mimik. Zeitschr. f. klin. Med.
Bd. 52. 1904. S. 519.

[4]) Cf. Wilbrand-Saenger, a. a. O. S. 14ff.

Sympathikus- als Fazialis- oder motorische Trigeminusfasern die Sekretion bedingen. Bei rein peripheren Reizen der Konjunktiva z. B. „tränt" das Auge; ebenso sieht man Tränen bei heftigem Husten, Erbrechen und Gähnen, wo mechanische periphere Reize zweifellos die Hauptrolle spielen; vielleicht ist das meistens auch der Fall bei heftigem Lachen, doch sind hier psychische Einwirkungen kaum auszuschließen. Auch hier führt manche Überlegung auf die mimischen Zentren im Sehhügel. Vielleicht ist auch die Lokalisation psychisch entstehender Schmerzen [1]) im Sehhügel für das emotionelle Weinen in Beziehung zu bringen zu der Bahn des Sympathikus, welche Bechterew [2]) in medialen Teilen des Thalamus auftreten läßt. Für periphere Entstehung des Tränens spricht sein einseitiges Auftreten, bei Trigeminusneuralgie, hysterischem Orbikulariskrampf, Migräne, kariösen Zähnen beobachtet [3]).

Auch beim Versiegen der Tränen muß man periphere Ursachen von psychischen unterscheiden; auch hier sind die Ergebnisse aber in bezug auf die Innervation der Tränendrüse unsicher. Exstirpationen des Ganglion Gasseri infolge von Trigeminusneuralgie lassen die Frage unentschieden, so daß entweder individuelle Verschiedenheiten angenommen werden müssen oder kombinierte Wirkungen der drei Nerven (Sympathikus, Trigeminus und Fazialis) [4]). Wir wissen aus den früheren anatomischen Feststellungen, daß im Verlauf der mimischen Bahn auch in zentraleren Gebieten Verbindungen zwischen dem langgestreckten Trigeminuskern und dem Fazialiskern bestehen, daß Trigeminus und Fazialis im Thalamus dicht beieinander ihre Schaltstationen haben; daß also überall reflektorische Übergänge leicht sind zur Auslösung des Weinens und seines mimischen Ausdrucks. Beobachtungen von Tränenmangel bei Kernschwund der Ni. faciales scheinen aber doch die Beteiligung des Fazialis für die Tränensekretion zu verlangen. Die Entstehung des reflektorischen und psychischen Weinens wird trotzdem durch sensible Bahnen bedingt, unter denen die Trigeminusbahn für den Gesichtsausdruck immer in erster Linie steht.

Wir dürfen unsere Untersuchung nicht zu weit führen und verwickeln durch die besonderen Beziehungen des N. trigeminus zu trophischen und vasomotorischen Funktionen, die in doppelter Weise vorhanden sind; sowohl im peripheren Verlauf wie im Sehhügelzentrum [5]) und in der Hirnrinde sind sie zu suchen. Doch muß so viel gesagt werden, daß trotz großer Reihen einschlägiger Fälle und theoretischer Betrachtungen über sie keine Klarheit erreicht ist. Ein Beispiel möge

[1]) Edinger, Zeitschr. f. Nervenheilk. Bd. 1. S. 262.
[2]) Die Funktionen der Nervenzentren. Bd. 2. S. 1173. 1909.
[3]) Cf. Wilbrand - Saenger, a. a. O. S. 20ff.
[4]) e. l. S. 29.
[5]) Ernst Weber, Der Einfluß psychischer Vorgänge auf den Körper. Berlin 1910. S. 288ff.

zeigen, wie zunächst anscheinend klare Beziehungen durch Tatsachen und Überlegungen, die später hinzukamen, verdunkelt werden: es handelt sich um die meist halbseitig auftretende **progressive Gesichtsatrophie**, die den Gesichtsausdruck im Vergleich mit der gesund bleibenden Hälfte völlig verwandelt. Zunächst fiel den Beobachtern die Verbreitung der trophischen Störung über das Gebiet des **ganzen** Trigeminus auf, auch meistens verbunden mit neuralgischen heftigen Schmerzen; aber schon die ungestörte Sensibilität sowie das Freibleiben der Kaumuskeln erregte Zweifel, ob der Krankheitsvorgang durch eine Erkrankung des N. trigeminus in seinem peripheren Verlauf zu erklären sei. Auch das Eindringen toxischer Substanz von Haut und Schleimhäuten aus konnte die Halbseitigkeit nicht erklären; möglich ist schließlich noch der Erklärungsversuch von Hans Curschmann [1]), daß nur die trophischen Funktionen des N. trigeminus gestört seien, wie er das auch für den N. medianus angibt; wir müßten dann an Erkrankung trophischer Zentren denken, die wir vielleicht im Nucleus caudatus zu suchen haben [2]). Das Hinausgehen der Atrophie über den Verbreitungsbezirk des Trigeminus erschwert auch diese Auffassung, wenn man nicht wie beim Versiegen der Tränen, auch hier eine mit Sympathikuserkrankung kombinierte Störung annehmen will.

Bei dem Krankheitsbilde der **Migräne** spielten die Halbseitigkeit der Schmerzen und vasomotorische Erscheinungen eine so große Rolle, daß die Frage, wie weit der Trigeminus dabei beteiligt ist, auch hier zu erörtern wäre; doch ist der Zusammenhang unklar, die Beteiligung des Sympathikus verwickelt die Sachlage wieder sehr. Da der Gesichtsausdruck aber nichts besonders Typisches bei Migräne enthält, so brauchen wir auf diese Frage hier nicht weiter einzugehen. Wahrscheinlich kommen auch mehr zentrale Vorgänge in Betracht; unter ihnen finden Fälle mit halbseitigem Kopfschmerz, denen die vasomotorische Aura auf der **anderen** Kopfhälfte vorausging, freilich auch bisher noch keine Erklärung durch eine bestimmte Lokalisation.

Halbseitige Anästhesien bei **Hysterie** halten sich niemals mit physiologischer Strenge an das Gebiet **eines** Trigeminus [3]); schon daraus wird man darauf hingewiesen, die Entstehung in zentraleren Hirnteilen zu suchen. Erb machte Beobachtungen, welche ergaben, daß bei einseitiger Gefühllosigkeit des Gesichts ein nicht unerheblicher Ausfall der Motilität des Gesichts vorkomme; darauf stellt Lewandowsky [4]) ja die Vermutung auf, daß bei doppelseitiger Gefühllosigkeit die mimischen Ausdrucksbewegungen ausfallen dürften; da er solche Fälle, aber nicht

---

[1]) a. a. O. S. 893.

[2]) Vgl. meinen Artikel über trophische Hirnzentren im Arch. f. Psychiatr. u. Nervenkrankh. 1897 und Bechterew, a. a. O. S. 1163, sowie Cassirer, Die vasomotorisch-trophischen Neurosen. 1912. 2. Aufl. S. 37.

[3]) Cf. Steinert in Curschmanns Lehrb. d. Nerbenkrankh. S. 108.

[4]) Lewandowsky, Die Funktionen des zentralen Nervensystems. Jena 1907. S. 154ff. u. 159ff., vgl. auch S. 199.

näher anführt, auch hervorhebt, daß bei einseitiger Durchschneidung des Trigeminus eigentliche motorische Ausfälle nicht beobachtet werden, so ist dieser Gedankengang nicht weiter zu verfolgen; auch sagt er selbst, daß durch Aufhebung der Sensibilität die Möglichkeit willkürlicher Bewegung nicht vernichtet wird, die periphere Sensibilität ordne aber die willkürliche Bewegung.

Diese Betrachtung führt dazu, auch die Stellung des Thalamus als die eines Koordinationszentrums zu erwägen. Das Kleinhirn ist als Koordinationszentrum schon früher besprochen bei Entwicklung der Ansichten Jessens über den Sitz des Gemüts oder die Funktionen des kleinen Gehirns (S. 83); dort wurden auch Verbindungen des Fazialis mit dem Kleinhirn und den Oliven erörtert. Unsere früheren anatomischen Ergebnisse lassen in der nahen Aneinanderlagerung sensibler und motorischer Nervenendigungen eine solche Auffassung zu; im Pulvinar haben Wilbrand und Saenger[1]) die Verknüpfung solcher Vorgänge für den Gesichtssinn gesucht; Wundt suchte im Sehhügel Reflexzentren für den Tastsinn überhaupt.

Wenn somit verschiedene Wege uns immer wieder zu den Sehhügeln als wichtigsten Zentren der mit der Gesichtsmimik in Verbindung stehenden Vorgänge führen, so dürfen wir ihre genauere pathologische Bedeutung doch nicht untersuchen, ohne die Erkrankungen der Trigeminusbahn in ihren Bulbärkernen und bis zur Hirnrinde noch verfolgt zu haben. Bei Syringomyelie, seltener auch bei anderen Erkrankungen der Oblongata kommen Anästhesien vor, die durch eine Läsion der Kerngebiete des Trigeminus bedingt sind; im Gegensatz zur peripheren nennt Strümpell[2]) diese die nukleare Anästhesie. Hierbei weist er nun auf das bemerkenswerte Verhalten hin, daß bei von unten nach oben fortschreitenden Erkrankungen zuerst die an die Haargrenze anstoßenden oberen Teile der Stirnhaut (die lateralen meist vor den medialen) anästhetisch werden, daß die Gefühlsstörung dann bogenförmig nach unten und innen gegen die Augenbrauen fortschreitet, dann die äußeren Abschnitte der Augenlider, danach die medialen Abschnitte derselben und erst zuletzt die Haut der Nasenflügel und des Nasenrückens ergreift. Somit scheint also, wie Strümpell ausführt, der Stirnteil des ersten Astes des Trigeminus seine Fasern aus den am meisten distal (unten) gelegenen Kerngruppen zu beziehen, dann folgen nach oben Abschnitte für den dritten Ast (Schläfengegend), zuletzt für den zweiten Ast und für die Nasenäste des ersten Astes. Anders als bei dieser nukleären ist die Verbreitung bei peripher entstehenden Anästhesien, wenn sie die Äste des Trigeminus einzeln befallen; ebenso ist die Verbreitung beim Tic douloureux, dem Gesichtsschmerz, infolge Hyperästhesie einzelner peripher erkrankter Trigeminusäste. Der Gesichtsausdruck ist aber in allen diesen Fällen sehr wechselnd, obwohl im

---

[1]) a. a. O. Bd. 3. 1. S. 330ff.
[2]) Lehrbuch der speziellen Pathologie und Therapie. Leipzig 1904. Bd. 3. S. 24.

allgemeinen die Reflexe halbseitig am stärksten auftreten; da aber den
einzelnen Trigeminusästen keine bestimmten Fazialisäste korrespondieren,
ist bei ihrer Erkrankung kein typischer Unterschied; am häufigsten sind
Blepharospasmen und Zucken der Mundwinkel [1]).

Wenn wir nun die Endigungen der Nn. trigemini in der Hirnrinde
aufsuchen wollen, so ist von vornherein wichtig, daß alle Erfahrungen
darauf hinweisen, sie wieder in der Nähe der Fazialiszentren der Rinde
zu finden. Es ist die Gegend der Rolandoschen Furche schon lange
bekannt als die für Motilität und Sensibilitätsstörungen wichtigste, wobei die Trennung der Funktionen oft schwer ist, im allgemeinen aber
wird die Gegend vor den Rolandoschen Zentralfurchen für motorische,
die postzentrale für sensible Zentren in Anspruch genommen. Neuere
Untersuchungen von Brodmann [2]) bestätigen diese Unterscheidung auf
Grundlage mikroskopischer Befunde; er sagt: „Die Regio rolandica des
Menschen wird in ihrer ganzen dorsoventralen Ausdehnung durch den
Sulcus centralis in zwei, hinsichtlich ihrer zytoarchitektonischen Struktur
völlig verschiedene anatomische Zentren geteilt, von denen das vordere
durch das Vorkommen der Riesenpyramiden und den Mangel einer
inneren Körnerschicht, das hintere durch das Vorhandensein einer deutlichen Körnerschicht und das Fehlen von Riesenpyramiden ausgezeichnet
ist." Es handelt sich um die Gegend, welche von Munk als Körperfühlsphäre bezeichnet ist, die Flechsig [3]) dann auf Grund seiner Ergebnisse der Markscheidenreifung in embryonalen Hirnen als Rinden-
felder für sensible und motorische Bahnen ansah, freilich in einer über
die Rolandosche Gegend noch weit hinausreichenden Ausdehnung; er
sah in der Körperfühlspäre deshalb ja auch ein Zentralorgan der psychischen Spiegelung affektiver Körperzustände. Brodmann [4]) macht
besonders darauf aufmerksam, daß Hitzigs Annahme, durch neuere
Reizversuche wieder bestätigt, die für elektrische Reize erregbaren motorischen Zentren befänden sich ausschließlich vor der Zentralfurche,
durch seine oben angegebenen Strukturnachweise wesentlich unterstützt
werde. Er berichtet dann auch über O. Vogts Experimente, aus denen
hervorgeht, daß die beiden Zentralwindungen einen verschiedenen Stab-
kranz haben, die vordere im Thalamus mit der Haubenstrahlung, die
hintere mit der Schleifenfaserung verbunden. Die bis hierher geführte
Auffassung ist in kurzer Form zusammengefaßt auch bei Monakow zu
finden [5]). „Mögen die beiden Zentralwindungen zu einer „sensomoto-
rischen Sphäre" verschmolzen sein, wie es Exner, Flechsig, Dejerine
u. a. annehmen, oder, mag die Arbeitsteilung so geschehen, daß die
vordere Zentralwindung mehr die zentrifugale, die hintere mehr die

---

[1]) l. c. S. 36.
[2]) Vergleichende Lokalisationslehre der Großhirnrinde. Leipzig 1909. S. 130.
[3]) Die Lokalisation der geistigen Vorgänge. Leipzig 1896. S. 30 u. dann S. 33.
[4]) c. l. S. 309.
[5]) Gehirnpathologie. Wien 1905. S. 645.

zentripetale Komponente der werdenden intentionellen Bewegung übernehmen, an einem innigen, auch örtlich ziemlich eng begrenzten
Zusammenhang dieser Komponente ist m. E. aus allgemein physiologischen Gründen nicht zu zweifeln."

Wir können jetzt übergehen zu der Betrachtung der **zentrifugalen
Bahnen**, wobei wir von der Rinde ausgehen wollen. Man hat die
Fazialiszentren der Rinde, wie wir sahen, nach den geltenden Experi-
menten jetzt im unteren Drittel der vorderen Zentralwindungen zu suchen;
Brodmanns zytoarchitektonische Befunde ergeben, daß die Größe und
Zahl der Betzschen Riesenzellen im Vergleich zu den dichten Zell-
nestern im Lobulus paracentralis hier abnehmen, so daß hier nur von
einer isolierten Anordnung der Zellen die Rede sein kann, die nur solitär
auftreten. Doch findet er keine genügenden Anhaltspunkte in der
Zytoarchitektonik hier räumlich umschriebene Unterfelder anzunehmen [1]).
Dagegen bestätigen **pathologische** Erfahrungen, wie schon an anderer
Stelle entwickelt wurde, solche dem Experiment entsprechende Unterscheidungen, so daß die Lage der Augenfazialisäste über den Mund-
ästen als sicher gelten kann. Ganz isolierte und totale Fazialislähmung
kortikalen Ursprungs kommt allerdings nach Monakows Angabe [2])
offenbar nicht vor, wenigstens sollen bisher solche Fälle nicht mitgeteilt sein; je schärfer abgegrenzt eine Monoplegie sonst ist, um so
sicherer sei sie kortikalen Ursprungs. In Verbindung mit Hemiplegie
ist bekanntlich die untere Gesichtshälfte immer stärker ergriffen, während
die obere meist nur eine leichte Parese flüchtiger Natur zeigt. Für
die wiederholt betonte nahe anatomische Beziehung von Motilität und
Sensibilität in dieser Rindenregion spricht auch die Angabe Monakows,
daß eine gewisse Herabsetzung der Empfindung in der Gesichtshaut,
wenigstens im Initialstadium totaler Hemiplegien nicht selten zur Beobachtung kommt (S. 676). In diesem Zusammenhang sind auch flüch-
tige Schmerzen und Zuckungen im Gesicht zu erwähnen, die sich in
einer bestimmten Reihenfolge im einzelnen Fall wiederholen. Es scheint
dies zunächst im Widerspruch zu stehen mit der Angabe, daß in der
Rinde isolierte Lähmungen typisch sind; da aber Erkrankungsherde sich
leicht auf benachbarte Regionen erstrecken, ist ein isoliertes Befallen-
sein eines Rindenzentrums wohl möglich, aber doch seltener. Die Halbseitigkeit der klinischen Erscheinungen tritt im Gesichtsausdruck natürlich sehr auffallend hervor; da wir hier nur die anatomischen Veränderungen verfolgen wollen, sind die klinischen Erscheinungen an dieser
Stelle nicht zu untersuchen.

Die für den Gesichtsausdruck so wichtige Lähmung des oberen
Augenlides ist wahrscheinlich zuweilen auch eine kortikal bedingte

---

[1]) c. l. S. 135 u. 136.
[2]) a. a. O. S. 674ff. u. 678.

Ptosis; es müßte dann ein Okulomotoriuszentrum in der Rinde geschädigt sein; nach Wilbrands und Saengers [1]) sorgfältigen Zusammenstellungen scheint es im Parietallappen zu liegen.

Von der gleichen Beweiskraft für eine Lokalisation des kortikalen Fazialiszentrums sind einige wenige Fälle von Orbikulariskrampf, die auch auf das untere Ende der vorderen Zentralwindung hinweisen; auch wo Blepharospasmus als Teilerscheinung der Jacksonschen Rindenepilepsie auftritt, ist die genannte Lokalisation gesichert.

Wie viele von den zahlreichen ungeordneten Bewegungen im Gesicht, die nach Hemiplegien, auch bei Hemichorea und Athetose usw. beobachtet werden, als kortikal bedingte Ataxien aufzufassen sind, ist unsicher; Monakow [2]) sucht jedenfalls einen Teil derselben in den Zentralwindungen zu lokalisieren, wobei er ihr Zustandekommen als abhängig ansieht von der Zerstörung sensibler Leitungen, so daß also hier wieder die Aneinanderlagerung der sensiblen und motorischen Rindenzentren in der Hirnrinde eine große Rolle auch für die ungestörte Funktion der mimischen Gesichtsausdrucksformen spielt.

Ähnliche Erscheinungen kommen auch bei subkortikalen Herden im Mark der Regio Rolandica vor, besonders bei doppelseitigen Herden spasmodisches Lachen und Weinen [3]); die dabei auftretenden unmotivierten Gefühlsausbrüche sind als „mimischer Luxus" bezeichnet.

Bei Läsionen in der subkortikalen Bahn des Fazialis zeigten sich gelegentlich vorübergehende Zuckungen in Gesichtsmuskeln, die später gelähmt wurden; sehr selten findet man, je weiter nach unten zur Capsula interna die Erkrankungsherde liegen, isolierte Monoplegien des Fazialis, weil die auf der Rinde zerstreuten Ausstrahlungen des Stabkranzes um so enger zusammengefaßt sind, je weiter unten sie sich befinden; doch berichtet Monakow (S. 955) von dem Vorkommen solcher Fälle. Diese Willkürbahn des Fazialis reicht, unmittelbar an die Pyramidenbahn gelagert, durch das Kapselknie und den Hirnschenkelfuß bis zu den Fazialiskernen in der Medulla oblongata hinab. Außerdem geht nach Hoches Untersuchungen noch eine zweite Verbindung der Hirnrinde mit dem Fazialiskern durch die Schleife [4]). Es sind also pathologisch-anatomische Begründungen der Willkürbahnen des Fazialis vorhanden; dahingegen habe ich Fälle isolierter Verletzung des vorderen Thalamusstiels, der die Hirnrinde in der Affektbahn mit medialen Thalamuskernen verbindet, nicht gefunden; hier bleiben wir

---

[1]) a. a. O. Bd. 1. S. 103.

[2]) a. a. O. S. 596ff.

[3]) Monakow, l. c. S. 622 u. 623; ferner Francotte, Le Rire et ses Anomalies. Rev. des quest. scientif. 1906. Tome 10, S. 493, wo er ein Faisceau psychique beschreibt; und Rosenbach, Zur Lehre von der Innervation der Ausdrucksbewegungen. Neurol. Zentralbl. 1886. S. 245, der schon eine Affektbahn am Sehhügel vorbeiführt.

[4]) Cf. bei Obersteiner, a. a. O. S. 488.

auf die Schlüsse nach Experiment und deskriptiver Anatomie angewiesen, die aber genügende Beweiskraft haben.

Verfolgen wir nun die kortifugalen Bahnen zum Thalamus in diesem selbst, so sind die Gründe, die auch mich schon früher veranlaßten im medialen Kern des Sehhügels ein mimisches Zentrum anzunehmen [1], seitdem vielfach bestätigt. Namentlich Bechterew hat diese Ansicht eingehender entwickelt und begründet [2]; er schließt (S. 231) mit dem Satze: „Es läßt sich jetzt mit Entschiedenheit sagen, die Rolle eines motorischen Ganglion im Thalamus werde hauptsächlich von seinem medialen Kern übernommen.“

Probst (a. a. O. S. 804) berichtet über einen Fall von Blutung, welche fast den ganzen linken Sehhügel isoliert zerstört hatte mit tonischer Spannung im Fazialisgebiet rechts; auch die ganze mediale und vordere Kerngruppe waren ergriffen. Auch sonst sind in der Literatur neuerdings wiederholt Fälle mitgeteilt, die Störungen der Affekt-mimik bei Läsionen der Sehhügel zeigten. Es gibt aber auch eine Gruppe von Fällen, in denen bei Erkrankung der Sehhügel die Mimik nicht beeinträchtigt war. Einige habe ich anders zu erklären versucht (vgl. die oben angeführte Arbeit), doch gebe ich zu, daß, wie Sternberg [3] sagt, diese Erklärung nicht unbedenklich ist. Er fügt noch einige andere widerspruchsvolle Fälle hinzu. Dann sucht er eine bessere Erklärung durch eine andere Fragestellung: Man solle nicht nach der Lokalisation der Mimik im allgemeinen fragen, sondern nach der Lokalisation der einzelnen Ausdrucksbewegungen (S. 517). Das Lächeln, die verschiedenen Arten des Weinens, die verschiedenen Schmerzreaktionen seien getrennt zu untersuchen. Typisch für Seh-hügelläsionen hält er das Lächeln, während er manche Unlust- und Schmerzreaktionen in die Medulla oblongata verlegt, darunter die ent-sprechenden Arten des Weinens. Er begründet diese Auffassung durch Beobachtungen an Hemicephalen, Mißgeburten, bei denen insbe-sondere Rinde und Sehhügel verkümmert waren oder ganz fehlten, auf Reize aber deutliche Ausdrucksbewegungen des Gesichts als Unlust- oder Schmerzreaktionen auftraten. Dieser Auffassung schloß sich auch Nothnagel in einer Diskussion [4] über die Frage an.

Lenken wir unsere Aufmerksamkeit zunächst wieder der genaueren Lokalisation im Sehhügel zu, so ist eine wichtige Arbeit, die schon 1890 veröffentlicht wurde, die von Lissauer [5]. Es muß indessen

---

[1] Ein mimisches Zentrum im medialen Kern des Sehhügels. Arch. f. Psychiatr. u. Nervenkrankh. 1902.

[2] Über die sensible und motorische Rolle des Sehhügels. Monatsschr. f. Psychiatr. u. Neurol. 1905. S. 224 ff.

[3] Sternberg, Zerebrale Lokalisation der Mimik. Zeitschr. f. klin. Med. 1904. Bd. 52. S. 514.

[4] Dtsch. med. Wochenschr. 1903. Nr. 36. S. 288.

[5] Sehhügelveränderungen bei progressiver Paralyse. Dtsch. med. Wochenschr. 1890. Nr. 26. S. 561 ff.

beachtet werden, daß die Frage der Mimik dabei nicht besonders ins
Auge gefaßt wurde. Am häufigsten fand er Veränderungen im Pulvinar,
oft einseitig, gekreuzt mit paralytischen halbseitigen Anfällen. Er selbst
hatte mehr Änderungen in den vorderen oder mittleren Abschnitten des
Sehhügels zu finden erwartet; da er die Veränderungen als sekundäre,
abhängig von primären Veränderungen der entsprechenden Rinden-
abschnitte ansah, vermutete er, daß die vorderen und mittleren Teile
des Sehhügels schwerer und langsamer degenerieren als die hinteren.
Später hat Raecke [1] Lissauers Angaben bestätigt durch Befunde mit
der Weigertschen Gliamethode; während im vorderen Sehhügelab-
schnitte die Herde unbeständig und meist wenig ausgeprägt waren,
erschien das Pulvinar stark ergriffen; auch Raecke erwähnt die Mimik
nicht besonders, er hielt die Erkrankung für primär und ist geneigt, die
Pupillenstarre damit in Verbindung zu bringen [2]. Er zitiert Zagari [3],
der auffallenderweise zu der Anschauung gelangt sei, die Erkrankung
beginne im vorderen Sehhügelabschnitt. Da alle diese Untersuchungen
die Mimik nicht berücksichtigen, können sie auch nichts gegen die
Lokalisation im medialen Kern beweisen; andererseits führen sie darauf,
die mikroskopische Untersuchung der Sehhügelkerne mehr als bisher
ins Auge zu fassen. Eine frühere Angabe in dieser Richtung stammt
von Ernst Schultze [4]; bei einem Paralytiker wurden nach unwillkürlichen Zuckungen besonders der rechten Gesichtshälfte im mittleren Abschnitt des linken Sehhügels Pigmentschollen von alten Blutungen gefunden. Also wo die Mimik beteiligt ist, findet er die medialen
Teile betroffen. Trotzdem ist der Zusammenhang in diesem Falle
nicht klar genug, denn eine Affektmimik brauchen die Zuckungen
nicht zu bedeuten, und von den bei Paralytikern so häufigen fibrillären
Zuckungen muß man sich die Entstehung in den Bulbärkernen denken.
Auch die neuen mikroskopischen Untersuchungen Alzheimers [5], die
in vieler Beziehung sehr entscheidend sind, bringen für unsere Frage
noch keine völlige Klärung. Bei einem Fall mit lebhaftem Beben in
der Gesichtsmuskulatur während stärkerer mimischer Bewegungen,
die also möglicherweise Affekten entsprechen, fand er besonders starke
Gliavermehrung, die auch weiter als gewöhnlich nach vorn reichte
(S. 98 und 101). Aber (S. 120) auch seine Erwartung, bei Paralyse
als sekundäre Degeneration von der Rinde aus, vor allem auch
Veränderungen im medialen und vorderen Teil des ventralen Thalamus-

---

[1] Raecke, Vortrag in Frankfurt a. M. 1900. Cf. Laehrs Zeitschr. Bd. 57.
S. 591.

[2] Also die Bahn des Okulomotorius ist in Rinde, Thalamus und Bulbus
der des Fazialis sehr benachbart zu denken, was wegen seiner Beteiligung am Gesichtsausdruck sehr wichtig ist.

[3] Neurol. Zentralbl. Bd. 10. S. 103.

[4] Monatsschr. f. Psychiatr. u. Neurol. Bd. 4. S. 310ff. 1898.

[5] Alzheimer, Histologische Studien zur Differentialdiagnose der progressiven
Paralyse. Jena 1904.

kernes zu finden, wurde nicht erfüllt. Selbst in den Fällen mit vorzugsweiser paralytischer Erkrankung in den Zentralwindungen der Rinde war das Pulvinar am stärksten ergriffen. Hier lagen die Herde am dichtesten, hier war die Gliawucherung immer am hochgradigsten, während die Veränderungen frontalwärts zerstreuter lagen und geringer wurden. Die Erklärung sucht er mit Monakow darin, daß die sekundäre Degeneration im Thalamus besonders langsam vorrücke, manche Kerne auch schwerer als andere der Atrophie verfallen. Auch läßt er die Möglichkeit primärer Atrophie des Thalamus offen, und zwar neben den sekundären Degenerationen. Alzheimer hält es für möglich, daß Anfälle von halbseitigem Zittern wie bei Hemiplegikern, Hemichorea und Hemiathetose, die bei Paralytikern vorkommen, mit den Thalamusveränderungen in Zusammenhang stehen (S. 121 u. 122). Klinisch scheinen mimische Bewegungen hierbei nicht vorgelegen zu haben. Ich habe einen Fall von linksseitiger Hemiathetose [1]) beobachtet (bei einem Nicht-Paralytiker), bei dem auch die Gesichtsmuskulatur intensiv beteiligt war, wie ich damals annahm ohne Herderkrankung; doch war das rechte Pulvinar etwas spitz, so daß mikroskopische Veränderungen im Thalamus mir jetzt wahrscheinlich sind. Die nach Alzheimer für Paralyse so charakteristischen Plasmazellen kommen in Thalamusherden auch in der Regel vor.

Da Fano [2]) berichtet unter anderem über einen Fall von Dementia paralytica, in dem der mediale Kern so schwer geschädigt war, daß die meisten Zellen in atrophischem Zustande waren, fast keine annähernd normale Zelle war zu finden; leider ist aber nicht mehr festzustellen, ob diesen Veränderungen entsprechende klinische Erscheinungen vorlagen, so daß unsere Frage nicht dadurch geklärt wird. Er spricht von einem Zerfall des medialen Kerns in drei Unterkerne, kommt aber nicht zu weiterer Schilderung dieser Angabe, die weitere Prüfung verdienen würde.

Möglicherweise sind auch Fasern im zentralen Höhlengrau in Beziehung zu setzen zu mimischen Funktionen, wenn auch ihre Verbindung mit Thalamuskernen, außer durch die Marklamellen, nicht feststeht; Schütz [3]) vermutet auch einen Zusammenhang zwischen Veränderungen des Höhlengraus und blödem Gesichtsausdruck der Paralytiker wie mit einigen anderen komplizierten Bewegungsformen.

In einer großen Arbeit über den Sehhügel stellt sich Roussy [4]) auf den Standpunkt, daß er die von Nothnagel und Bechterew angegebene mimische Lähmung niemals bei Läsionen des Thalamus beobachtet habe. Von einer Erörterung seiner Experimente an Tieren

---

[1]) Arch. f. Psychiatr. u. Nervenkrankh. Bd. 13. H. 3.
[2]) Studien über die Veränderungen im Thalamus opticus bei Defektpsychose. Monatsschr. f. Psychiatr. u. Neurol. Bd. 26. S. 21.
[3]) Arch. f. Psychiatr. u. Nervenkrankh. Bd. 22. S. 582.
[4]) La Couche optique (Le syndrome thalamique). Paris 1907. Steinheil.

sehe ich ab, da solche auf den Menschen zu beziehen immer fraglich bleibt; gegen die Beweiskraft der vier von ihm mitgeteilten Beobachtungen am Menschen mit nachfolgender Sektion habe ich aber Bedenken. Im ersten Fall war der Fazialis nicht beteiligt, der Mund wich nicht ab, keine Spur von Affektlähmung (S. 225 und 227). Er fand nur eine sehr kleine Stelle einer tieferen Schicht des Noyau interne an der vorderen Grenze des Pulvinars verändert, so daß die ungestörte Mimik nach meiner Ansicht ·eben auf den nicht verletzten größten Teil des Kerns bezogen werden muß. Im zweiten Fall (S. 252) war der mimische Ausdruck im Affekt völlig normal; nach S. 257 war der innere Kern durch die Läsion nicht betroffen. Roussys Fragestellung ist zu weit; es genügt ihm, eine Erkrankung des Sehhügels überhaupt festzustellen, anstatt zu fragen, welcher Teil nicht betroffen ist. Seine dritte Beobachtung spricht von leichter Abweichung des Gesichts (S. 276); die Verletzung berührte einen Punkt (pointe) der äußeren Grenze des inneren Kerns (S. 281). Im vierten Fall, der nach seiner Angabe klinisch nicht lückenlos war, ist deshalb die Angabe der Beteiligung des Nucleus internus am Krankheitsherd auch für uns nicht zu verwerten. Nach allem sprechen Roussys Untersuchungen mindestens nicht gegen die Annahme eines mimischen Affektzentrums im medialen Kern.

Die Einbeziehung des roten Kerns in die Affektbahn scheint bestätigt durch folgenden Fall bei Raymond et Cestan [1]): ein Tumor, beschränkt auf die Gegend beider roten Kerne, war neben voller Okulomotoriuslähmung zum Schluß von leichter Parese des unteren Fazialis begleitet, und von einer Sprachstörung, ähnlich wie bei inselförmiger Sklerose. Wenn demnach eine Beteiligung der Mimik wahrscheinlich ist, so ist die Beweiskraft dieses Falles doch wohl nicht so groß, wie Bechterew annimmt [2]).

Für die ganze uns hier beschäftigende Untersuchung ist die Gefäßversorgung des medialen Kernes und seiner Umgebung von Bedeutung, insofern es nahe liegt nachzuforschen, ob sie uns dazu verhilft, pathologische Zustände besser zu verstehen. Herderkrankungen im allgemeinen sind an keinen bestimmten Ort oder Bezirk gebunden, da sie ausgehen von beliebigen kleinen Gewebsteilen, während nach Embolien oder Thrombosen bestimmte Gefäßbezirke einen auf diese beschränkten Krankheitszustand auslösen. Charcot [3]) fand, daß die lentikulo-optischen Arterien (Teile der Art. fossae Sylvii), nachdem sie durch den hintersten Teil der Capsula interna getreten sind, an den äußeren und vorderen Teil des Sehhügels gelangen, während die Art. optiques postérieures aus der Art. cerebralis posterior zur inneren Fläche des Sehhügels treten. Die bekannten Schemata von Kolisko und

---

[1]) Arch. de neurol. 1902.

[2]) a. a. O. S. 1095.

[3]) Leçons sur les localisations dans les Maladies du Cerveau. 1876. S. 93—94.

Redlich [1]) zeigen, daß die Art. communicans posterior den vorderen
Thalamus zum größten Teil versorgt. Nach Merkel [2]) wird die Gegend
des Tuberculum anterius von größeren Ästchen des Ramus communicans
posterior versorgt, ebenso die Commissura media; der diesen Teilen
naheliegende mediale Kern scheint gleichzeitig versorgt zu werden.

Es ist bisher nicht möglich gewesen, pathologisch-anatomische Tatsachen zu diesen Angaben in Beziehung zu setzen; daß solche aber zu
suchen sind, ist besonders deshalb im Auge zu behalten, weil ein Vasomotorenzentrum sehr wahrscheinlich in dieser Gegend liegt; dies
würde das mimische Zentrum dann in seiner Nähe haben. Ernst
Weber [3]) meint, daß ein solches Vasomotorenzentrum speziell für die
Hirngefäße vorhanden sein müsse; sehr interessant ist seine Mitteilung [4]),
daß Volumschwankungen der äußeren Teile des Kopfes denen des Gehirns
oft entgegengesetzt auftreten, weil er dies an den auf hypnotischen Befehl bewegungslos gemachten Gesichtsmuskeln einer Versuchsperson
feststellte, deren Hirnvolum durch ein Onkometer gemessen werden
konnte; die Untersuchung bezog sich auf das psychische Erröten. Weitere Schlüsse auf die Beziehung dieser beiden Zentren zueinander sind
aber nicht möglich.

Auf bestimmter vaskulärer Grundlage entwickelt sich sehr oft das
Krankheitsbild der infantilen Zerebrallähmung, in welchem
Störungen im Bereich der Fazialismuskulatur häufig eine Rolle spielen,
namentlich bei doppelseitigen, diplegischen Erkrankungen. Viele
dieser Fälle erscheinen als Porenzephalien oder Mikrogyrien, die mehr
oder minder vollständig das Gebiet der Artt. cerebri mediae betreffen.
Der vaskuläre Ursprung des Leidens wird, abgesehen von individuellen
Schwankungen, nicht dadurch ausgeschlossen, daß gelegentlich kleinere
Rindengebiete, die von Randzweigen des Gefäßbaumes der Arterie versorgt werden, nicht erkrankt sind; denn bei dem reichen Kollateralnetz
der Hirnrinde werden enzephalitische, atrophische und sklerotische
Vorgänge, wie sie z. B. nach Endokarditis, infektiösen Invasionen oder
Traumen auftreten, gerade in solchen Randteilen rasch ausgeglichen
werden, mehrfach sogar, in der Fläche betrachtet, wenigstens makroskopisch, gesunde Inseln stehen lassen. Eine ähnliche Beziehung derselben vaskulären Grundlage ist auch bei den klinischen Erscheinungen
der Dementia paralytica wahrscheinlich. Bei der halbseitigen Zerebrallähmung der Kinder ist der Arm in der Regel schwerer als das Bein beteiligt, gleichzeitig in der Regel auch das Gesicht, und zwar mit Einschluß

---

[1]) 1895 erschienen.
[2]) Merkel, Handb. der topogr. Anat. S. 146.
[3]) Der Einfluß psychischer Vorgänge auf den Körper. Berlin 1910. S. 287.
[4]) Über Gegensätze im vasomotorischen Verhalten der äußeren Teile des Kopfes
und der des übrigen Körpers beim Menschen. Arch. f. Anat. u. Physiol. 1908;
und e. l. Über die Selbständigkeit des Gehirns in der Regulierung seiner Blut-
versorgung.

des Augenastes des Fazialis [1]); die Rindenzentren für Gesicht und Arm
liegen sehr nahe beieinander. Es wird berichtet, daß die unwillkürliche
mimische Innervation viel öfter als bei Erwachsenen beeinträchtigt ist;
man wird dabei weniger an die Möglichkeit denken, daß die Art. media
auch die Thalamuszentren versorgt — diese sind oft nicht erkrankt —,
sondern an die noch nicht so scharf wie beim Erwachsenen ausgebildete
Trennung der willkürlichen und unwillkürlichen Funktionen, solange
die regulierende Hemmung der Hirnrinde noch schwächer entwickelt
ist. Bei zerebralen Diplegien der Kinder werden mehr Störungen
hervorgerufen als der Summe der Störungen je einer Hemisphäre ent-
spräche, weil jede, wenigstens teilweise, doppelseitige Innervationen
zur Verfügung hat [2]); für die Stirnäste des Fazialis ist das schon wiederholt
erörtert.

Bei Diplegien sind nun aber auch die in der anderen Körperhälfte
nach einer Hemiplegie sich erhaltenden Innervationen beseitigt. Dabei
entsteht ein Bild, welches als zerebrale Glosso-pharyngo-labialparalyse
den Übergang zu der Gruppe der Pseudo - Bulbärparalysen bildet,
die für die Untersuchung der mimischen Bahnen sehr wichtig sind. Die
Gesichtszüge haben etwas Starres, Maskenartiges; Affektausbrüche
(Weinen, Lachen) können mit ganz normaler mimischer Innervation
einhergehen; bei den spastischen Formen der infantilen Zerebraldiplegie
kann die Mimik so gut wie ganz fehlen, das Gesicht ist dann wie aus
Holz geschnitzt, oder es fehlt das Maß für die Bewegung, an Stelle des
Lächelns tritt ein wildes Grimassieren [3]). Der Ort für die Entstehung
dieser Vorgänge ist nicht im Laufe der Affektbahnen, besonders nicht
in den Sehhügeln zu suchen, sondern irgendwo in den kortiko-bulbären
Bahnen ohne Erkrankung der motorischen Hirnnervenkerne im Bulbus
der Medulla oblongata. Solche Fälle sind vielfach doppelseitig, aber auch
einseitig beobachtet [4]); sie sind deutlich von den mit Erkrankung der
Bulbärkerne verlaufenden echten Bulbärparalysen durch folgende Erscheinungen geschieden: da die Bulbuskerne erhalten sind, können rein
reflektorische Bewegungen, wie z. B. Saug- und Freßreflexe, ungehindert
vor sich gehen; da die Sehhügel gesund sind, verlaufen unwillkürliche
feinere Ausdrucksbewegungen und Affekte in normaler Weise; aber die
Störung der zügelnden und hemmenden Einflüsse der Hirnrinde zeigt sich
besonders in der Störung der fein abgestuften Lippen- und Zungenbe-
wegungen. Bei echter Bulbärparalyse ist die degenerative Atrophie

---

[1]) Ibrahim in Curschmanns Lehrb. d. Nervenkrankh. S. 661 ff.

[2]) Ganghofner, Mitteilungen über zerebrale spastische Lähmungen im Kindesalter. Zeitschr. f. Heilk. Bd. 17. S. 311.

[3]) Ibrahim, a. a. O. S. 670.

[4]) Cf. meinen Aufsatz über „Zerebrale Glosso-pharyngo-labial-Paralyse mit
einseitigem Herd“. Arch. f. Psychiatr. u. Nervenkrankh. Bd. 11. H. 1. — Rumpel,
„Zur Anatomie der akuten Pseudobulbärparalyse“. Jahrb. d. Hamburger Staats-
krankenanstalten. 1889. — Jamin, „Die Pseudobulbärparalyse“ in Curschmanns
Lehrb. d. Nervenkrankh. S. 293 u. 296.

der Kerne das Hauptmerkmal, was sich klinisch auch im Muskelschwund zeigt, der bei Pseudoparalysen fehlt. Hier ist die Tatsache am wichtigsten, daß erst die Schädigung der kortiko-bulbären Bahnen in beiden Hemisphären die klinisch vollständig deutliche Paralyse erzeugt, die bei einseitigen Herden schwerer zu erkennen ist. Die Herde brauchen nicht in symmetrischen Höhen der beiden Willkürbahnen zu liegen, sondern es kann z. B. ein Herd auf einer Seite in der Rinde, auf der andern im Marklager liegen oder tiefer im Verlauf der Bahnen bis zum Bulbus.

Ein besonderes Licht hat noch eine Arbeit von Oppenheim und Cécile Vogt[1]) auf unsere Frage geworfen. Oppenheim hatte schon 1892 als neuen Krankheitstypus einen Fall der „infantilen Form der zerebralen Glosso-pharyngo-labial-paralyse bzw. infantiler Pseudobulbärparalyse" beobachtet, dem zwei spätere folgten; bei allen traten mehr athetotische als paretische Bewegungsstörungen neben den, auch doppelseitigen, Symptomen der zerebral bedingten Glosso-pharyngo-labialparalyse auf. Die beiden zuletzt beobachteten Fälle betrafen Mutter und Tochter; bei ersterer fiel zuerst auf, daß nur affektives (psychoreflektorisches) Lachen und Weinen, kein willkürliches möglich war; der Gesichtsausdruck war typisch, ohne Atrophien der Muskulatur. Das klinische Bild zeigte bei der Tochter fast die gleichen Erscheinungen wie bei der Mutter; bei der Abduktion fanden sich Porenzephalie und Mikrogyrie. Im dritten Fall stellte Cécile Vogt starke Veränderungen im Nucleus caudatus und Putamen fest, keine im Thalamus, und sprach die Vermutung aus, daß hier ein Zentrum de coordination inhibitrice liege, und daß hier regulierende und hemmende Organe zerstört seien; und zwar seien solche für das Sprechen, Kauen und Schlucken in dem vorderen Teile des Schwanzkernes und Putamens gefunden. Ausdrücklich wird Freibleiben des Thalamus bei nur athetotisch modifiziertem Gefühlsausdruck gezeigt, so daß in diesem Falle der übrige Symptomenkomplex im Vorderhirnganglion lokalisiert ist. Die dabei geschilderten choreatisch-athetotischen Zustände sind unter verwandten Gesichtspunkten bei Linsenkernläsionen von Anton[2]) beobachtet worden; bei diesen komme eine Hemmung und Anordnung der Bewegungen in Wegfall, während die Anregung der Bewegungen bei Sehhügelerweichung vermindert sei. Diese prinzipielle Nahestellung mimischer und choreatischer Mitbewegungen läßt den Vollzug geordneter Bewegungen vom Zusammenwirken der großen basalen Ganglien abhängen. Wenn so Vorderhirnganglien und Sehhügel, beide auch vasomotorisch wichtig, gemeinsam für den Gesichtsausdruck wertvoll werden, so bleibt dabei doch dem mimischen Zentrum im Sehhügel die Hauptrolle zugewiesen.

---

[1]) „Wesen und Lokalisation der kongenitalen und infantilen Pseudobulbärparalyse". Journ. f. Psychol. u. Neurol. Bd. 18. 1911. **Erg. 1.** S. 293—308.

[2]) Über die Beteiligung der großen basalen Gehirnganglien bei Bewegungsstörungen und insbesondere bei Cholera. Jahrb. d. Psychiatr. u. Neurol. 1896.

Bei der sogenannten **akuten apoplektiformen Bulbärparalyse**, infolge von Gefäßerkrankungen, auch im Kerngebiet, werden häufig **alle** Zweige des Fazialis ergriffen, die wahrscheinlich alle im gleichen Gefäßgebiet einer Endarterie liegen. Sehr auffallend ist daher der Umstand, daß bei der **progressiven** chronischen **Bulbärparalyse**, die immer von einer Erkrankung der Hirnnervenkerne abhängt, in der weitaus größten Mehrzahl der Fälle nur die Gesichtsmuskeln in der unteren Gesichtshälfte abmagern, während die Muskeln der Stirn und der Augenlider unverändert bleiben und tätig sind. Der pathologisch-anatomische sehr langsam fortschreitende Degenerationsvorgang ist am deutlichsten im Hypoglossuskern; es entsteht dann aber die Frage, ob der klinische Unterschied im oberen und unteren Fazialisgebiet anatomisch zu begründen ist. Sehr zahlreiche Untersuchungen haben stattgefunden, um für die verschiedenen Augenmuskeln getrennte Gebiete, namentlich getrennt mit Gefäßen versorgt, festzustellen; doch ist keine scharfe Abgrenzung gelungen. Ebenso geht es mit der Trennung des Fazialiskerns in Abschnitte für einzelne seiner Muskelgruppen; es ist nicht möglich sie gegeneinander abzuscheiden. **Obersteiner** (a. a. O. S. 486) sagt: „Der Ursprungskern des N. facialis zerfällt **manchmal** in zwei deutlich geschiedene Abteilungen." **Edinger** (a. a. O. S. 175) gibt an: „Er besteht aus einer langen Reihe von zu **Gruppen** angeordneten Zellen". Es ist aber nicht gelungen diesen Gruppen besondere Teilfunktionen des Fazialis zuzuweisen, namentlich nicht eine Trennung nach oberem und unterem Gebiet durchzuführen. Man hat förmlich danach gesucht, weil bei der echten Bulbärparalyse der meistens zwischen der Schlaffheit der unteren Gesichtshälfte und der Beweglichkeit der Lid- und Stirnmuskulatur bestehende Gegensatz dazu aufforderte. Lange Zeit suchte man den Kern für den oberen Fazialis anderswo, namentlich im Verein mit dem Kern des N. **oculomotorius** oder des N. **abducens**. Es sind diese Annahmen aber meistens aufgegeben. Dazu kommt die, wenn auch seltene, so doch unbestreitbare Tatsache, daß auch Erkrankungen beobachtet sind, in denen die obere Partie des Gesichts deutlich beteiligt war; Untersuchungen **Marineskos**[1]) stellten fest, daß auch der obere Fazialis im Fazialiskern entspringen kann. **Villiger**[2]) gibt an, daß nur der obere Fazialiskern **bilateral** innerviert werde.

Von ganz besonderer Bedeutung bleibt nun noch die Erörterung einer mutmaßlichen Verbindung des Fazialis mit dem **Hypoglossuskern**[3]), welche **Gowers** zuerst wegen der gleichzeitigen Beteiligung der Lippen und Zunge bei der Bulbärkernparalyse erörterte; er und seine Schüler haben auch den Kern des Mundfazialis fern vom Hauptkern des Fazialis in der Nähe des Hypoglossuskerns gesucht. **Bing**[4])

---

[1]) La presse médicale. 1899. S. 86.
[2]) a. a. O. S. 172.
[3]) Wilbrand-Saenger, Bd. 1. S. 570—643.
[4]) Kompendium der topischen Gehirn- und Rückenmarksdiagnostik. 1909. S. 115 u. 120.

stellte den Satz auf: „Wir müssen annehmen, daß sich an der Innervation des Orbicularis oris nicht nur der Fazialiskern, sondern auch derjenige des Hypoglossus beteiligt"; er sieht als Folge der von einer Hirnseite aus entstehenden Innervation des unteren Fazialis die beim Essen und der Mimik asymmetrische Verwendung der gleichnamigen Muskel an, während die bilaterale Rindeninnervation des oberen Fazialis zur synergischen Aktion der beiderseitigen Gebiete führe; auch der Orbicularis oculi werde gewöhnlich rechts und links gleichzeitig kontrahiert, das isolierte Schließen eines Auges müsse bekanntlich besonders erlernt werden. Die Beziehung des unteren Fazialisgebietes zum Hypoglossuskern läßt sich indessen oft nicht scharf einseitig feststellen, weil Läsionen eines Hypoglossuskernes selten sind, wegen der dichten Aneinanderlagerung der beiden Hypoglossuskerne in der Mittellinie.

Die pathologische Anatomie der echten progressiven Bulbärkernparalyse hat noch einen Gesichtspunkt aufzuweisen, der für die Bahnen des Gesichtsausdrucks von Bedeutung ist. Man fand sehr oft eine Degeneration der Pyramiden, in einigen Fällen bis zur Hirnrinde, ja auch in den Zentralwindungen, speziell im Fazialis- und Hypoglossus-Rindenzentrum [1]), sowie in der Fazialisbahn durch die Schleife (Probst); aber die Rinde fand sich bei den tieferen Degenerationen nicht immer erkrankt. Außerdem gibt es Degenerationen der bulboperipheren Strecken. Auf eine Untersuchung der Erklärungen über die Richtung der Degenerationen kann hier nicht eingegangen werden; bei Erkrankungen der bulbären Kerne wurden sie nach oben und unten verfolgt [2]).

Ein weiteres Verfolgen der Bahn des Gesichtsausdrucks in der Peripherie ist hier nicht wieder nötig. Das eigentümliche Bild der Diplegia facialis, die Bellsche Lähmung, ist die völlige Fazialislähmung, die bei Bulbärkernlähmung nur dann vollständig auftritt, wenn auch die Kerngebiete für den oberen Fazialis ergriffen sind; ist dies nicht der Fall, so ist der Gegensatz zwischen der leblosen, maskenartigen unteren Gesichtshälfte zu der beweglichen Muskulatur des oberen Fazialis sehr auffallend.

---

[1]) Flatau, Jacobsohn und Minor, Handb. d. pathol. Anatomie des Nervensystems. 1904. — Cassirer, S. 649, Die progressive Bulbärparalyse.

[2]) e. l. Hoche, S. 700, Über Retrograde Degeneration.

Schlußsätze.

Ausgehend von dem Bestreben, durch tiefere Erkenntnis des Gesichtsausdrucks einen Weg zu sicherer Beurteilung des Wesens geistiger Störungen zu finden, hat die vorstehende Untersuchung vielfach auch seitliche Pfade eingeschlagen, um das ganze Gebiet kennen zu lernen; sie hat aber ihr eigentliches Ziel im Auge behalten. Dabei leiteten uns immer historische Gesichtspunkte; ohne Kenntnis der früheren Ansichten ist es gerade auf dem vorliegenden Gebiet aussichtslos, vorwärts zu kommen, weil es gilt frühere Fehler zu vermeiden, mehr aber noch: früher mühsam Erworbenes festzuhalten und mit neueren Anschauungen zu durchdringen. Wir gelangten so zu dem neueren Begriff des Biotonus. Ich bin mir wohl bewußt, daß damit das alte, viel bekämpfte Prinzip der Lebenskraft wieder in einem neuen Gewande eingeführt zu sein scheint. Es galt daher die vielen alten Vorstellungen des Begriffes Tonus zu sammeln und zu vereinigen. Dabei konnte festgestellt werden, daß alte und neue Anschauungen über Lebenskraft, Nervenkraft, Tonus und Spannkraft in Muskel und Nerven sich in der allgemeinen Medizin und Psychiatrie wiederholten und einander näherten; immer häufiger trat dabei die Ansicht auf, daß das Nervensystem den eigentlichen Mittelpunkt des Lebens bilde; in ihm werden Konflikte unter den einzelnen Funktionen ausgeglichen, innere Wechsel und Schwankungen des Lebens nach verschiedenen Richtungen hin wieder in harmonische Einheit zurückgebracht. Die Spannkraft, der Tonus der Nerven wurde so zu einem sich immer deutlicher abgrenzenden Begriff. Wie überall im Körperhaushalt bewegt sich alles in mehr oder weniger großen Schwankungen um einen gewissen mittleren normalen Spannungszustand; dieser mittlere Tonus der Spannung ist Bereitschaft und Leben; er findet sich, wie im Muskel und Nerven, im Gefäß- und Gewebedruck, überall wieder; auch im geistigen Leben als psychischer Tonus unterliegt der psychische Gleichgewichtszustand einer Gemütslage schon im Gesunden zahlreichen Schwankungen.

Für diese anscheinend noch auseinander gehenden Arten und Begriffe des Tonus hat uns die neuere physikalische Chemie eine Erweiterung gebracht, die wieder zu einer Verknüpfung der gemeinsamen Züge führte. Es handelt sich um den osmotischen Tonus, der im Blutgefäßsystem mit Herz und Nieren herrscht, sowie um sein Wechselspiel im „Strombett des Gewebssaftes“, dem Paraplasma, wie die Grundsubstanz des Bindegewebes bezeichnet wird. Schades Untersuchungen und Ansichten [1] hierüber werfen ein neues Licht auch auf unsere Fragen. Er betrachtet das Bindegewebe als ein Organ-

---

[1] Die physikalische Chemie in der inneren Medizin. 1921. Kap. 9 u. 12.

ganzes, spricht von seinen Organfunktionen. Überall im Körper findet sich zwischen Blutgefäß und Parenchymzelle eine wenigstens geringe Menge Bindegewebe dazwischen gelagert. Dadurch ist jeder Austausch zwischen Blut und Zelle an die Vermittlung des Bindegewebes gebunden. Jede Ionenwirkung, welche die Dispergierung des Kolloids steigert, erhöht auch die Quellung, d. h. im Sinne einer Depotfunktion speichert sie das Wasser, besonders im Bindegewebe von Haut und Muskeln; aber auch Salze, Fett, Glykogene und Eiweiß finden sich darin. Bei der Regulierung des Stoffaustausches durch die Gefäßwände legt er eine gewaltige Konzentrationsarbeit in die aktive Tätigkeit der Endothelien. Die Gefäßwand ist die Membranscheide zwischen der Blutflüssigkeit und der Säftemasse des Gewebes; sie vermittelt in dem Wechselspiel zwischen den mehr osmotischen Kräften des Blutes und den mehr kolloid-chemischen Kräften des die Gefäße umschließenden „Gewebes". Indem nun Osmose und Quellung konkurrieren, herrscht derjenige Vorgang vor, der den größeren „Druck" besitzt. In den Körpersäften herrscht ein osmotischer Druck von etwa neun Atmosphären; im Blut betragen die Schwankungen wohl etwa eine Atmosphäre; quellende Kolloide entwickeln eine ungleich größere Kraft

Die exakte Bewältigung so komplizierter Aufgaben erscheint Schade kaum vorstellbar ohne die Annahme, daß irgendwie auf dem Nervenwege für den Körper eine Orientierung über den jeweiligen Stand der Konzentrations- resp. Austauschverhältnisse erhältlich ist. Er sieht in den Vater-Paccinischen Körperchen spezifische physikochemisch wirksame Nervenendbildungen, welche geeignet sind, solche Orientierung zu vermitteln. Im Kapitel 12 über Nervenkrankheiten wird weiter darüber berichtet und eröffnet Schade weittragende Perspektiven auf einige ganz allgemeine Probleme des Nervensystems. Nach seiner Darstellung beruht z. B. Reichardts „Hirnschwellung" auf Quellung der Kolloidmasse des Gehirns. Er weist auf die wiederholt von ihm erbrachten Beispiele hin, daß die Nerven an den Aufgaben der Erhaltung der großen Körperkonstanzen, der Isotonie, der Isoionie und der Isothermie beteiligt sind, wobei er trophische Einflüsse vermutet. Er sucht nach Vorrichtungen im Organismus, die bei der Regulierung des osmotischen Druckes ein Maß desselben vermitteln; zunächst berichtet er über Versuche, welche eine Ausstattung des Auges mit osmotischer Empfindung feststellen und das Recht geben von osmosensiblen Nerven zu sprechen. Als ähnliche Nervenendorgane spricht er mit erheblicher Wahrscheinlichkeit die Vater-Paccinischen Körperchen an, vielleicht ähnlich auch andere ihnen morphologisch nahestehende Nervenendbildungen, wie z. B. die Krauseschen Endkolben in der Konjunktiva des Auges. Sie kommen ausnahmslos nur im Bindegewebe vor, aber ubiquitär mit ihm im ganzen Körper verbreitet; vorzugsweise in der Nähe der Blutgefäße, nicht selten sogar in der Wand des Gefäßes eingelagert. Beim Menschen kommen besonders viele und große Vatersche Körperchen vor. Schade vergleicht ihren Bau in eingehender Weise mit dem eines Osmometers; er hält sie für Schwellsinnsorgane; ihr Lamellensystem wird von einem feinsten Kapillarnetz durchspült, welches geeignet sei, osmotische Änderungen von außen in wirksamster Weise zu kompensieren. Neben den sensiblen Nerven des Innenkolbens ist noch eine Versorgung des Körperchens mit einem sympathischen Nerven vorhanden. Die vom sensiblen Nerven empfundene osmotische Störung denkt er sich reflektorisch als Erregung auf den sympathischen übertragen, zur Hyperämie des ganzen Bezirks, auch des Lamellensystems, führend. Ist der Ausgleich erreicht, so habe auch der Innendruck wieder seine normale Höhe. Er sieht daher die Vaterschen Körperchen als osmosensible und osmoregulatorische Organe an; die gleiche Betrachtungsart bringt er dann auch für die Regulierung der Isoionie in Anwendung, wobei er der Vermutung Raum gibt, daß diese Körperchen und ihnen ähnliche Nervenendbildungen in den Geschmacksorganen als Quellsinnsorgane tätig sind. Daß Schade dann auch die „Allgemeingefühle" und „Organgefühle" einer ähnlichen Untersuchung unterwirft, sei hier deshalb erwähnt, weil auch dadurch die regulierende Tätigkeit des Nervensystems klarer wird (vgl. auch oben B III b S. 110 und C. S. 189). Wahrscheinlich spielen dabei Hormonwirkungen eine Rolle, wie das Beispiel des Myxödems durch das Thyreoidin beweist (vgl. Schade S. 379); auch von solchen hormonbedingten Änderungen ist die extrazelluläre Bindegewebsmasse in ausgeprägtestem Maße betroffen.

Wenn Schade somit durch seine Untersuchungen wahrscheinlich macht, daß ein guter Teil der von ihm besprochenen klinischen Symptome, speziell des Nervensystems, als Folge diffuser Bindegewebserkrankungen anzusehen sind, so ist für unsere Betrachtung der Hauptwert auf die regulierende Tätigkeit des Nervensystems bei den Änderungen der verschiedenen Tonusarten zu legen, die durch das Bindegewebe beeinflußt werden. Da die osmotischen Vorgänge sich im Blutserum, der Lymphe und den Gewebsflüssigkeiten abspielen, könnte man vielleicht den osmotischen Tonus als Serumtonus bezeichnen (vgl. B III b S. 121), um ihn unter dem Einheitsbegriff des Biotonus neben den Muskel- und den Nerventonus zu stellen. Überall erhalten bioelektrische Ströme um die kolloiden Grenzflächen der Zellen Vorgänge der Nervenerregung abhängig vom Ionengehalt der Umgebung. Durch den Biotonus kommt eine innere Selbststeuerung des Stoffwechsels zustande. Die ungemeine Labilität aller lebendigen Substanz, besonders des Protoplasmas, läßt die Vorgänge dabei ähnlich wie in explosibeln Körpern ablaufen (vgl. Kassowitz S. 69 und Griesinger S. 109); das Stoffwechselgleichgewicht kann rasch gestört und wieder hergestellt werden. Der Hauptregulator ist immer das Nervensystem, für den Muskel-

tonus sowie für den osmotischen Tonus im Serum und in den Gewebsflüssigkeiten.

Das ganze Nervensystem, vertreten durch die zahllosen Nervenkreise ist dabei beteiligt. Auch für das sympathische Nervensystem
gilt das Bellsche Gesetz des getrennten Ursprungs der Bewegungs-
und Empfindungsnerven des Rückenmarks, da sich auch im Sympathikus-
system zu- und abführende, afferente und efferente Bahnen finden.
Daß dabei das vegetative Nervensystem eine so ganz besonders
wichtige Rolle spielt, ist nach L. R. Müller [1]) wesentlich davon abhängig,
daß von ihm stärkere Tonusschwankungen ausgelöst werden als
vom zerebrospinalen, weil die vegetative Innervation eine antagonistische ist, zusammengesetzt aus dem Grenzstrang, als sym-
pathischem Teil, und aus dem parasympathischen Vagusgebiet.
Die aus ersterem stammende Tonuserhöhung wird von einem Tonusnachlaß im zweiten begleitet. Ist der Tonus in einem der beiden Teilsysteme dauernd stärker, so spricht man von Sympathiko- oder
Vagotonikern. In einem labilen Nervensystem sind starke Schwankungen in beiden Teilsystemen häufig. Bei der weiteren Ausführung
des Begriffs der Bellschen Nervenkreise, die voraussetzen, daß jeder
Muskel mit zwei Nerven von verschiedenen Eigenschaften versehen
ist, kamen wir zu der Vorstellung von Nervenkreisläufen durch
verschiedene Teile und Systeme des Körpers. Solche Bahnen werden
gedächtnismäßig, besonders oft auch mit Hilfe der Sprache, eingeübt,
und ein kettenförmiger Ablauf der Funktionen nach strengen Gesetzen
geregelt. Die Zurückführung der Nervenkreise auf die Reflex-
kettenkreise stellte dann die regulatorische Wirkung des Nervensystems in den Vordergrund und rückt dies Nervensystem in den
Mittelpunkt des Lebens. Auch Monakow [2]) spricht von der grundlegenden Wichtigkeit der Reflexe, für alle nervösen Vorgänge, deren
Ordnung und Beharrlichkeit in allen stammesgeschichtlichen und
persönlichen Entwicklungsphasen immer durch sie beherrscht wird;
die Reflexe halten die, sonst steuerlos krankhaften Einflüssen folgenden
Vorgänge im Zügel, so daß auch in den vorgebildeten Einrichtungen,
den Werkzeugen des Körpers, ein festes Gefüge und Getriebe zu
erkennen bleibt (vgl. Kraepelin Abschnitt B III b). Die Wechselwirkung von Reflex und Tonus beherrscht auch alle unentschiedenen schwebenden psychischen Zustände, die wir als
psychischen Tonus kennen lernten.

In diesem Zusammenhang ist der Begriff des allgemeinen Tonus,
des Biotonus etwas anderes als die Lebenskraft früherer Zeiten; sehen
wir ganz ab von der Vorstellung einer Nervenkraft (wie Cullen sie hatte),
unter der schließlich doch auch nur eine außerhalb des Körpers stehende

---

[1]) Das vegetative Nervensystem. 1920. S. 50.
[2]) Lokalisation der Hirnfunktionen. 1910/11. S. o. S. 124.

Kraft verborgen war, so steht uns der von Reil geläuterte Begriff der Lebenskraft schon etwas näher, der das Verhältnis der Eigenschaften des lebendigen Körpers und seiner Teile zu den Erscheinungen des Lebens feststellen wollte, so daß die Lebenskraft aus der Mischung und Form der tierischen Materie von ihm erklärt wurde; aber auch er glaubte alle Erscheinungen, die mit Vorstellungen in Verbindung stehen, von seiner Untersuchung ausschließen zu müssen [1]). So blieb die Lebenskraft immer noch etwas zum Teil außerhalb physikalisch-chemischer Gesetze Stehendes. Die jetzige Auffassung will aber auch das psychische Leben unter jenen Gesetzen stehend auffassen; daher ist hier Biotonus nicht ein anderer Ausdruck für Lebenskraft, sondern etwas Neues.

Eine weitere Bestätigung meiner Auffassung der Stellung des Nervensystems habe ich bei Krehl [2]) gefunden. Unter Vermeidung einer Entscheidung für monistische oder dualistische Anschauungen sieht er rein realistisch im Nervensystem eine direkt und dauernd vor sich gehende Wechselwirkung von geistigem und körperlichem Geschehen. Er erstrebt wiederholt eine vorurteilsfreie und einfache Beobachtung, bei der Körperliches und Geistiges untrennbar verbunden bleibt. Er betont die Innigkeit oder Einigkeit der Vorgänge, und weist mehrfach darauf hin, wie verwickelte Innervationen dabei auftreten. Für willkürliche Bewegungen sind nun von besonders wichtigem Einfluß zentripetale Erregungen aus den bewegten Teilen selbst; es erscheint ihm ganz ausgeschlossen, daß der Prozeß sich in der kortiko-muskulären Leitungsbahn allein abspielt; er nimmt gleichzeitig erfolgende andere verwickelte Innervationen an. Wenn er sagt, daß wir nicht entfernt die große Zahl und die Komplikation der Innervationen kennen und berücksichtigen, die an allen Körpermuskeln oder einem großen Teile von ihm ablaufen, wenn bestimmte Glieder oder Gliederteile für eine Handlung gebraucht werden — so sehe ich darin die zahlreichen Reflexkettenvorgänge angedeutet, die wir wiederholt ins Auge gefaßt haben. Auch die statischen und koordinatorischen Funktionen des Kleinhirns faßt er ins Auge. Er zeigt, daß der größte Teil dessen, was wir willkürliche Bewegung nennen, nach Art eines Reflexes verläuft. Nötig ist dabei aber eine Anlage des Zentralnervensystems für jede komplizierte Bewegungsreihe; und wesentlich für den Ablauf die zentripetal geleitete Anpassung der Innervationen an das zu erreichende Ziel, nach Art zusammengesetzter Reflexe. Die Anpassung der Muskelerregungen und Hemmungen an das zu erreichende Ziel geschieht aber durch diese Leitung, die Zentripetalität; diese wird für Regulation und Ausbildung gebraucht. Bahnen über den roten Kern, Kleinhirn und Stirnhirn

---

[1]) Neuburger in Neuburger u. Pagels Handb. der Gesch. d. Med. 1903. Bd. 2. 1. S. 90.

[2]) Pathologische Physiologie. 9. Aufl. 1918. S. 260—370.

werden hier zentripetal geregelt zu den zentrifugal wirkenden Zentralwindungen geführt. Die Zentripetalität bringt die Zielstrebigkeit der Reflexe zum Ausdruck. Die ganze Lebensfähigkeit des Organismus sowie ein großer Teil seiner Tätigkeitsäußerungen und Leistungen stehe unter der Wirkung von Reflexen. Mit Sherrington sieht er sie an der Aufgabe des Nervensystems beteiligt: die Einheit des Körpers aus der Vielheit der Einzelfunktionen herauszuarbeiten. Der Zweck der Bewegung wird von der Peripherie und durch zentripetale Eindrücke geregelt. Dabei unterscheidet Krehl zwei Arten zentripetaler Erregungen: die eigentlich sensiblen, durch das Bewußtsein gehenden, und die zentripetalen, die, ohne in das Bewußtsein einzutreten, wie bei den Reflexen in Tätigkeit treten. Es wird entwickelt wie letztere es sind, die die Zusammenordnung unserer Muskelinnervationen zu koordinierten schließlich durchaus beherrschen und leiten. Die Ausführung einer Bewegung gewinnt dadurch an Stetigkeit und Sicherheit, daß sie unabhängig wird von dem schwankenden und leicht beeinflußbaren Zustand unseres Bewußtseins und unserer Aufmerksamkeit. Hier schiebe ich die Auffassung ein, daß das Bewußtsein fast[1]) nur dann ein „bewußt sein" ist, wenn Reflexkreise der inneren Sprache die Aufmerksamkeit fesseln (vgl. die Ansichten von Kassowitz); nur wenn dabei die Summe der Reflexkettenvorgänge durch die Spannung der Aufmerksamkeit auf die gleichzeitig ablaufenden sprachlichen Innervationen erfaßt wird, wird das Bewußtsein ein klares; rasch werden die schon früher durchlaufenen Wege immer wieder benutzt und geordnet. Weitere Kreise können angeschlossen werden. Laufen die Erregungen aber, ohne bewußt zu werden, ab, so wächst die Sicherheit der zentripetalen Regulierung, wie Krehl weiter ausführt; erst dann werden die höchsten Leistungen der Bewegungen erreicht. Wo sie leidet, werden die Bewegungen ungeschickt, verlieren ihre Harmonie und ihr Maß. Störungen der Sensibilität führen in der Regel nicht zu Bewußtseinsvorgängen, sind aber als zentripetale Einflüsse auch auf den Weg der Reflexe angewiesen; auch sie sind sehr verwickelt, wie Krehl ausführt, weil wir innerhalb des Nervensystems zahlreiche hintereinander geschaltete Empfangsstationen für zentripetale Eindrücke und zahlreiche Vermittlungsstellen kennen.

So weisen auch diese letzten Betrachtungen wieder hin auf die beherrschende Stellung der Reflexkreise im Körperhaushalt. Die Anwendung dieser Ansicht auf den Gesichtsausdruck scheint mir daher eine berechtigte an und für sich; sie verschafft uns aber auch den im folgenden noch versuchten weiteren Ausblick.

---

[1]) Denn sehr selten bewirken optische oder andere Sinneskreise dasselbe.

Kurzer Ausblick auf die Behandlung der Geisteskrankheiten.

Wenn die vorstehend entwickelte Ansicht über die Stellung des Nervensystems im Mittelpunkt des persönlichen Lebens richtig ist, so muß der Gedanke daraus folgen, daß auch bei der Behandlung des geisteskranken Menschen dem Nervensystem eine Hauptrolle zufällt. Gerade das Streben, die Beobachtung und Beurteilung geistiger Störungen durch genauere Erkenntnis des Gesichtsausdrucks bei ihnen zu fördern, war von Anfang an das Ziel meiner Arbeit; aber daneben stand immer der Wunsch, das Erkannte auch für die Behandlung zu verwerten. Wenn ich dies Ziel nun auch immer im Auge behielt, so muß ich einräumen, daß die Hoffnung es zu erreichen immer mehr zurücktrat, soweit es sich um Einzelheiten, um bestimmte Erscheinungen der Krankheit handelte; denn je mehr es möglich wurde Einzelheiten zu erkennen, um so verwickelter wurde die Aufgabe; ich werde daher nachher nur einzelne Fragen in diesem Sinne zu erörtern versuchen. Um so deutlicher trat aber für die Behandlung der Wert der durch das Nervensystem zu erfassenden Einheit der Persönlichkeit hervor. Wir wollen versuchen von diesem Gesichtspunkt aus die Aufgabe zunächst zu erfassen.

Unser Ziel ist es nicht allein, das Äußere der Persönlichkeit zu erfassen, dazu würde ein photographisches Bild genügen, um so mehr als es sich für uns ja wesentlich um den Gesichtsausdruck handelt. Wir wollen aber auch nicht wie der bildende oder malende Künstler nur das Menschenantlitz erfassen im Augenblick, wo es persönlich bestimmt und inhaltreich vor uns erscheint, sondern wir wollen das ganze unsichtbare Innere der Person erkennen in allen ihren Vorgängen körperlicher und geistiger Art, in Zeit und Raum. Der Arzt sucht nicht nur nach einem treuen Abbild der Erscheinungen im Äußeren, er will nicht nur den Charakter der inneren Persönlichkeit erkennen, sondern er strebt danach, den Ablauf aller Vorgänge festzustellen. Er muß die Entwicklung kennen, die zu den krankhaften Zuständen führte, und die Bedingungen, unter denen sie entstanden. Er muß die Erbanlagen berücksichtigen, und die Veränderungen verstehen, die in ihnen die Werkzeuge im Nervensystem für körperliche und geistige Funktionen im Laufe der Entwicklung erfahren haben. Wollen wir eine Persönlichkeit ganz erfassen, so müssen wir ihr Innenleben kennen lernen. Dazu helfen uns Ärzten, auch beim Beurteilen und Beobachten, Anatomie und Physiologie, sowie physikalische Chemie.

Bei allen diesen Überlegungen ist hier nicht die Rede von den Wegen der Psychotherapie, denn bei ihr steht weniger die Persönlichkeit des Kranken als die des Arztes im Vordergrund. Die Mittel der Psychotherapie: Belehrung und Überredung, Übung, Ablenkung und Suggestion [1]) können durch eine machtvolle Persönlichkeit in dem Kranken den festen Glauben an dauernde Besserung hervorrufen und ihn erziehen, grundlose Befürchtungen aufzugeben: so übte Dubois eine „seelische Orthopädie" aus durch diese bei ihm selbst fest begründete Anschauung; er wirkte überzeugend und mitreißend. Die Art der suggestiven Übertragung des Einflusses der Persönlichkeit des Arztes auf die Persönlichkeit des Kranken ist nicht Gegenstand unserer Untersuchung. Für die Erfassung der Persönlichkeit des Kranken kommen für uns vorzugsweise zwei Wege in Betracht, die uns von der Physiologie und Anatomie des Gesunden geboten werden. Bei dem einen handelt es sich um den Einfluß der Hormone auf den osmotischen Tonus im menschlichen Körper. Die Hormone sind chemische Stoffe, die zwischen den einzelnen Organen eine chemische Koordination (Korrelation) vermitteln [2]); es sind Sekrete innerer Drüsen, die auf den Wegen des Bluts, der Lymphe und der Gewebssäfte das Nervensystem und den allgemeinen Biotonus beeinflussen. Die Wirkung auf den Gefäßtonus kann zentral oder wie beim Adrenalin in den peripheren Endigungen des sympathischen Nervensystems ausgelöst werden. Kispert sieht das Wesen und die Genese der Persönlichkeit als ein biologisches Problem an; seine geistreiche interessante Begründung alles Lebens durch Bewegungsvorgänge, die in Gehirnrindenzellen eintreten und nach Erzeugung entsprechender Schwingungen in ihnen (Enkinemata) wieder zurückwirken, wendet er auch auf diese Hormonvorgänge an (a. a. O. S. 159—171, 366); auch die mimische Entfaltung des Gesichtsausdrucks sieht er durch Nerven und Hormone bedingt an.

Der zweite Weg zur Erfassung der Persönlichkeit des Kranken ist der durch den Muskel- und Nerventonus, wobei die Koordination, die Regelung durch das Nervensystem auch durch Beherrschung des Gefäßtonus den allgemeinen Biotonus beherrscht. Hier nähern wir uns wieder der Psychotherapie, doch soll deren Feld nur beschritten werden, soweit es den Gesichtsausdruck berührt. Wir müssen unsere Aufgabe daher hier enger begrenzen durch den Versuch, das Nervensystem nach den S. 137 besprochenen fünf Einheiten geordnet, in den Reflexkreisen für therapeutische Zwecke zu untersuchen. Ich glaube, daß mit Hilfe aller einzelnen dort angenommenen Einheiten von Reflexkreisen, die ja alle eng aneinander durch sensible, motorische und vegetative Nervenkreisbahnen gekettet, den ganzen Menschen mit allen seinen Organsystemen verbinden, besonders wenn man sie sich ausgedehnt denkt auf die Großhirn- und Kleinhirnkreise, ein Einfluß auf die ganze Persönlichkeit von jedem einzelnen Kreise aus möglich ist.

---

[1]) H. Vogt, Handbuch der Therapie der Nervenkrankheiten. Bd. 1. S. 128 u. 203 ff.

[2]) Kispert, Das Weltbild ein Schwingungserzeugnis der Hirnrinde. 1920. S. 66 ff. u. 483/4.

Die nebenstehende Abb. 68 (nach L. R. Müller, Abb. 28) zeigt gut die Möglichkeit des Ineinandergreifens so verschiedener Kreise; dabei tritt die Bedeutung des Sympathikus sehr deutlich hervor. Wenn ich auch den genialen Ausführungen Schleichs[1]) nicht folgen kann, der den Sympathikus als den eigentlichen Lebensnerven ansieht, so ist seine große Bedeutung im Vorwort zum „vegetativen Nervensystem" auch von L. R. Müller sehr scharf gefaßt, wenn er durch das zum Teil in Gehirn und Rückenmark eingelagerte vegetative Nervensystem die Erhaltung und Art des Individuums gesichert fühlt und nachweist, wie gerade der Einfluß des Sympathikus auf Herz, Blutgefäße, Drüsen und durch die glatte Muskulatur überall ein ordnender und steuernder ist. Doch ist es hier nur die Aufgabe, diesen Einfluß für den ersten den respiratorischen Reflexkreis auseinanderzusetzen. Wir müssen ihn in seinen drei Beziehungen zu Mimik, Sprache und Atmung ins Auge fassen.

Von den hier besonders in Frage kommenden Reflexkreisen haben gerade die mimischen die Eigenschaft, daß sie in der Oberfläche des Gesichts mit zahlreichen Schlingen für Beobachtung zugänglich sind, und der Behandlung darum Anhalt in etwas größerem Maße bieten. Es hat schon immer eine Beziehung des Gesichtsausdrucks zur Behandlung psychischer Störungen gegeben, die vielleicht nicht immer bewußt, überhaupt wohl weniger benutzt worden ist als sie verdient. Es ist dies „die Wirkung der Mimik auf unsere Mitmenschen", der „seelische Rapport", wie Anton[2]) es nannte. Durch die Erregung von Nachahmung und Mitempfindung kann auch der Arzt absichtlich Gefühle und Stimmungen bei seinen Kranken erwecken, die der freundliche und liebenswürdige Mensch ja überhaupt so oft schon von selbst auf sein Gegenüber wirken sieht, wenn er gar nicht die Absicht hatte es zu tun. Wie leicht kann man bei Kindern einen völligen Umschwung der Stimmung hervorrufen, wenn man ihnen nur ein lachendes Gesicht zeigt, so daß sie dann unter Tränen zu lächeln anfangen. Besonders auffällig ist das bei Neugeborenen; bei diesen sind zweifellos die Affektbahnen früher als die Willkürbahnen ansprechbar; Anton betont auch, daß das Kind vom ersten Augenblick an mimische Ausdrucksbewegungen vollführt.

Gelingt es an irgendeiner Stelle in den Ablauf der Reflexkettenvorgänge des Mienenspiels einzuschleichen, so ist die Pforte für therapeutischen Einfluß geöffnet. Man kann die mimischen Bahnen vom Zentrum oder von der Peripherie aus zu betreten versuchen. Die nachahmende Mimik des Patienten unter dem Einfluß des Gesichtsausdrucks

---

[1]) Von der Seele 1919. S. 199.

[2]) Über den Ausdruck der Gemütsbewegungen beim gesunden und kranken Menschen. Psychiatr.-neurol. Wochenschr. 1900. Nr. 17. — Vgl. auch Meynert, Mechanik der Physiognomik. 1888. S. 26 u. Rudolf Schulze, Die Mimik der Kinder beim künstlerischen Genießen. Leipzig 1906 und Westermanns Monatshefte 1915 Nov.—Dez.

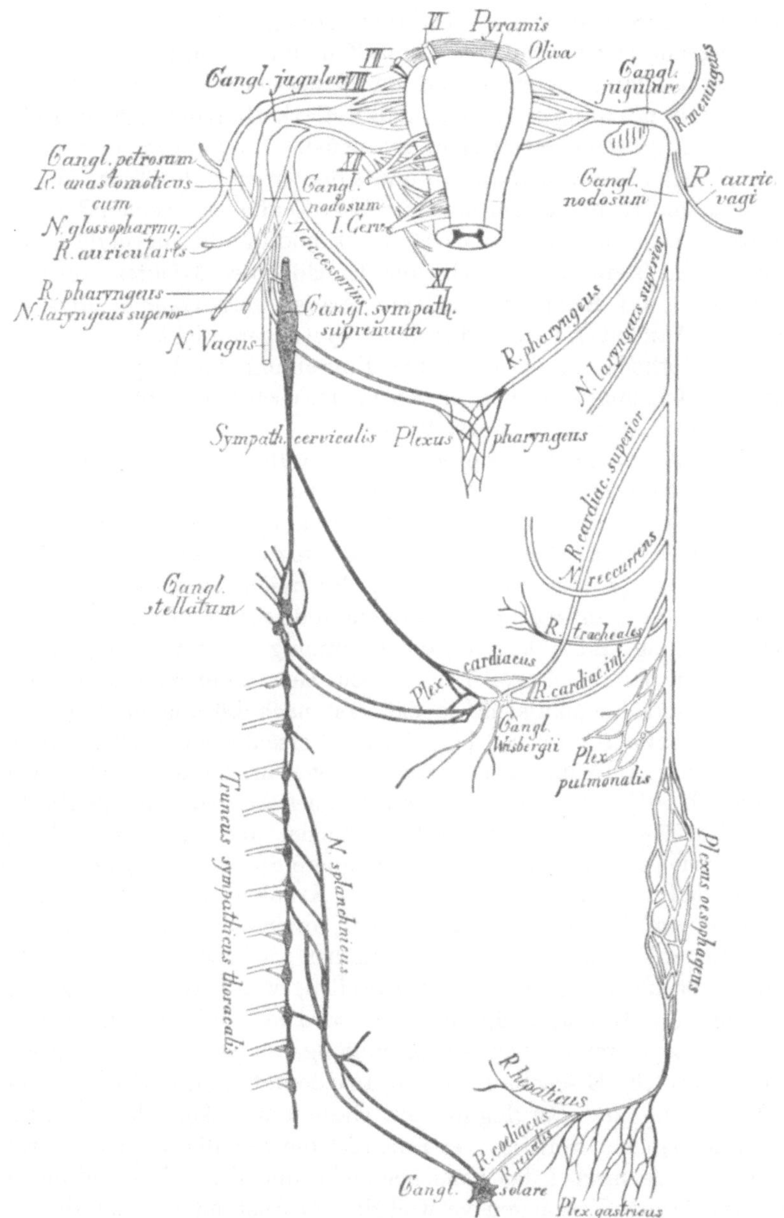

Abb. 68. Schematische Darstellung des Nervus vagus und seiner Äste (nach Müller).

des Arztes ist reflektorisch entstanden von der Peripherie aus. Wird dabei durch den Arzt versucht, die Stimmung des Kranken zu bessern durch Aufklärung und Ermutigung, wird der Wille auch äußerlich **mutig** zu zeigen, das Selbstvertrauen von ihm verlangt, so wird der zur Bereitschaft liegende psychische Tonus vom Zentrum aus anregend die Mimik beeinflussen; dann strömen von der innervierten Peripherie wieder Bewegungsempfindungen zurück und Reflexkettenvorgänge in anderen zentralen Sinnesgebieten wirken zu neuen Anregungen weiter. Die leichte Erregbarkeit von Gefühlen und Affekten wird durch das zwischen Peripherie und Hirnrinde liegende mimische Zentrum in beiden Sehhügeln verstärkt. Daß diese Versuche die Mimik und die ihr zugrunde liegende Stimmung zu beeinflussen, nicht auf der Höhe des Affektes, am besten mit Aussicht auf Erfolg in mittleren Graden vorzunehmen sind, liegt nahe. Es handelt sich bei diesen Andeutungen nicht um eine ausgebildete Methode, sondern um die Einreihung der besprochenen bekannten Erfahrungstatsachen in den anatomischen und physiologischen Gang der hier gewählten Darstellung.

Der zweite Zweig des respiratorischen Reflexkreises ist der mit der Sprache verbundene. An der Peripherie tritt diese als äußere hörbare und als innere, durch die leisen Mitbewegungen nur selten sichtbar, in Tätigkeit. Im Fluß der lauten Rede erregter Kranker ist sie kaum zu beeinflussen, ja eine Unterbrechung des freien Laufes kann schaden. Bei der Hemmung in tiefer Depression kann diese zuweilen gelöst werden durch Anregung und Ableitung; die Hemmung anderer Bewegungen im Körper ist in der Regel größer als in dem Gebiet der respiratorisch begründeten Sprachmuskulatur, so daß erst nach Lösung in dieser auch andere Reflexkreise des Körpers leichter erschlossen werden können. Daher ist die Anregung zum Sprechen, verbunden mit einer solchen des mimischen Gesichtsausdrucks, in solchen Fällen von therapeutischem Wert. Bei Kranken mit Sinnestäuschungen und Wahnvorstellungen handelt es sich in der Regel nur um die innere Sprache, die jene begleitet und unterhält. Zuweilen gelingt es dem Kranken diesen Vorgang klar zu machen und ihn zu veranlassen, den Unterschied vom Lautwerden eigener Gedanken und scheinbarer Stimmen zu beachten. Solche Personen zu beruhigen gelingt dann zuweilen, wenn auch eine Heilung selten eintritt. In ausgeprägten Fällen wird ja das innere Mitsprechen zu einem lauten unter lebhafter Beteiligung des gesamten Gesichtsausdrucks; wo solche Erscheinungen nur angedeutet sind, darf der Versuch der Aufklärung und Beruhigung am ehesten mit Aussicht auf Erfolg vom Arzte gemacht werden. Natürlich ist die Beteiligung der zentralen Sprachvorgänge hierbei das Entscheidende, und deren Verbindung mit allen psychischen Vorgängen verwickelt den Zustand so sehr, daß erst die Behandlung der ganzen Persönlichkeit als die zu erstrebende Therapie angesehen werden darf.

Der dritte Zweig des respiratorischen Reflexkreises, die Atmung, kommt auch im Gesichtsausdruck zur Geltung. Die infolge von Herzkrankheiten auftretenden Stauungen oder Blutleere sind hier nicht zu besprechen, auch die auf Atmungshindernisse in den Lungen und im

Kehlkopf folgenden Erscheinungen von Zyanose oder Hyperämie des Gesichts nicht; es ist aber ein Blick zu werfen auf das Erröten und Erblassen auf vasomotorischer Grundlage, welches nicht nur bei Neurasthenischen, sondern auch bei einzelnen Psychosen vorkommt. Soweit diese Patienten der Belehrung zugänglich sind, ist hier Stärkung des Willens durch Psychotherapie am Platz.

Nicht ohne Interesse ist die Beobachtung, daß durch tiefe Atmung, besonders in mehrfacher Wiederholung, Reizerscheinungen im respiratorischen Gebiet, wie Husten, besonders Gähnen und Niesen, Gefühl von Übelkeit, z. B. auch bei Seekrankheit, unterdrückt werden können; ein Beweis dafür, daß es möglich ist, den Ablauf von Reflexkettenvorgängen durch Einschaltung anderer zu unterbrechen. Ähnlich macht es auch der Psychotherapeut; freilich ist des alten Scheidemantels[1]) Absicht „die Leidenschaften" als Heilmittel einzuschieben seitdem nicht viel versucht; schon er selbst sagte: „Fast ganz allein durch die Vernunft geleitet, muß ich hier in dicker Finsternis auf dem Wege der Spekulation oder der Analogie fortgehen, da mir Erfahrungen mangeln." Die Ableitung ist ja auch heutzutage noch oft wieder methodisch als therapeutisches Mittel bei psychischen Störungen versucht. Am wirksamsten ist die vorübergehende Ausschaltung einzelner Reflexkreise durch den Schlaf, sowohl seelischer wie körperlicher Störungen.

Wenn vorstehender kurzer Ausblick auf die Behandlung der Geisteskrankheiten auch im einzelnen nichts besonders Neues gezeigt hat, so möchte ich doch wiederholen, daß, wie in der gesamten allgemeinen Medizin so auch in der Psychiatrie, nur die Erfassung der ganzen Persönlichkeit Aussicht auf volle Erfolge bietet. Dazu ist die Mitwirkung der einzelnen Nervenkreise nützlich, besonders auch die des respiratorischen Reflexkreises. Auch für die Behandlung der Persönlichkeit des einzelnen Kranken wird sich die wiederholt ins Auge gefaßte Wechselwirkung von Reflexen und Tonusarten in ihrer grundlegenden Wichtigkeit bei der Behandlung erweisen; die Ordnung und Beharrlichkeit aller nervösen Vorgänge wird dabei durch den Ablauf der Reflexkettenvorgänge aufrecht erhalten; die Reflexe halten die, sonst steuerlos krankhaften Einflüssen folgenden Vorgänge im Zügel.

---

[1]) Die Leidenschaften als Heilmittel betrachtet. Hildburghausen 1787.